高等院校机械类特色专业系列规划教材

工程机械钢结构

郑夕健　谢正义　侯祥林　编著

东北大学出版社

沈阳

© 郑夕健 谢正义 侯祥林 2017

图书在版编目（CIP）数据

工程机械钢结构/郑夕健，谢正义，侯祥林编著

. --沈阳：东北大学出版社，2017.8（2025.1 重印）

ISBN 978-7-5517-1663-5

I. ①工... II. ①郑...②谢...③侯... III. ①工程机

械 - 钢结构 IV. ①TU391

中国版本图书馆 CIP 数据核字(2017)第 219035 号

出 版 者：东北大学出版社
　　　　　　地址: 沈阳市和平区文化路三号巷 11 号
　　　　　　邮编：110819
　　　　　　电话: 024-83683655
　　　　　　传真: 024-83680180
　　　　　　E-mail: neuph@neupress.com
　　　　　　http://www.neupress.com
印 刷 者：沈阳市第二市政建设工程公司印刷厂
发 行 者：东北大学出版社
幅面尺寸: 185 mm×260 mm
印 　　张: 16.25
字 　　数: 317 千字
出版时间: 2017 年 8 月第 1 版
印刷时间: 2025 年 1 月第 2 次印刷
策划编辑: 周文婷
责任编辑: 孙德海
封面设计: 潘正一　　　　　　　　　　　　　　　　责任出版: 唐敏智

ISBN 978-7-5517-1663-5　　　　　　　　　　　定价：29.80 元

前　言

钢结构作为工程机械的骨架，用于承受工程机械的各种载荷，是工程机械的重要组成部分。钢结构的重量通常占整机重量的 60%～70%，塔式起重机的钢结构甚至占到了整机重量的 90%。钢结构的设计不仅肩负着安全的重任，而且其结构的优化与产品的性能、成本密切相关。随着计算理论、计算手段和设计方法的发展，设计规范版本不断更新，机械类专业学生的教材需要更新，广大工程机械专业技术人员也需要一本应用新的设计规范、新的设计理论和方法的专业书籍。

本书根据高等工科院校教学基本要求，结合笔者多年工程机械设计、生产的实践和教学经验编写，以工程机械为特色贯穿全书主要内容。不仅注重钢结构基本计算原理的阐述，而且坚持理论方法与实际工程相结合，结合最新国家标准，以工程机械典型结构开展知识点和主要技能讲授，有助于培养学生的工程素养和专业技能，提高学生解决复杂工程问题的能力。书中所有设计和计算均依据最新的国家标准和规范。特点如下。

① 理论最新。依据最新国家标准[主要有《钢结构设计规范》（GB 50017—2003）、《起重机设计规范》（GB/T 3811—2008）、《塔式起重机设计规范》（GB/T 13752—2017）等]，以工程机械典型结构开展知识点和主要技能讲授。

② 坚持理论联系实际，实践性强。本教材注重工程实践，实例丰富，涵盖了多种工程机械钢结构构件的设计。

本书共有两篇，第一篇为基本理论篇，包括第 1 章至第 3 章，主要讲授钢结构的概述、钢结构设计原理与计算方法、材料特性与选取原则、钢结构焊接与螺栓连接的设计计算等。第二篇为基本构件设计篇，包括第 4 章至第 7 章，主要讲授轴心受力构件、受弯构件、拉弯和压弯构件的设计计算与构造设计，并针对三种基本构件选编了富有代表性的工程案例进行实例分析，将基本理论、基本方法与实际工程问题相结合。

本书由郑夕健、谢正义、侯祥林编著，研究生徐畅、董建、李国龙、董景昊等在书稿的格式、文本、绘图等方面做了大量的工作，表示衷心感谢。

本书为高等院校机械类特色专业系列规划教材。

本书出版得到了辽宁省本科教学研究项目和沈阳建筑大学教学研究项目的资助，特此感谢。

限于编著者水平，书中难免存在不足之处，恳请读者批评指正。

编者
2017 年 5 月

目　录

第一篇　工程机械钢结构基本理论

第1章　绪　论

学习要求

① 了解工程机械钢结构的特点、应用和发展；

② 熟悉钢结构的分类和基本要求，掌握工程机械钢结构的载荷与组合；

③ 掌握钢结构概率极限状态设计法和设计表达式的应用。

重点：钢结构的特点、分类、载荷组合，两种极限状态的具体内容。

难点：设计表达式中各分项系数的选取。

1.1　钢结构特点与分类

1.1.1　钢结构定义

以型钢（角钢、工字钢、槽钢、钢管等）和钢板作为基本单元，利用焊接、螺栓或铆钉等连接方法，按照一定的构造要求连接起来用以承受外载荷的结构称为钢结构。

工程机械钢结构作为工程机械装备的主要骨架，承受和传递工程机械的各种载荷，具有举足轻重的作用。

1.1.2　钢结构特点

钢结构采用钢板和型钢制作而成，和其他材料的结构相比，具有以下特点。

（1）材料强度高，自重轻

钢材具有较高的强度和弹性模量。与混凝土和木材相比，其密度与屈服强度的比值相对较低，因而在同样受力条件下钢材的构件截面小、自重轻，便于运输和安装。适于跨度大、高度高、承载重的结构。

（2）钢材材质均匀，韧性、塑性好，结构可靠性高

钢材内部组织结构均匀，近似于各向同性均质体。韧性和塑性好，适于承受冲击和动载场合，具有良好的抗震性能。钢结构的实际工作性能比较符合计算理论，具有较高的可靠性。

（3）制造安装机械化程度高

钢结构构件便于在工厂制造、工地拼装。工厂机械化制造钢结构构件成品精度高、生产效率高，工地拼装速度快、工期短。钢结构是工业化程度最高的一种结构，特别适合现代建筑装配化生产。

（4）密封性好

1

由于焊接结构可做到完全密封，可以做成气密性、水密性很好的高压容器、大型油池和压力管道等。

（5）耐热不耐火

当温度在150℃以下时，钢材性质变化很小。因而钢结构适用于热车间，但结构表面受150℃左右的热辐射时，需采用隔热板加以保护。温度在300~400℃时，钢材强度和弹性模量均显著下降。温度在600℃左右时，钢材强度趋于零。在有特殊防火需求的建筑中，钢结构必须采用耐火材料加以保护以提高耐火等级。

（6）耐腐蚀性差

在潮湿和腐蚀性介质的环境中，容易锈蚀。一般钢结构要除锈、镀锌或涂料，并进行定期维护。对处于海水中的海洋平台结构，需采用"锌块阳极保护"等特殊措施予以防腐蚀。

（7）低碳、节能、绿色环保，可重复利用

钢结构建筑拆除几乎不会产生建筑垃圾，钢材可以回收再利用。

1.1.3　钢结构的分类

钢结构一般按照构造、受力特征、节点类型、载荷作用位置、连接方式、外形等进行分类，具体类型有以下几种。

（1）按照构造分类

按照构造，钢结构可分为实腹式和格构式两种。

实腹式结构可以是型钢，或者用钢板焊接而成。焊接组合结构一般厚度较小，属于薄壁结构，截面常用焊接工字形或箱形截面，如桥式起重机的主梁、汽车起重机的起重臂等。

格构式结构用型钢制成，可以是双肢、三肢或四肢格构式截面，常用的桁架和格构柱即为此类结构，如塔式起重机的起重臂、塔身，履带式起重机的起重臂等。

实腹式结构制造方便，但自重较大；而格构式结构自重轻，但制造工艺复杂。一般情况下，承载大、尺寸小的结构常采用实腹式结构，承载小、尺寸较大的结构常采用格构式结构。

（2）按照受力特征分类

按照受力特征，钢结构可分为轴心受力构件、受弯构件和拉弯压弯构件。这三种构件为钢结构的基本构件。

轴心受力构件主要承受轴心力，如汽车起重机的支腿等。受弯构件主要承受弯矩，如桥式起重机的主梁。拉弯压弯构件中，应用较多的是同时承受轴心压力和弯矩的压弯构件，如塔式起重机的起重臂等。

另外，还有受扭构件和弯扭构件，受扭构件主要承受扭矩作用，弯扭构件同时承受弯矩和扭矩作用。

（3）按照构件节点类型分类

按照构件节点类型，钢结构可分为铰接结构、刚接结构和混合结构。

铰接结构中，所有节点视为理想铰，不承受和传递弯矩。钢结构中实际的铰接结构很少。一般地，当杆系结构中杆件受到的弯矩很小，或者连接状态与铰接比较接近时，可近似简化为铰接结构，如塔式起重机的臂架、擦窗机的伸缩臂等。

刚接结构也称为刚架结构，这种结构杆件连接处刚性大，在外载荷作用下，节点处各构件之间相对位置不变化或变化很小，节点能承受较大弯矩，如龙门起重机的门架等。

混合结构既有铰接结构的节点，又有刚接结构的节点，如门座起重机的箱形臂架，就是桁架与梁混合的桁构结构。

（4）按照载荷作用位置分类

按照载荷作用位置，钢结构可分为平面结构和空间结构。

平面结构中，载荷作用平面和结构各杆件的轴线组成的平面共面，如塔式起重机的水平起重臂等。

当结构杆件的轴线不在同一个平面内，或者虽然结构杆件的轴线位于同一平面，但载荷作用于结构平面外，即平面结构空间受力，属于空间结构，如汽车起重机的车架等。

（5）按照连接方式分类

按照基本单元的连接方式，钢结构可分为螺栓连接、焊缝连接和铆钉连接等。钢结构中的基本单元为钢板和型钢，由基本单元组成钢结构的基本构件（如轴心受力构件、受弯构件等），再由基本构件组成钢结构整体。

（6）按照外形分类

按照外形，钢结构可分为桥架结构、门架结构、臂架结构和塔架结构等。如门式起重机的门架、桥式起重机的桥架、履带起重机的臂架、输电线路的塔架等。

1.1.4 钢结构的应用

钢结构具有强度高、重量轻、质量可靠等优点，在机械装备、冶金工业、建筑业、交通运输业等领域应用广泛。

钢结构的主要应用有：机械装备骨架、工业厂房和重型车间的承重骨架、多层框架结构、板壳结构、塔桅结构、桥梁结构、仓储结构和水工建筑物等。

钢结构在工程机械领域应用也很广泛，如在起重机械、土方施工机械、升降施工平台等机械设备中，钢结构作为骨架，承受设备外载荷，对保证设备的正常工作起到重要作用。

1.2 几种常用工程机械钢结构简介

工程机械是装备工业的重要组成部分。概括地说，凡土石方施工工程、路面建设与养护、流动式起重装卸作业和各种建筑工程所需的综合性机械化施工工程所必需的机械装备，称为工程机械。

本书涉及的范围有限，主要对起重机、挖掘机、装载机、擦窗机、施工升降机、混凝土泵车等工程机械钢结构进行阐述。

（1）起重机

起重机（图 1-1）是指在一定范围内垂直提升和水平搬运重物的多动作起重机械，属于物料搬运机械。起重机的工作特点是做间歇性运动，即相应机构进行交替工作，在一个工作循环中完成取料、运移、卸载等动作，使用越来越广泛。

<table>
<tr><td>（a）</td><td>（b）</td><td>（c）</td></tr>
</table>

图 1-1 起重机

起重机的主体金属结构均为钢结构，其作为整机的支撑和承载部分，安全性尤为关键。常用的起重机主要为臂架型起重机和桥架型起重机。其中，臂架型起重机，如塔式起重机［图 1-1（a）］的起重臂为桁架结构，汽车起重机［图 1-1（b）］的起重臂为箱形结构，两者的钢结构起重臂均直接承受外载荷，根据实际作业情况，可将其结构近似看作压弯构件进行结构分析，以确保结构具备足够的承载能力；桥架型起重机，如桥式起重机［图 1-1（c）］的桥架包括主梁和端梁结构，主梁承受运行小车的载荷，其结构可近似看作受弯构件进行结构分析。另外，焊缝的强度也直接影响着整机结构的可靠性，故还需对起重机的焊缝进行合理的设计。

（2）挖掘机

挖掘机（图 1-2）是一种特殊的工程车辆，由旋转平台、大型铲斗和机械臂组成，一般以履带或轮胎行进。从近几年工程机械的发展来看，挖掘机发展相对较快，挖掘机已经成为工程建设中最主要的工程机械之一。挖掘机最重要的三个参数为额定载重量、发动机功率和铲斗容量。

图 1-2 挖掘机

常用的液压挖掘机中，工作装置是整机的重要组成部分，主要包括动臂、斗杆和铲斗，各部件均采用销轴连接，通过液压缸伸缩运动来完成挖掘作业。工作装置钢结构的结构形式和载荷情况复杂,在恶劣的工况环境下,工作装置常常承受交变的载荷作用,使得构件上产生裂纹或原有裂纹等缺陷逐渐扩大,甚至发生疲劳破坏。确保挖掘机工作装置的结构强度与刚度满足要求是保证液压挖掘机工作装置结构设计合理性的前提。

(3)装载机

装载机(图 1-3)是一种广泛用于公路、铁路、建筑、水电、港口、矿山等工程建设的土方施工机械,主要用来铲、装、卸、运土和石料一类散状物料,也可以对岩石、硬土进行轻度铲掘作业。由于它具有作业速度快、机动性好、操作轻便等优点,因而发展很快,成为土方施工中的主要机械。

图 1-3 装载机

轮式装载机由动力装置、传动系统、行走系统、工作装置和机架等部分组成。其中装载机工作装置由铲斗、动臂、摇臂及连杆等组成的作业部分和操纵的液压系统如动臂举升油缸和转斗油缸等组成。工作装置是装载机的主要执行机构,实现物料的铲装与转运,在作业过程中受到物料重力、铲掘阻力等外载荷的影响,必须在使用过程中保证其结构强度。实际作业时,工作装置受力情况复杂,其外形结构受到总体布局的制约,故装载机动臂框架结构选用两块长动臂板与横梁焊接。动臂和横梁通过环形焊接成一体,动臂为箱体焊接结构,对整体焊接质量要求较高。因此,工作装置的焊缝设计也是设计过程的重要环节。

(4)擦窗机

擦窗机(图 1-4)主要用于建筑物或构筑物窗户和外墙清洗、维修等作业的常设悬吊接近设备。按照安装方式分为:轮载式、屋面轨道式、悬挂轨道式、插杆式和滑梯式等。

图 1-4 擦窗机

常用的屋面轨道式擦窗机主要由起重臂、立柱、回转支承、底架、行走机构和起升机构组成。起重臂和立柱的截面形式通常选用焊接的箱形截面。当起重臂水平时，可将其近似看作受弯构件；当起重臂为仰臂时，可将其近似看作压弯构件；立柱承受上部起重臂的载荷，在结构分析时，可将立柱视为压弯构件。由于起重臂和立柱存在较长的焊缝，故在保证结构强度的同时还需保证焊缝的强度。

（5）施工升降机

施工升降机（图 1-5）是一种在各类施工中用到的载人载货施工机械。施工升降机种类繁多，多数情况下是指建筑用施工电梯，主要由钢结构、驱动装置、电气设备及安全装置等组成。施工升降机安装及保养不当将出现严重安全事故。

图 1-5　施工升降机

施工升降机主要由导轨架、附墙架、吊笼和安全机构等组成。导轨架由标准节通过螺栓连接而成，标准节主要由主弦杆、斜腹杆、连接角钢、齿条组合等组成，齿条与标准节主体连接方式为螺栓连接。导轨架通过地基和附墙架固定，为吊笼上下运行提供轨道。在结构分析时可根据受载情况将导轨架近似看作压弯构件。对于导轨架安装方案的计算分析中，需保证附墙架与墙体相连接的穿墙螺栓结构不被破坏。因此，应对附墙架与墙体相连接的穿墙螺栓强度进行校核。

（6）混凝土泵车

混凝土泵车是利用压力将混凝土沿管道连续输送到指定浇筑位置的一种专用机械设备，即将混凝土泵安装在汽车底盘上或专用车辆上，集混凝土的输送和浇筑工序于一体，在大型基础建筑、高层建筑、民用建筑、水利水电施工、交通运输工程等土方施工中占有非常重要的位置。混凝土泵车如图 1-6 所示。

图 1-6　混凝土泵车

混凝土泵车主要由回转装置、臂架系统、汽车底盘、支腿和泵送系统五部分组成，通常在环境较为恶劣的施工现场作业，通过臂架系统完成布料作业。臂架系统包括臂节、油缸、连杆和转台等，各部件之间通过套有销轴的铰链连接。臂架系统结构的合理性直接影响到混凝土泵车的工作性能和可靠性，对臂架结构进行必要的设计计算，可以有效保证作业的安全。

1.3　工程机械钢结构载荷及其组合

工程机械因用途和机型不同，承受的外载荷也不同。准确地确定载荷数值，科学地进行载荷组合，是验算工程机械钢结构承载能力和正常使用两个极限状态的前提。考虑到本书研究对象为工程机械，依据《钢结构设计规范》（GB 50017—2003）和《起重机设计规范》（GB/T 3811—2008），为统一名词术语，故将《钢结构设计规范》（GB 50017—2003）中的"荷载"改为"载荷"。

作用在工程机械上的载荷很多，按照载荷性质可分为永久载荷和可变载荷；按照载荷发生的频度，又可分为常规载荷、偶然载荷和特殊载荷。

1.3.1　钢结构载荷

作用在工程机械上的载荷，按照性质可分为永久载荷和可变载荷。

（1）永久载荷

永久载荷始终作用在结构上，作用位置一般不变，其值也不随时间变化。如结构的自重、机构和电气设备的自重等，这种载荷又称为自重载荷。

（2）可变载荷

可变载荷是在一定时间内作用在结构上的载荷，其位置和数值是随着时间变化的。

① 工作载荷。结构工作时经常承受的载荷，如起重机的起升载荷、装载机铲斗插入和掘起时承受的载荷等。

② 惯性载荷和冲击载荷。惯性载荷和冲击载荷属于动力载荷。惯性载荷是工程机械及其部件在变速运动时，由结构自重或载重引起的载荷；冲击载荷是设备在运行中，通过轨道接缝处或不平路面时，由车轮冲击引起的载荷。

③ 位移和变形引起的载荷。如由预应力产生的结构变形和位移载荷等。

④ 由工作状态下风压、冰雪、温度变化、坡道及偏斜运行引起的载荷。

⑤ 结构受非工作状态风压作用、缓冲器碰撞、设备倾翻、意外停机、传动机构失效以及结构在安装、拆卸、运输过程中产生的载荷。

⑥ 其他载荷。如结构试验载荷、设备基础受到外部激励等引起的载荷（地震载荷）等。

1.3.2　载荷组合

作用在工程机械上的载荷，按照载荷发生的频度，可分为常规载荷、偶然载荷和特殊载荷。

常规载荷：钢结构中承受的永久载荷和可变载荷，有些是经常作用在结构上的载荷，如自重载荷、工作载荷、惯性载荷、冲击载荷、位移和变形引起的载荷等，这类载荷称为常规载荷。在验算强度、稳定性和疲劳失效时，应考虑这类载荷。

偶然载荷：有些是不经常作用在结构上的载荷，如风载荷、冰雪载荷、温度变化载荷、坡道及偏斜运行引起的载荷等，这类载荷称为偶然载荷。在验算疲劳失效时，一般不考虑这些载荷。

特殊载荷：有些是非正常工作时或不工作时的特殊情况下才发生的载荷，如受非工作状态风压作用、碰撞载荷、运输（安装、拆卸）载荷、地震载荷、试验载荷等，这类载荷称为特殊载荷。在验算疲劳失效时，也不考虑这些载荷。

钢结构设计时，同时使用的载荷称为载荷组合。结构承受的各种载荷一般不是同时作用在结构上的。载荷组合原则是：应根据工程机械的工作特点、不同工况，考虑各项载荷实际出现的概率，按照对结构最不利的作用情况，将可能同时出现的载荷进行合理的组合，作为设计依据。

通常需要考虑以下三种载荷组合形式：

载荷组合Ⅰ，只考虑常规载荷作用的情况；

载荷组合Ⅱ，考虑常规载荷和偶然载荷作用的情况；

载荷组合Ⅲ，考虑常规载荷和偶然载荷以及特殊载荷作用的情况。

对所有结构都需要进行强度、刚度和稳定性的计算，计算时按照载荷的最不利组合进行。对使用频繁的结构需要进行疲劳计算，疲劳计算按照载荷组合Ⅰ进行。如起重机钢结构中，对工作级别 A6，A7，A8 级的结构件，应验算疲劳强度。

1.4 钢结构设计方法

1.4.1 概述

钢结构的承载能力是由材料性质、构件尺寸和工作条件决定的。钢材机械性能的取值和材料的实际性能之间、计算所取截面和实际尺寸之间、采用的标准载荷和实际载荷之间、计算应力值和实际应力之间，均存在一定差异。这就是说，在设计中所采用的载荷、材料性能、截面特性、施工质量等方面都不是定值，而是变化的。在设计中如何考虑这些因素的变动规律，是结构计算的重要问题。

结构设计计算的目的是在满足可靠性要求的前提下，保证所设计的结构和构件在施工和工作过程中，做到安全、耐用、经济。要实现这一目的，必须借助于合理的设计方法。

结构设计的计算方法经历了从许用应力法到极限状态设计法两个重要阶段。

许用应力设计法是在规定的使用载荷（标准值）作用下，按照线性弹性理论算得的结构或构件中的应力（计算应力）应不大于规范规定的材料许用应力。材料的许用应力由材料的平均极限抗力（屈服点、临界应力和疲劳强度）除以安全系数得到，安全系数可查阅相关标准规范或由经验确定。

极限状态设计法是以概率理论为基础，定量地度量结构或构件的可靠性，按照承载能力和正常使用两个极限状态，建立结构可靠性指标与极限状态方程之间的关系。在设计表达式中，采用分项系数进行计算。

1.4.2 许用应力设计法

许用应力设计法的流程如图1-7所示。

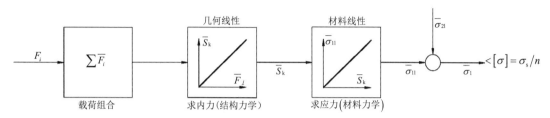

图1-7 许用应力设计法流程图

其中，F_i ——作用在构件或部件上的载荷；

$\sum \overline{F_i}$ ——载荷组合；

$\overline{S}_k$ ——构件或支承部件在k截面上的载荷效应，即内力；

$\overline{\sigma}_{11}$ ——由载荷效应$\overline{S}_k$在个别特定构件1中产生的应力；

$\overline{\sigma}_{21}$ ——由局部效应（内力）在个别特定构件1中产生的应力；

$\overline{\sigma}_1$ ——总应力；

$[\sigma]$ ——许用应力，$[\sigma] = \sigma_s / n$；

σ_s ——构件材料屈曲极限；

n ——安全系数。

1.4.3 极限状态设计法

极限状态设计法的流程如图1-8所示。

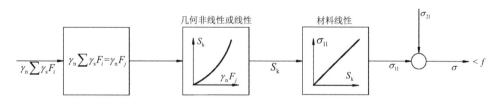

图1-8 极限状态设计法流程图

γ_n 为高危险度系数。当结构的破坏会造成极其巨大的人身和经济损失时，取 $\gamma_n=1.05$ 或 $\gamma_n=1.10$。一般情况下，取 $\gamma_n=1.0$。γ_s 为载荷分项系数，包含永久载荷分项系数γ_G和可变载荷分项系数γ_Q；由于不同工程机械不同载荷的偏差量各不相等，可以用概率统计方法得到各种载荷的偏差量，据此确定其载荷分项系数γ_s。例如，门式起重机起升载荷的载荷分项系数为1.28，塔式起重机起升载荷的载荷分项系数为1.22；工作风载荷的载荷分项系数均为 1.16，自重载荷的载荷分项系数均为 1.1。

可以认为：当极限状态设计法中各载荷分项系数取同一值，且内力与载荷成线性时，极限状态设计法与许用应力设计法无大区别。当为大变形结构时，由于载荷和内力成非线性关系，应用极限状态设计法。

1.4.4 分项系数设计表达式

（1）承载能力极限状态的设计表达式

对于承载能力极限状态，结构构件应按照载荷效应的基本组合和偶然组合进行设计。

① 基本组合。

对于基本组合，应按照下列极限状态设计表达式中最不利值确定：

$$\gamma_0\left(\gamma_G\sigma_{Gk}+\gamma_{Q1}\sigma_{Q1k}+\sum_{i=2}^{n}\psi_{Qi}\gamma_{Qi}\sigma_{Qik}\right)\leqslant f=f_y/\gamma_R \qquad (1\text{-}1)$$

$$\gamma_0\left(\gamma_G\sigma_{Gk}+\sum_{i=1}^{n}\psi_{Qi}\gamma_{Qi}\sigma_{Qik}\right)\leqslant f=f_y/\gamma_R \qquad (1\text{-}2)$$

式中，γ_G ——永久载荷分项系数，当永久载荷效应对结构构件的承载能力不利时，对式（1-1）和式（1-2）应分别取 1.2 和 1.35，当永久载荷效应对结构构件的承载能力有利时，不应大于 1.0；

γ_{Q1}，γ_{Qi} ——第 1 个和第 i 个可变载荷分项系数，当可变载荷效应对结构构件的承载能力不利时，在一般情况下应取 1.4，当可变载荷效应对结构构件的承载能力有利时，应取 1.0；

σ_{Gk} ——永久载荷标准值在结构构件截面或连接中产生的应力；

σ_{Q1k}，σ_{Qik} ——在基本组合中起控制作用的第 1 个可变载荷标准值和第 i 个可变载荷标准值在结构构件截面或连接中产生的应力；

f ——结构构件或连接的强度设计值，$f=f_y/\gamma_R$，例如钢材的强度设计值 f、钢材的抗剪强度设计值 f_v；

f_y ——材料强度的标准值，即材料的屈服极限；

γ_R ——抗力分项系数，对于 Q235 钢，取 $\gamma_R=1.087$，对于 Q345 钢、Q390 钢和 Q420 钢，取 $\gamma_R=1.111$；

ψ_{Qi} ——第 i 个可变载荷的组合系数，取值详见相关载荷规范。

式（1-1）和式（1-2）的简化形式如下：

$$\gamma_0\left(\gamma_G\sigma_{Gk}+\psi\sum_{i=1}^{n}\gamma_{Qi}\sigma_{Qik}\right)\leqslant f=f_y/\gamma_R \qquad (1\text{-}3)$$

式中，ψ ——简化设计表达式中采用的载荷组合系数，一般情况下可取 0.9，当只有一个可变载荷时，取 1.0。

钢材强度设计值见表 1-1，铸钢件的强度设计值见表 1-2，当为表 1-3 中所列情况时，上述表中的强度设计值应乘以表 1-3 中的折减系数。表 1-4 为钢材和铸钢件的物理性能指标。焊缝的强度设计值见表 3-1，螺栓连接的强度设计值见表 3-4。

表 1-1 钢材强度设计值

钢 材		抗拉、抗压和抗弯	抗 剪	端面承压（刨平顶紧）
钢 号	厚度与直径 /mm	f /(N/mm^2)	f_v /(N/mm^2)	f_{ce} /(N/mm^2)
Q235	≤16	215	125	325
	>16~40	205	120	
	>40~60	200	115	
	>60~100	190	110	
Q345	≤16	310	180	400
	>16~35	295	170	
	>35~50	265	155	
	>50~100	250	145	
Q390	≤16	350	205	415
	>16~35	335	190	
	>35~50	315	180	
	>50~100	295	170	
Q420	≤16	380	220	440
	>16~35	360	210	
	>35~50	340	195	
	>50~100	325	185	

注：表中厚度系指计算点的钢材厚度，对轴心受拉和轴心受压构件系指截面中较厚板材的厚度。

表 1-2 铸钢件的强度设计值

钢号	抗拉、抗压和抗弯 f /(N/mm^2)	抗剪 f_v /(N/mm^2)	端面承压（刨平顶紧）f_{ce} /(N/mm^2)
ZG 200-400	155	90	260
ZG 230-450	180	105	290
ZG 270-500	210	120	325
ZG 310-570	240	140	370

表 1-3 结构构件或连接的强度设计值的折减系数

序号	情况			折减系数
1	单面连接的单角钢	按轴心受力计算强度和连接		0.85
		按轴心受压计算稳定性	等边角钢	$0.6+0.0015\lambda$，且 ≤1.0
			短边相连的不等边角钢	$0.5+0.0025\lambda$，且 ≤1.0
			长边相连的不等边角钢	0.70
2	无垫板的单面施焊对接焊缝			0.85
3	施工条件较差的高空安装焊缝和铆钉连接			0.90
4	沉头和半沉头铆钉连接			0.80

注：1. 当几种情况同时存在时，其折减系数应连乘；
2. λ 为长细比，对中间无联系的单角钢压杆，应按最小回转半径计算，当 λ ≤20 时，取 $\lambda=20$ 。

表 1-4 钢材和铸钢件的物理性能指标

弹性模量 E /（N/mm^2）	剪切模量 G /（N/mm^2）	线膨胀系数 α （以每1℃ 计）	质量密度 ρ /（kg/m^3）
2.06×10^5	7.9×10^4	1.2×10^{-5}	7.85×10^3

② 偶然组合。

对于偶然组合，极限状态设计表达式宜按照下列原则确定：偶然作用的代表值不乘以分项系数；与偶然作用同时出现的可变载荷，应根据观测资料和工程经验采用适当的代表值。具体的设计表达式及各种系数，应符合相关规范的规定。

（2）正常使用极限状态的设计表达式

对于正常使用极限状态，结构构件应分别采用载荷效应的标准组合、频遇组合和准永久组合进行设计，以使变形、振幅、加速度、应力和裂缝等作用效应的设计符合下式要求。

$$v = v_{Gk} + v_{Q1k} + \sum_{i=2}^{n} \psi_{Qi} v_{Qik} \leqslant [v] \tag{1-4}$$

式中，v——结构或构件产生的变形值；

v_{Gk}——永久载荷的标准值在结构或构件产生的变形值；

v_{Q1k}，v_{Qik}——第 1 个和第 i 个可变载荷标准值在结构或构件产生的变形值；

$[v]$——结构或构件的许用变形值。

计算结构或构件的强度、稳定性和连接强度时，应采用载荷设计值；计算正常使用状态的变形和疲劳时，应采用载荷标准值。

对于直接承受动力载荷的结构，计算强度和稳定时，动力载荷设计值应乘以动力系数；计算疲劳和变形时，动力载荷标准值不乘以动力系数。

1.4.5 两种方法的算例比较

1.4.5.1 载荷和内力成线性关系的算例

根据《起重机设计规范》（GB/T 3811—2008），对许用应力法和极限状态法的计算进行简单的比较。

某一台门式起重机的某危险截面上，自重载荷引起的应力为 $\sigma_G = 120 \text{ N/mm}^2$，起升载荷引起的应力为 $\sigma_Q = 100 \text{ N/mm}^2$，工作风载荷引起的应力为 $\sigma_w = 40 \text{ N/mm}^2$，材料选用Q345，厚度小于 16 mm。

（1）许用应力法

由于考虑了风载荷对起重机的影响，故对应的安全系数为 $n = 1.34$，可得许用应力

$$[\sigma] = \frac{\sigma_s}{n} = \frac{345}{1.34} = 257.5 \text{ N/mm}^2$$

$$\sum \sigma = \sigma_G + \sigma_Q + \sigma_w = 120 + 100 + 40 = 260 \text{ N/mm}^2$$

$$\sum \sigma = 260 \text{ N/mm}^2 \approx [\sigma] = 257 \text{ N/mm}^2 \quad \text{通过}$$

（2）极限状态法

查《起重机设计规范》（GB/T 3811—2008），起重机自重载荷分项系数 $\gamma_{pG} = 1.05$，起升载荷分项系数 $\gamma_{pQ} = 1.22$，风载荷分项系数 $\gamma_{pw} = 1.10$。

$$\gamma_{\text{pG}} \times \sigma_{\text{G}} = 1.05 \times 120 = 126 \text{ N/mm}^2$$

$$\gamma_{\text{pQ}} \times \sigma_{\text{Q}} = 1.22 \times 100 = 122 \text{ N/mm}^2$$

$$\gamma_{\text{pW}} \times \sigma_{\text{W}} = 1.10 \times 40 = 44 \text{ N/mm}^2$$

$$\sum \gamma_{\text{pi}} \sigma_i = \gamma_{\text{pG}} \times \sigma_{\text{G}} + \gamma_{\text{pQ}} \times \sigma_{\text{Q}} + \gamma_{\text{pW}} \times \sigma_{\text{W}} = 126 + 122 + 44 = 292 \text{ N/mm}^2 < f = 315 \text{N/mm}^2 \qquad \text{通过}$$

1.4.5.2 载荷和内力成非线性关系的算例

在大变形的结构中，载荷和内力成非线性关系，如图1-9所示。

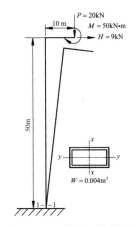

图1-9 大变形结构算例

（1）忽略非线性因素，按照线性结构分析

若用许用应力设计法，其根部1-1截面上的弯矩和应力为

$$M_{\text{P}} = 20 \times 10 = 200 \text{ kN} \cdot \text{m}$$

$$M_{\text{M}} = 50 \text{ kN} \cdot \text{m}$$

$$M_{\text{H}} = 9 \times 50 = 450 \text{ kN} \cdot \text{m}$$

$$\sum M = 700 \text{ kN} \cdot \text{m}$$

$$\sigma = \sum M / W = 700 / 0.004 = 175000 \text{ kN/m}^2 = 175 \text{ N/mm}^2$$

Q235钢的许用应力：当安全系数 n 取 1.34 时，$[\sigma] = \dfrac{\sigma_s}{n} = \dfrac{235}{1.34} = 175.4 \text{ N/mm}^2$。计算应力与许用应力相比，处于临界状态。

若用极限状态设计法（假定载荷分项系数均为1.22），强度设计值 $f = 215 \text{ N/mm}^2$，其根部1-1截面上的弯矩和应力为

$$M_{\text{P}} = \gamma_{\text{p}} \times 20 \times 10 = 1.22 \times 20 \times 10 = 244 \text{ kN} \cdot \text{m}$$

$$M_{\text{M}} = \gamma_{\text{p}} \times 50 = 1.22 \times 50 = 61 \text{ kN} \cdot \text{m}$$

$$M_{\text{H}} = \gamma_{\text{p}} \times 9 \times 50 = 1.22 \times 9 \times 50 = 549 \text{ kN} \cdot \text{m}$$

$$\sum M = 854 \text{ kN} \cdot \text{m}$$

$$\sigma = \sum M / W = 854 / 0.004 = 213500 \text{ kN/m}^2 = 213.5 \text{ N/mm}^2 < f = 215 \text{ N/mm}^2$$

计算应力与极限应力相比也处于临界状态。

以上是线性分析的结果，许用应力法与极限状态法的计算结果相当（之所以相当，除了因为用了线性分析，还因为算例中载荷分项系数均取 1.22。如前所述，这种情况下极限状态法即为许用应力法）。

（2）用非线性分析

许用应力设计法：将载荷 $P = 20 \text{ kN}$，$M = 50 \text{ kN} \cdot \text{m}$ 和 $H = 9 \text{ kN}$ 输入计算机，按照图 1-9 模型作非线性分析，得根部截面上的弯矩和应力为

$$\sum M = 744.5 \text{ kN} \cdot \text{m}$$

$$\sigma = \sum M / W = 744.5 / 0.004 = 186125 \text{ kN/m}^2 = 186.125 \text{ N/mm}^2$$

计算应力超过许用应力：$\left[(193.6 - 175.4) / 175.4 \right] \times 100\% = 10.4\%$。

极限状态设计法：将载荷 $P = 20 \text{ kN}$，$M = 50 \text{ kN} \cdot \text{m}$ 和 $H = 9 \text{ kN}$ 分别乘以载荷分项系数 $\gamma_p = 1.22$ 后输入计算机，按照图示模型作非线性分析，得根部截面上的弯矩和应力为

$$\sum M = 976.6 \text{ kN} \cdot \text{m}$$

$$\sigma = \sum M / W = 976.6 / 0.004 = 244150 \text{ kN/m}^2 = 244.2 \text{ N/mm}^2 > f = 215 \text{ N/mm}^2$$

计算应力超过强度设计值：$\left[(244.2 - 215) / 215 \right] \times 100\% = 13.6\%$。

许用应力法与极限状态法（载荷分项系数均取 1.22）的计算结果有较大出入，前者超值 10.4%，后者超值 12.5%。而在线性分析中它们并无区别。若载荷分项系数按照标准选择，则在线性分析中也存在差异，在非线性分析中则出入更大。

由上述算例可得出下面两点结论：

① 对于大变形的结构，由于载荷和内力成非线性关系，应该用非线性分析方法进行计算；

② 非线性分析时应该用极限状态设计法，因为极限状态法比许用应力法更接近实际。若不遵守上述结论，计算结果将不安全。

1.4.6 钢结构疲劳计算

由于对疲劳极限状态及其影响因素研究还不充分，《钢结构设计规范》（GB 50017—2003）仍旧采用许用应力幅计算方法，而不是用概率极限状态设计法来计算钢构件和连接的疲劳。疲劳计算的公式是以试验为依据的，分为常幅（所有应力循环内的应力幅保持常量）和变幅疲劳（应力循环内的应力幅随机变化）两种情况进行计算。

影响钢材疲劳强度的主要因素是应力的种类（拉应力、压应力、剪应力和复杂应力等）、应力变化的幅度 $\Delta \sigma$ 及其循环次数 N、应力集中程度和残余应力等，而和钢材的静力强度并无明显关系。

工程机械钢结构大多为焊接结构，长期承受循环载荷作用，疲劳裂缝总是产生于连接部位的焊缝或熔合线表面或内部缺陷处，然后沿垂直于外力作用方向扩展。因此，应特别注意疲劳问题，其疲劳强度与 $\Delta\sigma$ 有关，而与 σ_{max} 的值无关。对于工作频繁的工程机械钢结构，即应力循环次数为 $N \geqslant 10^5$ 时，应进行疲劳计算，并以 $N = 10^6$ 为疲劳极限的循环次数。在全压力的循环中，由于裂缝一旦形成，残余应力即行释放，裂缝在全压力循环中不再扩展，故可不必验算，即在应力循环中不出现拉应力的部位不必计算疲劳。出现拉应力部位疲劳采用下列计算方法。

（1）常幅疲劳计算

常幅疲劳应按式（1-5）进行计算：

$$\Delta\sigma \leqslant [\Delta\sigma] \tag{1-5}$$

式中，$\Delta\sigma$——对焊接部位为应力幅，$\Delta\sigma = \sigma_{max} - \sigma_{min}$，对非焊接部位为折算应力幅，

$\Delta\sigma = \sigma_{max} - 0.7\sigma_{min}$；

$[\Delta\sigma]$——常幅疲劳的许用应力幅，N/mm^2，应按照式（1-6）计算：

$$[\Delta\sigma] = \left(\frac{C}{N}\right)^{1/\beta} \tag{1-6}$$

式中，N——应力循环次数；

C, β——系数，根据附录一的构件和连接分类，按照表 1-5 选取。

表 1-5　系数 C、β 和 $[\Delta\sigma]_{N=2\times10^6}$ 值

构件和连接类别	1	2	3	4	5	6	7	8
$C/10^{12}$	1940	861	3.26	2.18	1.47	0.96	0.65	0.41
β	4	4	3	3	3	3	3	3
$[\Delta\sigma]_{N=2\times10^6}$	176	144	118	103	90	78	69	59

（2）变幅疲劳计算

变幅（应力循环内的应力幅随机变化）疲劳，在工程机械钢结构中是时常遇到的，这种变幅疲劳目前大多采用简化计算，即根据 Palmyren-Miner 的线性累积损伤原理，把变幅疲劳折算成常幅疲劳，按照式（1-7）计算：

$$\Delta\sigma_e \leqslant [\Delta\sigma] \tag{1-7}$$

式中，$\Delta\sigma_e$——变幅疲劳的等效应力幅，由式（1-8）确定：

$$\Delta\sigma_e \leqslant \left[\frac{\sum n_i(\Delta\sigma_i)^\beta}{\sum n_i}\right]^{1/\beta} \tag{1-8}$$

式中，$\sum n_i$——以应力循环次数表示的预期使用寿命；

n_i——预期寿命内应力幅水平达 $\Delta\sigma_i$ 的应力循环次数；

β——系数按照表 1-5 选取；

$[\Delta\sigma_i]$——常幅疲劳的许用应力幅，按照式（1-8）计算。

按照式（1-7）计算时，需要预测结构在使用寿命期间各种载荷的频率分布、应力幅水平，以及频次分布总和所构成的设计应力谱。若不能预测应力谱，只能按照常幅疲劳的计算式（1-7）进行计算，但选用的应力循环次数不应是实际的循环次数，需结合使用中满负荷程度予以折减。

1.5 工程机械钢结构基本要求与发展趋势

1.5.1 钢结构设计的三大问题

（1）钢材材质与选择

工程机械钢结构中，结构承受交变载荷，工作条件多变，甚至在低温条件工作，对钢材提出更高要求。而且，化学成分及冶金缺陷对钢材性能影响很大。

因此，工程机械钢结构设计中，正确选材非常重要。

（2）结构稳定

满足强度要求，不一定满足稳定要求。多数情况下，稳定承载力要低于强度承载力。强度问题中，静强度的设计标准值为钢材的屈服点，变化不大（考虑不同板厚，屈服点会有变化）；稳定问题中，稳定的设计标准值为临界应力，该值与结构尺寸、材料、载荷、约束等有关，为变量。

同时，稳定问题又分为整体稳定（杆件）与局部稳定（板件，对格构式为分肢稳定）。截面设计时，截面尺寸选择上，对整体稳定和局部稳定来说，有时是相悖的（如实腹式梁的翼缘宽度），这给设计带来一定的难度。

因此，需要综合考虑强度和稳定（整体稳定、局部稳定），合理设计截面。

（3）构造设计

钢结构设计中，构造设计占有非常重要的位置。构造设计主要包括构件截面的组成（加劲肋的配置）、连接方式（焊接、螺栓连接）以及构件与构件的连接节点等。钢结构设计规范中对构造设计提出了明确要求，合理的构造设计对材料的有效利用、整体刚度和承载力的提升均有直接影响。

1.5.2 基本要求

在一般情况下，工程机械工作繁重，工作环境差，承受多变载荷，动态特性显著。钢结构是工程机械中的重要组成部分，其设计制造质量的优劣将直接影响整个设备的工作性能。为了保证机械的正常工作和设计制造的经济性，工程机械钢结构设计应满足以下几点基本要求：

① 满足工程机械总体设计要求，包括作业空间、运动轨迹和总体布置要求等；

② 安全可靠、坚固耐用，即钢结构必须有足够的强度（静强度、疲劳强度）、刚度（静刚度、动刚度）和稳定性（整体稳定、局部稳定、单肢稳定）；

③ 结构轻量化，节省材料和资源；

④ 构造合理、工艺性好、便于运输安装；

⑤ 造型美观、节能环保、人—机—环境协调设计。

在设计时应综合考虑上述要求，在保证工程机械钢结构正常使用和力学性能的基础上，充分利用材料，减轻自重，并有效地解决运输、安装、养护和美观等问题。

1.5.3　发展趋势

当前，随着国外工程机械技术的进步，设计理论和计算方法不断改进和完善，欧美国家先后出台了工程机械产品的设计、制造、使用、维护、检测等方面的标准和规范。我国在工程机械领域的技术进步有目共睹，并及时跟踪国外最新发展，先后修订了一些工程机械产品标准和规范，如《起重机设计规范》（GB/T 3811—2008）、《塔式起重机设计规范》（GB/T 13752—2017）、《擦窗机》（GB/T 19154—2017）、《高处作业吊篮》（GB/T 19155—2017）等。这些标准和规范中，都对结构部分做了比较大的修改，主要是针对结构设计方法、结构要求、材料选用、重要参数等进行了更新与完善，对钢结构的设计、制造与使用均提出了更高的要求，保证正常工作与安全运行的要求比以前提高了。同时，《起重机设计规范》（GB/T 3811—2008）等标准规范已与当前国际标准和国外先进工业标准取得了最大限度的一致，实现了与国际先进技术的同步。

国际上先进的标准和组织主要有：ISO（国际标准化组织）、EN（欧洲标准）、FEM（欧洲物料搬运、起重和仓储设备制造业协会）、DIN（德国工业标准）、BS（英国标准）、JIS（日本工业标准）、ASA（美国标准协会）等。

根据对工程机械钢结构的基本要求，在满足使用和力学性能的基础上，合理利用材料，减轻自重，降低制造成本，仍是工程机械钢结构设计制造发展的主要趋势和方向，重点如下。

（1）应用新的设计方法

工程机械钢结构设计方法主要采用许用应力法和极限状态法。当前，钢结构设计领域正在研究并不断得到应用的新理论和计算方法有：随机疲劳理论、动态设计理论、可靠性理论、断裂力学理论、稳定理论、有限元分析法和最优化设计法等。这些新理论和新方法极大地促进和提高了钢结构的设计水平，使计算更为精确，设计更符合实际情况，并能充分利用材料。

（2）创新钢结构形式

在保证工程机械工作性能的条件下，改进现有的结构形式和开发新颖的结构形式，能有效地减轻钢结构的自重，节省材料，从而降低造价。如采用合理的结构截面形式、改善截面的几何特性等。对不同的机械产品，应结合其具体的特点，完成其结构的创新。

（3）部件标准化、模块化和系列化

采用标准构件、部件组装成系列产品，实现工程机械钢结构中构件（部件）的标准化、模块化和系列化，可有效减少结构方案数和设计计算量，大大减轻设计工作量。钢结构构件、部件的标准化和模块化可以使构件、部件具有良好的互换性，减少维护时间，有效降低成本。

（4）采用新材料

采用新的高性能、耐火耐候钢材。高性能钢材的重要特性是强度高，并具有优良的塑性和韧性。耐火耐候性能是指钢材的耐高温、耐恶劣天气、耐腐蚀的能力。随着耐火耐候钢加工技术的不断成熟和完善，其将在工程机械行业得到广泛应用。随着材料冶金制造领域的技术进步，钢结构工作条件的复杂化，标准和规范中对材料的一些指标提出明确要求，如对碳当量的要求等，也会对钢结构的设计与制造带来影响。

（5）大型化、专业化、高效化

工程机械正向着大型化、智能化、自动化方向发展。为了与相应工程机械发展相适应，工程机械钢结构也越来越庞大。但是结构的庞大，给设计和制造工作带来了一些新的技术问题，需要不断改进和完善设计计算方法，提高设计水平。

习　题

1-1　工程机械钢结构的特点和基本要求有哪些？

1-2　钢结构的分类有哪些？钢结构载荷及组合有哪些？

1-3　试对实腹式结构和格构式结构的特点进行比较，并阐述其各自应用场合。

1-4　钢结构设计方法中，概率极限状态设计法与许用应力设计法有何不同？两种极限状态的具体内容各是什么？如何计算载荷的设计值和强度设计值？

1-5　针对承载能力和正常使用两种极限状态，计算时载荷如何选取？实际工程钢结构中，应如何体现这两种极限状态？

1-6　《起重机设计规范》（GB/T 3811—2008）采用哪三类载荷计算组合？对应于各载荷计算组合的安全系数为什么取不同值？

第2章　工程机械钢结构材料

学习要求

① 了解钢结构对材料的要求；

② 熟悉钢材的力学性能指标、失效方式和钢材性能的影响因素；

③ 熟悉钢材的种类和规格，掌握钢材的选用原则，能够根据使用条件合理选材；

④ 掌握工程机械钢结构常用材料的相关国家和行业标准，掌握图纸中型钢表示方法。

重点：导致钢材变脆的各种因素及场合。

难点：依据选材原则合理选材。

2.1　钢结构对材料的要求

工程机械钢结构作为主要承载金属构件，通常由碳素钢、合金钢及专业用钢等组成。要深入了解工程机械钢结构的性能，首先要从钢结构的材料开始，应掌握钢材在各种应力状态、不同生产过程和不同使用条件下的工作性能，从而能够选择合适的钢材。这不仅使结构安全可靠和满足使用要求，又尽可能地节约钢材和降低造价。

钢材的断裂破坏通常是在受拉状态下发生的，可分为塑性破坏和脆性破坏两种方式。钢材在产生很大变形以后发生的断裂破坏称为塑性破坏，也称为延性破坏。破坏发生时应力达到抗拉强度 f_u，构件有明显的颈缩现象。由于材料在塑性破坏发生前有明显的变形，并且有较长的变形持续时间，因而易及时发现和补救；钢结构未经发现和补救而真正发生的塑性破坏是很少见的。钢材在变形很小的情况下突然发生的断裂破坏称为脆性破坏。脆性破坏发生时的应力常小于钢材的屈服强度 f_y，断口平直，呈有光泽的晶粒状。由于破坏前变形很小且发生突然，事先不易发现，故难以采取补救措施，因而危险性很大。

钢材的种类繁多，碳素钢有上百种，合金钢有 300 余种，性能差别很大，符合钢结构要求的钢材只是其中的一小部分。用以建造钢结构的钢材称为结构钢，应满足以下性能要求。

（1）较高的抗拉强度 f_u 和屈服强度 f_y

钢结构设计中，将 f_y 作为强度标准值，也是承载能力极限状态的标志。f_y 高可减轻结构自重，节约钢材和降低造价。f_u 是钢材抗拉断能力极限，f_u 高可增加结构的安全保障。

（2）良好的塑性和韧性

塑性表征承受静力载荷时，材料吸收变形能的能力。塑性好，结构不会由于偶然超载而突然断裂；韧性表征承受动力载荷时，材料吸收能量的多少。韧性好，说明材料具有良好的动力工作性能。良好的塑性和韧性，既可降低结构脆性破坏的概率，又能通过较大的塑性变形调整局部应力，使应力得到重新分布，提高构件的延展性和抵抗重复载荷作用的能力。

钢材的塑性常用伸长率 δ 来表示，伸长率越大，钢材的塑形就越好。钢材的韧性常用冲击韧性 A_k 来表示，冲击韧性越大，钢材的韧性就越好。

工程机械钢结构经常承受动力载荷作用，而且有时需要在低温条件下工作，这对钢材的冲击韧性提出更高要求，即应保证有足够的负温冲击韧性，以提高结构抵抗冷脆破坏的能力。

（3）良好的加工性能

加工性能主要包括冷弯性能和可焊性能等。良好的加工性能不仅能简化结构的制造工艺，而且不会因工艺因素造成结构强度、塑性和韧性等性能受到明显的不利影响。材料具有良好的可焊性，能保证钢材在焊缝冷却后，连接具有良好的完整性（无裂缝）和坚固性。

（4）良好的耐久性

耐久性是钢材抵抗自身和自然环境双重因素长期破坏作用的能力，即保证其经久耐用的能力，主要以钢材的时效、防锈性来表征。耐久性越好，材料的使用寿命越长。工程机械钢结构经常承受交变应力作用，对钢材的耐久性要求较高。

在满足上述性能的前提下，还应根据具体情况考虑材料的供应与价格等问题。

此外，根据结构的具体工作条件，有时还要求钢材具有适应低温、高温等环境的能力。

根据上述要求，《钢结构设计规范》（GB 50017—2003）主要推荐碳素结构钢中的 Q235 钢，低合金结构钢中的 Q345 钢（16Mn 钢）、Q390 钢（15MnV 钢）和 Q420 钢（15MnVN 钢）。作为钢结构用钢，其质量应分别符合现行国家标准《碳素结构钢》（GB/T 700—2006）和《低合金高强度结构钢》（GB/T 1591—2008）的规定。

随着研究的深入，必有一些满足要求的其他种类钢材可供使用。当选用《钢结构设计规范》还未推荐的钢材时，需有可靠的依据，以确保钢结构的质量。

与结构钢相比，铸铁通常仅用于形状比较复杂的支座部件，以简化结构的工艺，其力学性能不如结构钢。铝合金的密度约为钢材的1/3，而强度又接近，在国内外已有些应用。但铝合金弹性模量较低、线胀系数较大，致使变形较大，并且受压构件的临界载荷较低，可焊性较差，加上价格较贵，因此目前还不能被广泛应用。

2.2　钢结构材料的性能

钢结构材料的性能主要分为力学性能和加工性能。钢材的力学性能通常是指钢厂生产供应的钢材在标准条件下拉伸、冷弯和冲击等单独作用下的性能，由相应试验得到。试验采用的试件制作和试验方法都必须按照相关国家标准规定进行。钢材的加工性能主要有冷弯性能、冲击性能和焊接性能。

2.2.1　钢材的力学性能

2.2.1.1　单向受力状态下的性能

（1）钢材单向拉伸时的性能

单向拉伸试验按照《金属材料 拉伸试验 第 1 部分：室温试验方法》(GB 228.1—2010) 的有关要求进行。对钢材标准试件进行单向静拉伸试验时，其应力 σ 与应变 ε 之间的关系曲线如图 2-1 所示，应力-应变曲线分为五个阶段。

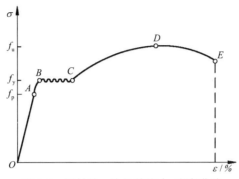

图 2-1　钢材的一次拉伸应力-应变曲线

① 弹性阶段（OA 段）。试验表明，当应力 σ 小于比例极限 f_p（A 点）时，σ 与 ε 呈线性关系，应力与应变的比值为常数，称为钢材的弹性模量 E。在钢结构设计中，一般取 $E = 2.06 \times 10^5$ N/mm^2。当应力 σ 不超过某一应力值 f_e 时，卸除载荷后试件的变形将完全恢复，f_e 称为弹性极限。在 σ 达到 f_e 之前，钢材处于弹性变形阶段，称为弹性阶段。f_e 略高于 f_p，两者极其接近，通常取比例极限 f_p 与弹性极限 f_e 值相同，并用比例极限 f_p 表示。

② 弹塑性阶段（AB 段）。该阶段的变形由弹性变形和塑性变形组成，其中弹性变形在卸载后恢复为零，塑性变形不能恢复，成为残余变形。在此阶段，σ 与 ε 成非线性关系，称 $E_t = \mathrm{d}\sigma/\mathrm{d}\varepsilon$ 为切线模量。E_t 随应力增大而减小，当 σ 达到 f_y 时，E_t 为零。

③ 塑性阶段（BC 段）。当 σ 达到 f_y 后，应力保持不变，而应变持续发展，形成水平阶段，即屈服平台 BC。这时由于钢材屈服于所施加的载荷，也称为屈服阶段。钢材在屈服阶段产生塑性变形，卸除载荷后，试件的变形不能完全恢复。从 B 点到 C 点阶段，应变的大小称为流幅。流幅越大，表明钢材的塑性越好。

实际上由于加载速度及试件状况等使用条件的不同，屈服开始时总是形成曲线上下波动，波动最高点称为上屈服点，最低点称为下屈服点。下屈服点的数值对试验条件不敏感，所以计算时取下屈服点作为钢材的屈服极限 f_y。含碳量高的钢或高强度钢，一般没有明显的屈服点，这时取对应于残余应变 $\varepsilon_y = 0.2\%$ 时的应力 $\sigma_{0.2}$ 作为钢材的屈服点，称为条件屈服点或屈服强度。为简单划一，钢结构设计中常不区分钢材的屈服点或条件屈服点，而统一称作屈服强度 f_y。考虑 σ 达到 f_y 后钢材暂时不能承受更大的载荷，且伴随产生很大的变形，因此钢结构设计中取 f_y 作为钢材的强度承载力极限，即强度标准值。

④ 强化阶段（CD 段）。钢材经历了屈服阶段较大的塑性变形后，金属内部结构得到调整，承受载荷能力得到提高，应力-应变曲线再次上升，一直到 D 点，这一过程称为钢

材的强化阶段。此时试件能承受的最大拉应力 f_u 称为钢材的抗拉强度。在这一阶段的变形模量称为强化模量，较弹性模量低得多。取 f_y 作为强度标准值，f_u 就成为材料的强度储备。对于没有缺陷和残余应力影响的试件，f_u 与 f_y 比较相近，且屈服点前的应变很小。

在应力达到 f_y 之前，钢材近于理想弹性体；在应力达到 f_y 之后，塑性应变范围很大而应力保持基本不变，接近理想塑性体。因此，可把钢材视为理想弹塑性体，取其应力-应变曲线，如图 2-2 所示。钢结构塑性设计是以材料为理想弹塑性体的假设为前提的，虽然忽略了强化阶段的有利因素，但以 f_u 应高出 f_y 较多为条件。

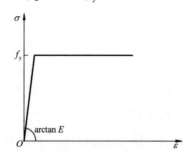

图 2-2　理想弹塑性体的应力-应变曲线

⑤ 颈缩阶段（DE 段）。当应力达到 f_u 后，在试件薄弱处的截面将开始显著缩小，产生明显的颈缩现象，塑性变形迅速增大，应力随之下降，直至断裂。

试件在被拉断时的绝对变形值与试件标距之比的百分数称为伸长率 δ。伸长率是表示材料塑性的重要指标之一，伸长率越高，材料的塑性就越好。由于结构的局部应力集中可以通过塑性变形得到缓解，避免引起结构的局部破坏，故伸长率越高，则材料的安全性就越高。钢材的另一个塑性特性是断面收缩率，其也反映了钢材塑性变形的性能。

钢材的 f_y，f_u 和 δ 被称为钢材的三项基本性能指标。

（2）钢材单向受压和受剪时的性能

钢材在单向受压（短试件）时，受力性能基本上与单向受拉相同。受剪的情况也相似，但抗剪屈服点 τ_y 及抗剪强度 τ_u 均低于 f_y 和 f_u，剪切弹性模量 G 也低于弹性模量 E。

2.2.1.2　复杂受力状态下的性能

在实际结构中，钢材常常同时受到各种方向的正应力和剪应力作用，如图 2-3 所示。

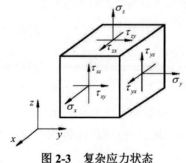

图 2-3　复杂应力状态

钢材在这种复杂应力作用下的性能究竟如何，对于结构设计十分重要。根据能量强度理论（第四强度理论），钢材在复杂应力作用下，各方向应力所产生的应变能的总和与单向均匀受拉达到塑性状态时的应变能相等时，材料就进入塑性状态。若用公式表示，则可用折算应力 σ_{eq} 和钢材在单向应力时的屈服点 f_y 相比较来判断。

$$\sigma_{eq} = \sqrt{\frac{1}{2}\left[(\sigma_1 - \sigma_2)^2 + (\sigma_2 - \sigma_3)^2 + (\sigma_3 - \sigma_1)^2\right]} \tag{2-1}$$

式中，σ_1，σ_2，σ_3——单元体的三向主应力。

式（2-1）可写成

$$\sigma_{eq} = \sqrt{\sigma_x^2 + \sigma_y^2 + \sigma_z^2 - (\sigma_x\sigma_y + \sigma_y\sigma_z + \sigma_z\sigma_x) + 3(\tau_{xy}^2 + \tau_{yz}^2 + \tau_{zx}^2)}$$

则有：当 $\sigma_{eq} \geqslant f_y$ 时，塑性状态；当 $\sigma_{eq} < f_y$ 时，弹性状态。

对于平面应力状态（$\sigma_z = \tau_{yz} = \tau_{zx} = 0$）下的一般结构，因 $\sigma_x = \sigma$，$\sigma_y = 0$，$\tau_{xy} = \tau$，则有

$$\sigma_{eq} = \sqrt{\sigma^2 + 3\tau^2} \tag{2-2}$$

从式（2-2）中，可以得到钢材受纯剪时的极限条件为 $\sigma_{eq} = \sqrt{3}\tau = f_y$。因此，屈服剪应力 $f_{vy} = \dfrac{f_y}{\sqrt{3}} = 0.58f_y$。这个理论数值与实验所得的结果相当接近。

钢材在复杂应力作用下除了强度会发生变化外，塑性及韧性也会发生变化。在同号平面应力状况下，钢材的弹性工作范围及极限强度均有提高，塑性变形有所降低。在异号平面应力状况下，情形则相反，钢材的弹性工作范围及极限强度均有下降，塑性变形却有增加。在同号立体应力和异号立体应力下的情形与平面应力时的情形相仿。钢材受同号立体拉应力作用时，如3个主应力相等，塑性变形几乎不能出现，但有发生脆性断裂的危险。因此，在结构设计中，必须尽量避免同号的平面或立体拉应力状态的出现。钢材在同号立体压应力作用下，如3个主应力相等，由于几乎不可能出现塑性变形而又无断裂的危险，因此不易破坏。这种应力状态常存在于受局部挤压的区域，这时可以适当提高其设计强度。

2.2.1.3 疲劳性能

钢材在连续反复载荷作用下，应力低于抗拉强度，甚至低于屈服点时就发生破坏的现象，称为钢材的疲劳。疲劳破坏与塑性破坏不同，其在破坏前不出现显著的变形和局部收缩，而是一种突然性的断裂，属于脆性破坏。影响钢材疲劳强度的因素比较复杂，与钢材标号、连接和构造情况、应力变化幅度以及载荷重复次数等均有关系。

钢材发生疲劳破坏的原因是，钢材中总存在着一些局部缺陷，如不均匀的杂质，轧制时形成的微裂纹或加工时造成的刻槽、孔槽和裂痕等。由于这些缺陷处截面应力分布不均，产生应力集中现象。在循环应力的重复作用下，首先在应力高峰处出现微观裂纹，然后逐渐开展形成宏观裂缝，使有效截面相应减小，应力集中现象更加严重，裂缝不断扩展。当

载荷循环到一定次数时，不断被削弱的截面就发生脆性断裂，即出现疲劳破坏。如果钢材中存在由于轧制和加工而形成的分布不均匀的残余应力，会加速钢材的疲劳破坏。

《钢结构设计规范》（GB 50017—2003）根据现有实验资料，按照应力集中和残余应力分布的不同程度，将构件和连接类型分为 8 个类别（见附录一），规定其许用应力幅$[\Delta\sigma]$作为疲劳计算标准。

2.2.2 钢材的加工性能

2.2.2.1 冷弯性能

钢材的冷弯性能表示钢材在常温下承受弯曲变形的能力。冷弯性能由冷弯试验来确定，试验按照《金属材料 弯曲试验方法》（GB 232—2010）的要求进行。试验时按照规定的弯心直径在试验机上用冲头加压（图 2-4），使试件弯曲180°，若试件外表面不出现裂纹和分层，即为合格。

钢材的弯曲是通过弯曲处的塑性变形来实现的。因此，钢材的塑性越好，则冷弯性能也就越好。冷弯试验不仅能直接反映钢材的弯曲变形能力和塑性性能，还能显示钢材内部的冶金缺陷（如分层、非金属夹渣等）状况，是判别钢材塑性变形能力和冶金质量的综合指标。对于重要结构和需要冷弯成型的构件，应满足在常温下180°冷弯试验的要求。

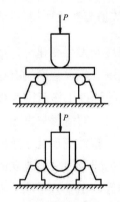

图 2-4　钢材冷弯试验示意图

2.2.2.2 冲击性能

钢材的冲击性能用冲击韧性来衡量。冲击韧性是指钢材在冲击载荷作用下断裂时吸收机械能的一种能力，是衡量钢材抵抗因低温、应力集中、冲击载荷作用而导致脆性断裂能力的一项机械性能。在实际结构中，脆性断裂总是发生在有缺口高峰应力的地方。因此，最具有代表性的是钢材的缺口冲击韧性，简称冲击韧性。冲击韧性值用击断试样所需的冲击功 A_K 表示，单位为 J。钢材的冲击韧性试验应按照《金属材料 夏比摆锤冲击试验方法》（GB/T 229—2007）的规定进行。

对于经常承受动载荷的结构，冲击韧性是重要的质量指标。对于在低温条件下工作的结构，应保证有足够的负温冲击韧性 A_K 值，以提高结构抵抗冷脆破坏的能力。

2.2.2.3 焊接性能

焊接性能是指钢材在焊缝冷却后，连接具有完整性（无裂缝）和坚固性的能力，即在各种载荷长期作用和低温下，连接具有足够的强度和完整性的能力。常以连接的抗裂性和力学性能来检验钢材可焊性的好坏。

影响可焊性的因素有很多，这里主要说明焊接工艺和化学成分的影响。

焊接过程中焊缝及其附近高温区域的金属（通常宽约 5~6 mm，称为热影响区），经过高温和冷却的过程，结晶的组织构造和机械性能发生变化。当温度在 200~300℃ 之间时，钢材会发生蓝脆现象（颜色发蓝而脆性增加），将导致裂缝的产生，使可焊性变差。

钢材中含碳量过多，虽然可以提高钢材的强度，但降低了钢材的塑性和可焊性，高碳钢的可焊性明显恶化。因此，对焊接结构，应限制碳的质量分数。

焊接引起钢材变脆是一个比较复杂的综合性问题。焊缝冷却时，由于熔敷金属的体积较小，热量很快被周围的钢材所吸收，温度迅速下降，贴近焊缝的金属受到了淬火作用，使金属的硬度和脆性提高，韧性和塑性显著降低。如果碳、硫、磷等成分太多，这种淬火硬化就更为严重。因此，对于重要的焊接结构的钢材，除了机械性能以外，对化学成分特别是碳、硫、磷的含量必须严格控制。

在焊接过程中，金属凝固时晶粒之间会产生不均匀的应力和变形，有可能在焊缝及热影响区出现裂缝。焊缝中如存在缺陷，在冷却过程中将产生很高的应力集中。在低温下进行焊接，因冷却迅速促进焊接裂缝的形成和发展。焊接裂缝的存在，对结构的工作是不利的，对于在低温下工作的结构更为不利，因为如在外力作用的垂直方向和同号的平面或立体拉应力区域存在裂缝，在其周围已经造成高度的应力集中，再加上低温时金属脆性的提高和出现较大的温度收缩应力，裂缝会很快扩展而使结构发生脆性破坏。对于承受冲击载荷的结构，焊接裂缝的存在会使结构发生脆性破坏。对于承受反复振动载荷的结构，焊接裂缝的存在将加速钢材的疲劳破坏。

因此，对焊接结构的材料选择需要特别注意，必要时还应通过焊接性能试验，对钢材加以鉴定。

2.2.3 影响钢材性能的主要因素

由图 2-1 可以看出，钢材在破坏之前要产生很大的塑性变形。但在某些情况下，也有可能在破坏之前并不出现显著的变形而突然断裂。这种脆性破坏由于不能事先发觉，容易造成事故，危险性大，因此钢结构应尽量避免发生脆性破坏。

钢结构发生脆性破坏的原因极为复杂。就影响钢材变脆的主要因素而言，有以下几种：某些有害的化学成分、时效、应力集中、加工硬化、低温及焊接区域结晶组织构造的改变等。

2.2.3.1 化学成分

钢的基本元素是铁，在碳素结构钢中纯铁的质量分数约为99%，另外含有碳、锰、硅、硫、磷等元素和氧、氮等有害气体，仅占1%左右。

碳是决定钢材性能的主要元素。含碳量增加，钢的屈服点和抗拉强度会提高，但塑性和韧性降低，并降低钢的可焊性。因此，钢材的含碳量不宜太高，质量分数一般不应超过0.22%，焊接结构中则应限制在0.2%以内。

锰是有益元素，锰的质量分数在1%~1.5%以下时，增加含锰量可以使钢的强度提高而不降低塑性，但如果含量过高，会使钢材变脆而硬，并降低钢的抗锈性和可焊性。锰在普通碳素钢中的质量分数一般约为0.30%~0.65%。

硅的含量适当时也可使钢的强度大为提高而不降低塑性，但含量多时（质量分数为1%左右），将降低钢材的塑性、韧性、抗锈性和可焊性。在普通碳素钢中硅的质量分数一般为0.07%~0.3%。

硫和磷是极为有害的化学成分，对其含量应有严格的限制，一般应使硫的质量分数小于0.055%，磷的质量分数小于0.045%。硫和铁化合而成的硫化铁熔点较低，在高温下，例如焊、铆及热加工时，即刻熔化而使钢变脆（称为热脆）。磷的存在可以使钢材变得很脆，特别在低温下尤为严重（称为冷脆），且随含碳量的增加而加剧。

氧和氮是钢中的有害气体，对钢材变脆的危害性极其严重。因此，在冶炼和焊接时，要避免钢材受大气作用，使氧和氮的含量尽量减少。

含杂质较多的钢材还容易发生一种时效现象，即溶解在铁素体中的一些碳、氮等元素，经过一定时间，特别在高温和塑性变形过程中，开始析出而形成碳化物和氮化物，这些物质当铁素体发生滑移时要起阻遏作用，因而会降低钢材的塑性和韧性，使钢材变脆。

2.2.3.2 应力集中

一般情况下，构件中的应力分布是不均匀的。尤其截面形状有急剧变化的部位，例如存在孔洞、槽口、凹角、裂缝、厚度突然改变以及其他形状的改变等处，构件中的主应力线将发生转折，在截面突变处形成应力作用线的密集和曲折，出现局部高峰应力，这种现象称为应力集中（图2-5）。由图2-5可以看出，在应力集中区域，由于力线转折，形成双向应力。因此，在这区域处将处于同号平面应力状态。当板厚较大时，就将产生同号立体应力。这时，材料不易屈服，但有转变为脆性状态的可能。图2-6中所表示的试验，明显地反映出应力集中对钢材性能的影响，即截面变化愈急剧，应力集中愈严重，钢材变脆的程度也愈厉害。截面改变且槽口尖锐的厚试件，其破坏形式已经完全呈现脆性了。

应力集中峰值处总是出现同号的三向拉应力场，钢材强度增加的同时，也阻碍了塑性变形的发展，因此增加了脆性。应力集中现象在实际构件中是不能完全避免的。对于承受静力载荷作用且处于常温下工作的结构，由于钢材的塑性变形（流幅）可以使高峰应力的增长减缓，应力集中不显著，只要在构造上尽可能做到截面平缓变化，应力集中的危害就不十分严重。但工程机械钢结构通常要承受动力载荷和连续反复载荷作用,以及在低温下工作,由于钢材的脆性增加,应力集中的存在常常会产生严重的后果,因此需要特别注意。

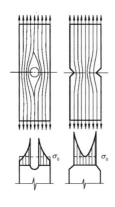

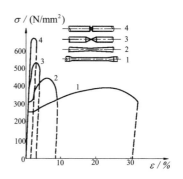

图 2-5 应力集中现象   图 2-6 应力集中对钢材性能的影响

如需要,可对钢材受应力集中影响而变脆的倾向进行鉴定。鉴定的方法是用带槽口的试件在冲击机上做冲击试验。试件在槽口处有应力集中,冲击破坏时单位面积所需的功表示钢材在应力集中下变脆的程度。

2.2.3.3 加工硬化

在弹性阶段,载荷的间断性重复,并不影响钢材的工作性能。但在塑性阶段,卸去载荷后,经过一定的间断时间,将载荷重新加上,则第二次载荷下的比例极限将提高到接近前次载荷下的应力。在重复载荷下钢材的比例极限有所提高的现象称为硬化。钢材在常温下经过冲孔、剪切、冷压、校直等冷加工后,会产生局部或整体硬化,使钢材的强度和硬度提高,塑性和韧性下降,这种现象称为冷作硬化或加工硬化。经过硬化的钢材,在常温下,经过一段时间后,钢材的强度会进一步提高,塑性和韧性会进一步下降,称为时效硬化。

加工硬化会加速钢材的时效硬化。在加工硬化的区域,钢材或多或少会存在一些裂缝或损伤,受力后出现应力集中现象,进一步加剧钢材的变脆。因此,较严重的加工硬化现象会对承受动力载荷和反复振动载荷的结构产生十分不利的后果,在这类结构中,需要用退火、切削等方法来消除硬化现象。

2.2.3.4 温度

温度变化对钢材的力学性能有直接影响。当钢材温度处在200℃内时,强度、塑性、韧性变化很小。当温度处在200~300℃时,强度和硬度提高,伸长率下降,钢材变脆,称为蓝脆现象。当温度超过300℃时,强度明显下降。当温度超过600℃时,强度几乎等于零。

钢材在低温下工作,强度会提高,但塑性和韧性会降低,且温度降到一定程度时,会完全处于脆性状态。此时,应力集中的存在将大大加速钢材的低温变脆。试验结果表明,随着温度的下降，冲击韧性将显著下降。当达到某一低温时，钢材几乎完全处于脆性状态，这时的温度称为冷脆温度。工程机械由于在室外工作，钢结构经常处于低温的情况下，因此应特别注意低温变脆的倾向。

通常，脆性破坏是在多种因素综合影响下发生的。为防止脆性破坏，必须在工程机械钢结构设计和制造中采取必要措施，如结构的合理设计、制造工艺及使用等，以消除或减少各种不利因素的影响，并且根据结构受力情况和使用情况正确选择钢材。

《起重机设计规范》（GB/T 3811—2008）中对钢材抵抗脆性破坏的能力给出了定量分析，详见《起重机设计规范》附录Ⅰ。

2.3 钢材的类别、标号及选择

2.3.1 钢材的类别和标号

钢材的类别可按照不同条件进行分类。按照化学成分分为碳素钢和合金钢，其中碳素钢根据碳质量分数的高低，又可分为低碳钢（$\omega_C \leqslant 0.25\%$）、中碳钢（$0.25\% < \omega_C \leqslant 0.6\%$）和高碳钢（$\omega_C > 0.6\%$）；合金钢根据合金元素总含量的高低，又可分为低合金钢（合金元素总质量分数 $\leqslant 5\%$）、中合金钢（$5\% <$ 合金元素总质量分数 $\leqslant 10\%$）和高合金钢（合金元素总质量分数 $> 10\%$）。按照材料用途分为结构钢、工具钢和特殊钢（如不锈钢等）。按照脱氧方法分为沸腾钢（F）、半镇静钢（b）、镇静钢（Z）和特殊镇静钢（TZ）。镇静钢脱氧充分，沸腾钢脱氧较差，半镇静钢介于镇静钢和特殊镇静钢之间，工程中一般采用镇静钢。按照成型方法分为轧制钢（热轧、冷轧）、锻钢和铸钢。

工程机械钢结构中所用材料主要是碳素结构钢和低合金高强度结构钢。

（1）碳素结构钢

根据国家标准《碳素结构钢》（GB/T 700—2006）的规定，将碳素结构钢分为 Q195，Q215，Q235 和 Q275 四个牌号。其中 Q 是屈服强度中"屈"字汉语拼音的首字母，后接的阿拉伯数字表示屈服强度的大小，单位为 N/mm²。阿拉伯数字越大，含碳量越高，强度和硬度就越高，塑性、韧性就越低。由于碳素结构钢冶炼容易，成本低廉，并有良好的加工性能，所以使用较为广泛。其中 Q195 和 Q215 钢强度不高，仅用作次要结构件。Q275 钢虽然强度较高，但可焊性较差，易脆裂，不宜用于承受动力载荷的焊接结构构件。目前，工程机械钢结构中应用最广的是 Q235 钢。

碳素结构钢按照质量等级分为 A，B，C，D 四级，由 A～D 表示质量由低到高。不同质量等级主要体现在对冲击韧性的要求上。A 级无冲击韧性要求，只保证抗拉强度、屈服点、伸长率，必要时尚可附加冷弯试验的要求，化学成分对碳、锰可以不作为交货条件。B，C，D 级均保证抗拉强度、屈服点、伸长率、冷弯和冲击韧性（B，C，D 级分别对应 +20℃，0℃，−20℃）等机械性能。不同质量等级对化学成分的要求也有所不同。

钢的牌号由代表屈服强度的首字母 Q、屈服强度数值、质量等级符号（A，B，C，D）、脱氧方法符号（镇静钢和特殊镇静钢的代号可以省去）等四个部分按顺序组成。现将 Q235

钢表示法举例如下。

Q235A——屈服强度为 235 N/mm²，A 级镇静钢；

Q235AF——屈服强度为 235 N/mm²，A 级沸腾钢；

Q235D——屈服强度为 235 N/mm²，D 级特殊镇静钢。

碳素结构钢 Q235 按照现行标准规定的化学成分和力学性能见表 2-1 和表 2-2。

表 2-1 碳素结构钢 Q235 的化学成分（GB/T 700—2006）

牌号	统一数字代号 a	等级	厚度（或直径）/mm	脱氧方法	化学成分（质量分数）/%，不大于				
					C	Si	Mn	P	S
Q235	U12352	A	—	F，Z	0.22	0.35	1.4	0.045	0.050
	U12355	B			0.20 b				0.045
	U12358	C		Z	0.17			0.040	0.040
	U12359	D		TZ				0.035	0.035

a 表中为镇静钢、特殊镇静钢牌号的统一数字，沸腾钢牌号的统一数字代号如下：
Q235AF——U12350，Q235BF——U12353；
b 经需方同意，Q235B 的碳质量分数可不大于 0.22%。

表 2-2 碳素结构钢 Q235 的力学性能（GB/T 700—2006）

牌号	等级	屈服强度 a/（N/mm²），不小于						抗拉强度 b/（N/mm²）	断后伸长率/%，不小于					冲击试验（V 形缺口）	
		厚度（或直径）/mm							厚度（或直径）/mm					温度/℃	冲击吸收功（纵向）/J，不小于
		≤16	>16~40	>40~60	>60~100	>100~150	>150~200		≤40	>40~60	>60~100	>100~150	>150~200		
Q235	A	235	225	215	215	195	185	370~500	26	25	24	22	21	—	—
	B													+20	27
	C													0	
	D													−20	

a 厚度大于 100mm 的钢材，抗拉强度下限允许降低 20 N/mm²。宽带钢（包括剪切钢板）抗拉强度上限不作交货条件。
b 厚度小于 25mm 的 Q235B 级钢材，如供方能保证冲击吸收功值合格，经需方同意，可不作检验。

（2）低合金高强度结构钢（简称低合金钢）

低合金钢是在普通碳素钢中添加一种或几种少量合金元素，一般总量低于 5%。根据国家标准《低合金高强度结构钢》（GB/T 1591—2008）的规定，低合金钢分为 Q345，Q390，Q420，Q460，Q500，Q550，Q620，Q690 等，阿拉伯数字表示屈服强度的大小，单位为 N/mm²。其中，Q345 是工程机械钢结构中最常用的。

低合金钢按照质量等级分为 A，B，C，D，E 五级，由 A～E 表示质量由低到高。与普通碳素钢相比，增加了一个等级 E，主要是要求 –40℃ 的冲击韧性。不同质量等级对化学成分的要求也有所不同。低合金钢一般为镇静钢或特殊镇静钢，标号中一般不注明脱氧方法。

低合金钢按照现行标准规定的化学成分和力学性能见表 2-3，表 2-4 和表 2-5。

表 2-3 低合金高强度结构钢的化学成分（GB/T 1591—2008）

牌号	质量等级	化学成分 [a,b]（质量分数）/%													
		C	Si	Mn	P	S	Nb	V	Ti	Cr	Ni	Cu	N	Mo	B	ALs
								不人于								不小于
Q345	A	≤0.20	≤0.50	≤1.70	0.035	0.035	0.07	0.15	0.20	0.30	0.50	0.30	0.012	0.10	—	—
	B				0.035	0.035										
	C				0.030	0.030										0.015
	D	≤0.18			0.030	0.025										
	E				0.025	0.020										
Q390	A	≤0.20	≤0.50	≤1.70	0.035	0.035	0.07	0.20	0.20	0.30	0.50	0.30	0.015	0.10	—	—
	B				0.035	0.035										
	C				0.030	0.030										0.015
	D				0.030	0.025										
	E				0.025	0.020										
Q420	A	≤0.20	≤0.50	≤1.70	0.035	0.035	0.07	0.20	0.20	0.30	0.80	0.30	0.015	0.20	—	—
	B				0.035	0.035										
	C				0.030	0.030										0.015
	D				0.030	0.025										
	E				0.025	0.020										

a 型材及棒材 P, S 质量分数可提高 0.005%，其中 A 级钢上限可为 0.045%。

b 当细化晶粒元素组合加入时，20（Nb+V+Ti）≤0.22%，20（Mo+Cr）≤0.30%。

低合金钢有较高的屈服强度和抗拉强度，也有良好的塑性和冲击韧性，并具有耐腐蚀、耐低温等性能，但价格较高。目前，Q345 钢应用最为普遍，国外采用的与 Q345 相接近的钢号为美国的 A572，A242，A588，日本的 SM490YA，SM490YB，SM520，德国的 St52 等。

（3）优质碳素结构钢

优质碳素结构钢是碳素结构钢经过热处理（如调质处理和正火处理）得到的优质钢。优质碳素结构钢与碳素结构钢的主要区别在于钢中含杂质元素较少，硫、磷质量分数都不大于 0.035%，并且严格限制其他缺陷。所以，这种钢材具有较好的综合性能。《优质碳素结构钢》（GB/T 699—2015）中规定了 28 个品种。用于制造高强度螺栓的 45 优质碳素结构钢，就是通过调质处理提高强度的。

表2-4 低合金高强度结构钢拉伸试验性能（GB/T 1591—2008）

牌号	质量等级	拉伸试验 a,b,c																						
		下屈服强度/（N/mm²）以下公称厚度（直径，边长）									抗拉强度/（N/mm²）以下公称厚度（直径，边长）							断后伸长率/% 公称厚度（直径，边长）				
		≤16 mm	>16~40 mm	>40~63 mm	>63~80 mm	>80~100 mm	>100~150 mm	>150~200 mm	>200~250 mm	>250~400 mm	≤40 mm	>40~63 mm	>63~80 mm	>80~100 mm	>100~150 mm	>150~250 mm	>250~400 mm	≤40 mm	>40~63 mm	>63~100 mm	>100~150 mm	>150~250 mm	>250~400 mm
Q345	A	≥345	≥335	≥325	≥315	≥305	≥285				470~630	470~630	470~630	470~630	450~600	450~600		≥20	≥19	≥19	≥18	≥17	—
	B																	≥20	≥19	≥19	≥18	≥17	—
	C							≥275	≥265									≥21	≥20	≥20	≥19	≥18	≥17
	D									≥265							450~600	≥21	≥20	≥20	≥19	≥18	≥17
	E																	≥21	≥20	≥20	≥19	≥18	≥17
Q390	A	≥390	≥370	≥350	≥330	≥330	≥310	—	—	—	490~650	490~650	490~650	490~650	470~620	—	—	≥20	≥19	≥19	≥18	—	—
	B																	≥20	≥19	≥19	≥18	—	—
	C																	≥20	≥19	≥19	≥18	—	—
	D																	≥20	≥19	≥19	≥18	—	—
	E																	≥20	≥19	≥19	≥18	—	—
Q420	A	≥420	≥400	≥380	≥360	≥360	≥340	—	—	—	520~680	520~680	520~680	520~680	500~650	—	—	≥20	≥18	≥18	≥18	—	—
	B																	≥20	≥18	≥18	≥18	—	—
	C																	≥20	≥18	≥18	≥18	—	—
	D																	≥20	≥18	≥18	≥18	—	—
	E																	≥20	≥18	≥18	≥18	—	—

a 当屈服不明显时，可测量 $R_{p0.2}$ 代替下屈服强度。
b 宽度不小于 600 mm 的扁平材，拉伸试验取横向试样；宽度小于 600 mm 的扁平材、型材及棒材取纵向试样，断后伸长率最小值相应提高 1%（绝对值）。
c 厚度 >250~400 mm 的数值适用于扁平材。

表 2-5 低合金高强度钢冲击试验的试验温度和冲击吸收能量（GB/T 1591—2008）

牌号	质量等级	试验温度 /°C	冲击吸收能量（KV_2）[a]/J		
			公称厚度（直径、边长）		
			12～150 mm	150～250 mm	250 400 mm
Q345	B	20	≥34	≥27	—
	C	0			
	D	−20			≥27
	E	−40			
Q390	B	20	≥34	—	—
	C	0			
	D	−20			
	E	−40			
Q420	B	20	≥34	—	—
	C	0			
	D	−20			
	E	−40			
Q460	C	0	≥34	—	—
	D	−20			
	E	−40			
Q500，Q550，Q520，Q590	C	0	≥55	—	—
	D	−20	≥47		
	E	−40	≥31		

a.冲击试验取纵向试样。

2.3.2 钢材及型钢规格

钢结构主要采用钢板和型钢制成，其截面形状和尺寸规格都有统一的标准。型钢分为热轧型钢和冷轧型钢两类。

（1）钢板

钢板有薄钢板、厚钢板、特厚板和扁钢（钢带），其规格如下。

① 薄钢板。

一般用冷轧制成，厚度为 0.35~4 mm，宽度为 500~1800 mm，长度为 0.4~0.6 m。

② 厚钢板。

用热轧制成，厚度为 4.5~60 mm，宽度为 700~3000 mm，长度为 4~12 m。

③ 特厚板。

板厚大于 60 mm，宽度为 12~200 mm，长度为 3~9 m。

④ 扁钢。

厚度为 4~60 mm，宽度为 12~200 mm，长度为 3~9 m。

工程机械钢结构常用厚钢板，厚度一般不宜小于 6 mm，以保证制造工艺和防止腐蚀。薄钢板主要用于制造机械设备的壳体和冷弯薄壁型钢。

图纸中对钢板规格采用"-宽×厚×长"或"-宽×厚"表示，如：-300×16×1200，

-400×12 等。

（2）型钢

型钢主要有角钢、工字钢、槽钢、H 型钢和钢管等。除 H 型钢和钢管有热轧和焊接成形外，其余均为热轧成形。其规格如下。

① 角钢。

分等边角钢和不等边角钢两种，可以用来组成独立的受力构件，或作为受力构件之间的连接构件。《热轧型钢》（GB/T 706—2008）中给出的最大等边角钢的肢宽为 250 mm，最大不等边角钢的肢宽为 200×125 mm。角钢长度通常为 4~19 m。

图纸中对等边角钢规格采用"∟肢宽×肢厚-长"表示，如：∟60×5-2000；对不等边角钢规格采用"∟长肢宽×短肢宽×肢厚－长"表示，如：∟100×63×8－3000。

② 工字钢。

分普通工字钢和轻型工字钢两种，主要用于在其腹板平面内受弯的构件，因其两主轴方向的惯性矩和回转半径相差较大，不宜单独用作轴心受压构件或双向弯曲的构件。

普通工字钢用号数来表示规格，号数即为其截面高度的厘米数。20 号以上的工字钢，同一号数有两种或三种腹板厚度，分别为 a，b，c 三类。a 类腹板最薄、翼缘最窄，c 类腹板最厚、翼缘最宽。《热轧型钢》（GB/T 706—2008）中给出的最大工字钢为 63 号，长度通常为 6~19 m。

图纸中对工字钢规格采用"I 号数－长"表示，如：I36c－2000。

同样高度的轻型工字钢，翼缘宽而薄，腹板也薄，如 Q I40－3000 等。

③ 槽钢。

分普通槽钢和轻型槽钢两种，也以其截面高度的厘米数来表示。20 号以上的槽钢，同一号数也有两种或三种腹板厚度，分别为 a、b、c 三类。《热轧型钢》（GB/T 706—2008）中给出的最大槽钢为 40 号，长度通常为 5~19 m。

图纸中对槽钢规格采用"[号数－长"表示，如：[30b－3000。

④ H 型钢和 T 型钢。

H 型钢分为热轧和焊接两种。《热轧 H 型钢和剖分 T 型钢》（GB/T 11263—2010）中将热轧 H 型钢分为宽翼缘 H 型钢（HW）、中翼缘 H 型钢（HM）、窄翼缘 H 型钢（HN）、薄壁 H 型钢（HT）和桩类 H 型钢（HP）五类。

图纸中对 H 型钢规格采用"H 高度（H）×宽度（B）×腹板厚度（t_1）×翼缘厚度（t_2）"表示，如：H390×300×10×16。

剖分 T 型钢由 H 型钢剖分而成，《热轧 H 型钢和剖分 T 型钢》（GB/T 11263—2010）中将剖分 T 型钢分为宽翼缘剖分 T 型钢（TW）、中翼缘剖分 T 型钢（TM）、窄翼缘剖分 T 型钢（TN）三类。

图纸中对 T 型钢规格采用"T 高度（H）×宽度（B）×腹板厚度（t_1）×翼缘厚度

（t_2）"表示，如：T248×199×9×14。

H 型钢和 T 型钢长度通常为 6~15 m。

焊接 H 型钢由钢板焊接组合而成，长度通常为 6~12 m。

与工字钢相比，H 型钢两个主轴方向的惯性矩接近，构件受力更加合理。

⑤ 钢管。

分无缝钢管和焊接钢管两种，焊接钢管由钢板卷焊而成，又分为直缝焊钢管和螺旋焊钢管两类。《结构用无缝钢管》（GB/T 8162—2008）中给出的无缝钢管最大外径为 1016 mm，最大壁厚为 120 mm，长度通常为 3~12.5 m；《低压流体输送用焊接钢管》（GB/T 3091—2008）中给出的焊接钢管最大外径为 245 mm，最大壁厚为 4 mm。

图纸中对钢管规格采用"ϕ外径×壁厚-长"表示，如：$\phi60×60-6000$。

常用钢板、型钢的规格和截面特性见附录二。

2.3.3 钢材的选择原则

钢材的选择在钢结构设计中是重要的一环，目的是保证安全可靠和经济合理。根据钢材生产的实际情况，结合工程机械钢结构的工作特点，按照如下原则选择钢材。

（1）结构的重要性和使用要求

根据结构使用条件和所处部位不同，结构分为重要的、一般的和次要的。对重要的、大型的结构，应比一般的和次要的结构用材好一些，以避免因破坏造成严重后果。

（2）载荷性质

载荷可分为静态载荷和动态载荷两种。对于经常承受动态载荷或反复振动载荷的结构，应选用综合性能好的钢材；对于承受静态载荷或使用频繁程度较低的结构，可选用价格较低的钢材。

（3）连接方式

钢结构的连接方式有焊接和非焊接两种。由于在焊接过程中，会产生焊接变形、焊接应力和其他焊接缺陷，如咬肉、气孔、裂纹、夹渣等，存在导致结构产生裂缝或脆性断裂的危险，因此，焊接结构对材质的要求应严格一致。例如，在化学成分方面，焊接结构必须严格控制碳、硫、磷的极限含量，而非焊接结构对含碳量可降低要求。

（4）结构的工作温度

钢材的塑性和冲击韧性随温度下降而降低，低温时容易冷脆，因此，在低温条件下工作的结构，尤其是焊接结构，应选用具有良好抗低温脆断性能的镇静钢。此外，露天结构的钢材容易产生时效硬化，有害介质作用的钢材容易腐蚀、疲劳和断裂，也应加以区别地选择不同材质。

（5）结构的受力性质

结构的低温脆断事故，绝大多数发生在构件内部有局部缺陷（如缺口、裂纹、夹渣等）的部位。在具有同样缺陷的情况下，拉应力比压应力更为敏感。因此，经常受拉或受弯的结构应考虑选用质量较好的钢材，而经常受压的结构则可选用一般的钢材。

（6）钢材厚度

薄钢材辊轧次数多，轧制的压缩比大，厚度大的钢材压缩比小。所以，厚度大的钢材不但强度较小，而且塑性、冲击韧性和焊接性能也较差。因此，厚度大的焊接结构应采用材质较好的钢材。

总之，对工程机械钢结构中主要的、直接承受动力载荷的、在低温下工作的焊接结构，必须保证选择材质较好的材料；对于受力不大、承受静载和在常温下工作的结构，材质要求则可放宽。

习　题

2-1　工程机械钢结构钢材的主要力学性能有哪些？

2-2　工程机械钢结构钢材有哪些重要加工性能指标？各种性能指标如何度量？

2-3　工程机械钢结构钢材的焊接性能与哪些因素有关？

2-4　工程机械钢结构钢材含有哪些主要化学成分？分别对钢材性能有什么影响？

2-5　工程机械钢结构材料选用原则是什么？

2-6　我国生产的轧制钢材主要有哪些类型？在图纸上如何标注？针对某工程装配图纸，检查明细表中钢板和型钢的标注是否正确，如不正确，请改正之。

2-7　比较说明碳素结构钢和低合金结构钢有哪些主要不同。在工程机械钢结构中，如何合理地选用合金结构钢？

第3章　钢结构的连接

学习要求

① 了解钢结构连接的目的、方法和分类；

② 熟悉钢结构不同连接方法的机理、适用场合，掌握焊缝连接、螺栓连接的构造设计；

③ 掌握焊接连接、普通螺栓连接和高强度螺栓连接的设计计算；

④ 熟悉现行有关连接的国家标准和规范，掌握焊缝符号表示法，并正确标注；

⑤ 掌握由焊接与栓接组成的节点板的设计原则，并进行节点板设计。

重点：两种焊缝形式的构造设计和强度计算，高强度螺栓连接的传力原理和强度计算特点。

难点：焊缝连接的受力分析、连接的强度设计与构造设计的综合。

3.1　连接类型

钢结构的制造工艺过程一般都要经过材料切割、成形、连接等工艺，由钢板、型钢连接组成基本构件，各构件再通过连接、装配形成整体结构以承受载荷。连接部位应有足够的强度、刚度及延性。被连接构件间应保持正确的相互位置关系，以满足传力和使用要求。连接的加工和安装比较复杂、费工。因此，合适的连接方案是钢结构设计中重要的环节。

统计发现，工程机械的事故，特别是起重机械事故，发生在结构连接处的比例较高。考虑到连接处经常承受动载作用，产生交变应力，且连接的加固比构件的加固要困难，因此，对工程机械钢结构连接设计必须予以足够的重视。

钢结构的连接类型主要有焊缝连接（焊接）[图 3-1（a）]、铆钉连接（铆接）[图 3-1（b）]和螺栓连接（栓接）[图 3-1（c）]，螺栓连接又分为普通螺栓连接和高强度螺栓连接。

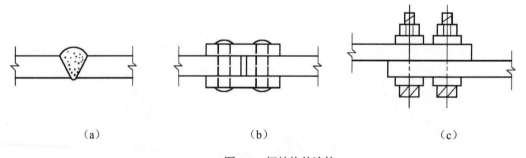

|（a）|（b）|（c）|

图 3-1　钢结构的连接

（1）焊接

焊接是目前钢结构最主要的连接方法。优点是构造简单，便于制造，不削弱焊件截面，连接的刚性好，并且可以采用自动化作业。缺点是会产生残余应力和残余变形，连接的塑性和韧性较差。

（2）铆接

铆接的优点是塑性和韧性较好，传力可靠，质量易于检查，适用于直接承受动载结构的连接，如铁路桥梁等。缺点是构造复杂，制造费工，用钢量多，目前已很少采用。

（3）栓接

螺栓连接也是一种较常用的连接方法，优点是装配方便、迅速，可用于安装连接或需要经常拆卸的结构。缺点是构件截面削弱，易松动，需要有放松措施。螺栓连接分为普通螺栓连接和高强度螺栓连接两种，普通螺栓又分为粗制螺栓和精制螺栓。高强度螺栓连接的承载能力高，应用越来越广泛。

除上述连接类型外，在工程机械钢结构的构件之间也常采用销轴连接，使构件产生相对转动，以适应工作要求。另外，胶合连接因构件截面无削弱、无残余应力和变形问题，在工程机械钢结构领域开始进入研究阶段，但由于承载能力有限，尚未推广应用。

3.2 焊接连接的特性

3.2.1 焊接方法

焊接是把需要连接的两个构件的局部金属加热成液态，使两者熔合，相互结成一个整体。焊接的方法有电弧焊、电阻焊、气焊和电渣焊等。其中，电弧焊是最常用的焊接方法，俗称电焊，是利用金属焊条与焊接件之间所形成的电弧产生高温，使焊条和焊件局部熔化，冷却后两个构件便结成一个整体。电阻焊是利用电流通过焊件接触点表面的电阻时产生热量来熔化金属，再通过压力使其焊合，模压及冷弯薄壁型钢的焊接常采用这种接触点焊。气焊是利用乙炔在氧气中燃烧形成的火焰来熔化焊条和基本金属形成焊缝，气焊用在薄钢板和小型结构中。电渣焊是利用电流通过熔渣所产生的电阻来熔化金属，焊丝作为电极伸入并穿过渣池，使渣池产生电阻热将焊件金属及焊丝熔化，沉积于熔池中，形成焊缝。电渣焊一般在立焊位置进行。

电弧焊一般有手工电弧焊（图 3-2）、CO_2 气体保护焊和埋弧焊（图 3-3）等方式。

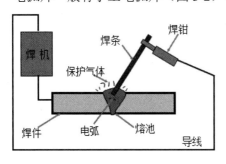

图 3-2　手工电弧焊

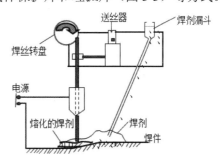

图 3-3　埋弧焊

手工焊是目前应用最广的一种焊接方式，使用设备简单，操作方便、灵活，但其生产率低，焊缝质量很大程度上取决于焊工的技术水平。手工焊材料是电焊条，焊条的表面涂有药皮，焊接时焊条端部表面的药皮在电弧作用下部分气化，部分成为浮于金属表面的熔渣，可以稳定焊弧，避免大气对焊缝金属的氧化，并改善焊缝金属的内部结构。按照焊接接头（焊缝）和被焊构件（母材）等强度设计思想，针对不同的母材，应当选用不同的焊条。钢结构手工焊常用的焊条为：对 Q235 钢焊件常用 E43 型系列，对 Q345 钢焊件常用 E50 型系列，对 Q390 钢焊件常用 E55 型系列。当不同的钢材连接时，应选用与低强度钢材相适应的焊条。

《非合金钢及细晶粒钢焊条》（GB/T 5117—2012）中对焊条型号和编制方法进行了规定。焊条简化表示方法由"E+4 个数字"组成，其中，E 为焊条的英文字头，4 个数字中，前两位表示熔敷金属的抗拉强度最小值，后两位表示药皮类型、焊接位置和电流类型。如 E4303，其中，"43"表示熔敷金属的抗拉强度最小为 430 N/mm^2，"03"表示药皮类型为钛型，适用于全位置焊接，采用交流或直流正反接。

自动焊适宜焊接数量大、构造比较简单的焊缝，可以提高生产效率，且焊缝质量均匀，塑性好，冲击韧性高。常用的自动焊接方法主要是埋弧焊和 CO_2 气体保护焊。自动焊所采用的焊丝和焊剂应保证其熔敷金属抗拉强度不低于手工焊焊条的数值。埋弧焊中，对 Q235 钢焊件可采用 H08，H08A，H08MnA 焊丝配合高锰型焊剂；对 Q345 和 Q390 钢焊件可采用 H08A，H08E 焊丝配合高锰型焊剂，也可采用 H08Mn，H08MnA 焊丝配合中锰型焊剂或高锰型焊剂。H08Mn2SiA 焊丝是目前 CO_2 焊中应用最广泛的一种焊丝。

焊缝连接与铆钉、螺栓连接相比，不需要在钢材上打孔钻眼，省工省时，不削弱截面积，材料得以充分利用；可与任何形状构件直接连接，连接构造简单，传力路线短，适应面广；焊接连接的气密性和水密性较好，结构刚性也较大，结构的整体性较好。但是，焊缝连接也存在一些问题。如：在焊缝附近热影响区，材料机械性能发生变化，材质变脆；焊接残余应力会使结构发生脆性破坏，并降低压杆稳定的临界载荷，同时残余变形还会使构件尺寸和形状发生变化；焊接结构一旦发生局部裂缝，便容易扩展到整体。

3.2.2　焊缝和焊缝连接形式

焊缝连接形式主要有平接（又称对接）、搭接、T 接和角接四种（图 3-4）。所采用的焊缝按其构造分为对接焊缝、角焊缝、槽焊缝和电焊钉等形式。

在工程机械钢结构中，用得最多的是对接焊缝和角焊缝。按照受力方向，对接焊缝可分为正对接缝（正缝）和斜对接缝（斜缝），角焊缝可分为正面角焊缝（端缝）和侧面角焊缝（侧缝）等基本形式。

用对接焊缝的平接连接［图 3-4（a），（d）］，钢板及焊条的用料最省，因构件位于同一平面，截面没有显著变化，应力集中很小，动力工作性能好，适用于承受动载荷。但在施焊过程中，两构件的连接边缘要求平直，并保持一定的间隙。对于较厚的钢板，板边需要加工成坡口，施工不便。

用角焊缝的平接连接因常需用连接板［图 3-4（b）］，用料较费，且截面有突变，应力集中较大，但制造相对方便。同时用对接焊缝和角焊缝的混合连接不是一种合理的连接形式，因为这两种焊缝的受力性能不同，传力时力的分配不是很明确，制造也较费工。

在搭接连接中［图 3-4（c），（e），（f）］，用角焊缝的同时再附加槽焊缝或电焊钉可以缩短钢材搭接的长度；当构件的长度较大时，又可以使连接紧凑且传力均匀，但是制造费工。

在 T 接和角接连接中，可采用角焊缝[图 3-4（g），（i）]，也可采用对接焊缝[图 3-4（h），（j）]。角焊缝制造比较方便。对接焊缝虽较费工，但传力较为可靠。

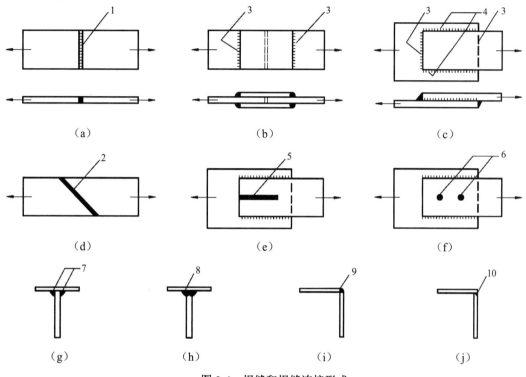

图 3-4　焊缝和焊缝连接形式

（a）、（b）、（d）平接（对接）；（c）、（e）、（f）搭接；（g）、（h）T 形连接；（i）、（j）角接
1—正对焊缝；2—斜对焊缝；3—正面角焊缝（端缝）；4—侧面角焊缝（侧缝）；5—槽焊缝；6—电焊钉；
7—T 接角焊缝；8—T 接对接焊缝；9—角接角焊缝；10—角接对接焊缝

焊缝按照其长度的连贯性，分为连续角焊缝和断续角焊缝（图 3-5）两种形式。连续角焊缝用于主要构件的连接，断续角焊缝可用于受力很小的次要构件、次要焊缝连接或不受力的构造连接。断续角焊缝之间的净距，在受压构件中不应大于 $15t$，在受拉构件中不应大于 $30t$（t 为较薄焊件的厚度）。因为净距过大，连接不易紧密，容易使潮气侵入而引起锈蚀。断续角焊缝容易引起严重的应力集中现象，故在重要的结构中不允许采用。

焊缝照按施焊方位，分为俯焊、立焊、横焊和仰焊（图 3-6）。俯焊焊缝的焊接工作最为方便，故易保证焊缝质量，设计时应尽量考虑采用。立焊和横焊生产效率和质量保证不如俯焊。仰焊的操作条件最差，焊缝质量不易保证，故应尽量避免采用。

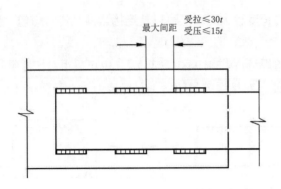

图 3-5 断续角焊缝

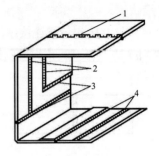

图 3-6 焊缝位置

1—仰焊缝；2—立焊缝；

3—横焊缝；4—俯焊缝

3.2.3 焊缝的强度设计值

《钢结构工程施工质量验收规范》（GB 50205—2001）中，将对接焊缝的质量检验标准分为三级，要求如下：三级检验只要求通过外观检查；二级检验要求通过外观检查和超声波探伤检查（要求检查 20%）；一级检验要求通过外观检查、超声波探伤检查和 X 射线检查（要求检查 100%）。对应不同检验标准的对接焊缝抗拉强度设计值见表 3-1。

表 3-1 焊缝的强度设计值

焊接方法和焊条型号	构件钢材		对接焊缝				角焊缝
	钢号	厚度或者半径 /mm	抗压 f_c^w / (N/mm^2)	焊缝质量为下列级别时抗拉和抗弯 f_t^w / (N/mm^2)		抗剪 f_v^w / (N/mm^2)	抗拉、抗压和抗剪 f_f^w / (N/mm^2)
				一级、二级	三级		
自动焊、半自动焊、用 E43 型焊条的手工焊	Q235	≤16	215	215	185	125	160
		>16~40	205	205	175	120	
		>40~60	200	200	170	115	
		>60~100	190	190	160	110	
自动焊、半自动焊、用 E50 型焊条的手工焊	Q345	≤16	310	310	265	180	200
		>16~35	295	295	250	170	
		>35~50	265	265	225	155	
		>50~100	250	250	210	145	
自动焊、半自动焊、用 E55 型焊条的手工焊	Q390	≤16	350	350	300	205	220
		>16~35	335	335	285	190	
		>35~50	315	315	270	180	
		>50~100	295	295	250	170	

续表 3-1

自动焊、半自动焊、用 E55 型焊条的手工焊	Q420	≤16	380	380	320	220	220
		>16~35	360	360	305	210	
		>35~50	340	340	290	195	
		>50~100	325	325	275	185	

注：1. 自动焊和半自动焊所采用的焊丝和焊剂，应保证其熔敷金属抗拉强度不低于相应手工焊焊条的数值。
    2. 焊缝质量等级应符合现行《钢结构工程施工质量验收规范》（GB 50205—2001）规定。
    3. 对接焊缝在受压区的抗弯强度设计值取 f_c^w，在受拉区的抗弯强度设计值取 f_t^w。
    4. 表中厚度系指计算点的钢材厚度，对轴心受拉和轴心受压构件系指截面中较厚板件的厚度。

3.3 对接焊缝的构造和计算

3.3.1 对接焊缝的构造要求

为保证焊件熔透，当焊件厚度较大时，需要对焊件边缘进行加工，使其形成一定形状的坡口。对接焊缝坡口的基本形式分为 I 形缝、V 形缝、带钝边单边 V 形缝、带钝边 V 形缝（也称 Y 形缝）、带钝边 U 形缝、带钝边双单边 V 形缝（也称 K 形缝）和双 Y 形缝（也称 X 形缝）等（图 3-7）。

当焊件厚度 t 很小时（$t \leqslant 10$ mm），可采用 I 形缝。对于一般厚度（t =10~20 mm）的焊件，因为 I 形缝不易焊透，可采用有斜坡口的单边 V 形缝或双边 V 形缝，斜坡口和焊缝根部共同形成一个焊条能够运转的施焊空间，使焊缝易于焊透。对于较厚的焊件（$t \geqslant 20$ mm），则应采用 V 形缝、U 形缝、双边 V 形缝、双 Y 形缝。其中，V 形缝和 U 形缝用于单边施焊，但在焊缝根部还需补焊。对于没有条件补焊时，应在根部加垫板[图 3-7 中（g）、（h）、（i）]后施焊，以保证焊透。当焊件可随意翻转施焊时，使用双边 V 形缝和双 Y 形缝较好。具体的坡口形式和尺寸可参阅国家标准《气焊、焊条电弧焊、气体保护焊和高能束焊的推荐坡口》（GB/T 985.1—2008）。

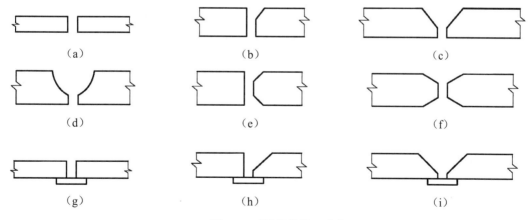

图 3-7 对接焊缝坡口形式

（a） I 形缝；（b） 带钝边单边 V 形缝；（c） Y 形缝；（d） 带钝边单边 U 形缝；（e） 带钝边双单边 V 形缝；（f） 双 Y 形缝；（g）、（h）、（i） 加垫板的 I 形、带钝边单边 V 形和 Y 形缝

对接焊缝的优点是用料经济，传力平顺均匀，没有明显的应力集中。对于承受动力载荷的焊接结构，采用对接焊缝最为有利。但对接焊缝的焊件边缘需要进行坡口加工，焊件长度必须精确，施焊时焊件要保持一定的间隙。对接焊缝的起弧和落弧点，常因不能熔透而出现凹形焊口，受力后易出现裂缝及应力集中。为消除焊口影响，焊接时可将焊缝的起点和终点延伸至引弧板（图 3-8）上，焊后将引弧板切除，并用砂轮将表面磨平。除了受动载荷的结构外，一般不用引弧板，而是在计算时扣除焊缝两端各 5 mm 长度。

在对接焊缝的拼接处，当焊件的宽度不同或厚度在一侧相差 4 mm 以上时，为了使构件传力均匀，应分别在宽度方向或厚度方向从一侧或两侧做成坡度不大于 1:4 的斜坡（图 3-9），形成平缓的过渡。

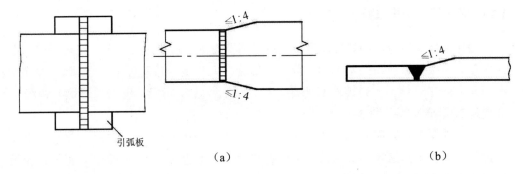

引弧板

（a）   （b）

图 3-8　引弧板   图 3-9　不同宽度或厚度的钢板拼接

3.3.2　对接焊缝的计算

对接焊缝工作时，一般要受到轴力、剪力和弯矩等载荷的作用。对接焊缝的应力状态与构件的基本相同，因此可用计算构件应力的方法来计算焊缝应力。

（1）对接焊缝在轴心力 N 作用下的计算

当轴心力（拉力或压力）垂直于焊缝且通过焊缝截面的形心时［图 3-10（a）］，焊缝内应力可看作均匀分布的，故焊缝强度的验算公式为

$$\sigma = \frac{N}{A_w} = \frac{N}{l_w t} \leqslant f_t^w \text{ 或 } f_c^w \tag{3-1}$$

式中，l_w——焊缝的计算长度，当未采用引弧板施焊时，每条焊缝取实际长度减去 10mm，即 $l_w = l - 10\text{mm}$，当采用引弧板时，取焊缝的实际长度；

t——连接构件中较薄的焊件厚度；

A_w——焊缝的计算截面面积，$A_w = l_w t$；

f_t^w，f_c^w——对接焊缝的抗拉、抗压强度设计值。

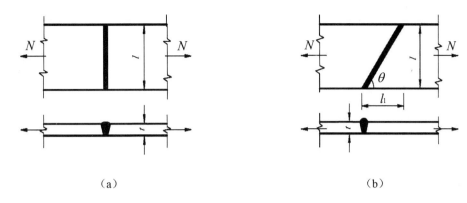

（a） （b）

图 3-10 轴心力作用的对接焊缝计算

焊缝的强度设计值有时比钢板的强度设计值低，因而正对接焊缝强度不一定能达到构件的强度要求。此时，若要提高连接的承载能力，可改用斜对接焊缝[图 3-10（b）]。斜缝与作用力之间的夹角 θ 一般应符合 $\tan\theta \leqslant 1.5$，此时焊缝的强度能达到原构件的强度，故焊缝强度可不必验算。但斜对接焊缝比正对接焊缝费料，不宜多用。

（2）对接焊缝在弯矩 M 及剪力 V 共同作用下的计算

对接焊缝在 M，V 共同作用下，应分别验算其最大正应力和剪应力。正应力和剪应力（图 3-11）的验算公式如下。

$$\sigma_{max} = \frac{M}{W_w} \leqslant f_t^w \text{ 或 } f_c^w \tag{3-2}$$

$$\tau_{max} = \frac{VS_w}{I_w t_w} \leqslant f_v^w \tag{3-3}$$

式中，M，V ——焊缝承受的弯矩和剪力；

I_w，W_w ——焊缝计算截面惯性矩和抗弯系数（抵抗矩）；

S_w ——计算剪应力处以上（或以下）焊缝计算截面对中和轴面积矩；

t_w ——计算剪应力处焊缝计算截面宽度（图 3-11）。

f_v^w ——对接焊缝的抗剪强度设计值。

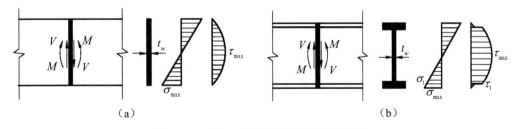

（a） （b）

图 3-11 弯矩、剪力作用的对接焊缝计算

对于矩形截面，由于最大正（或剪）应力处正好剪（或正）应力为零[图 3-11（a）]，故可按照式（3-2）、式（3-3）分别进行验算。对于工字形或 T 形截面，除按照式（3-2）

和式（3-3）进行验算外，在同时承受较大正应力 σ_1 和较大剪应力 τ_1 处[图 3-11（b）]梁腹板横向对接焊缝的端部，还应按照下式验算其折算应力。

$$\sqrt{\sigma_1^2 + 3\tau_1^2} \leqslant 1.1 f_t^w \qquad (3-4)$$

式中，σ_1，τ_1 ——焊缝在翼缘和腹板连接处的正应力和剪应力；

          1.1——强度设计值提高系数。主要考虑到需要验算折算应力的地方为局部区域，在该区域同时遇到材料最坏的概率是很小的。

（3）对接焊缝在轴心力 N、弯矩 M 及剪力 V 共同作用下的计算

对于矩形截面焊缝，需分别验算其最大正应力和最大剪应力。最大正应力按照式（3-5）验算，最大剪应力按照式（3-3）验算。对于工字形或 T 形截面焊缝，还需按照式（3-6）验算翼缘和腹板交界点处的折算应力（图 3-12）。

$$\sigma_{max} = \sigma_N \pm \sigma_M = \frac{N}{A_w} \pm \frac{M}{W_w} \leqslant f_t^w \text{ 或 } f_c^w \qquad (3-5)$$

$$\sigma_{zs} = \sqrt{(\sigma_N + \sigma_{M1})^2 + 3\tau_1^2} = \sqrt{\left(\frac{N}{A_w} + \frac{M_{y1}}{I_w}\right)^2 + 3\left(\frac{VS_{1w}}{I_w t_w}\right)^2} \leqslant 1.1 f_t^w \qquad (3-6)$$

式中，y_1 ——焊缝计算截面中和轴到翼缘和腹板交界点的距离，对于双轴对称的工字形截面：$y_1 = \dfrac{h_0}{2}$，即 $\sigma_{M1} = \dfrac{M}{W_w} \cdot \dfrac{h_0}{h}$，$h_0$ 为焊缝腹板的计算高度，h 为焊缝截面的高度（图 3-12）；

    S_{1w} ——焊缝翼缘对中和轴面积矩。

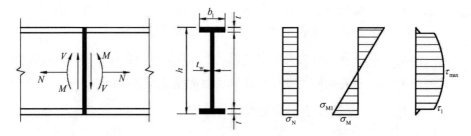

图 3-12 轴心力、弯矩、剪力作用的工字形截面对接焊缝计算

【例题 3-1】 验算图 3-13 所示，焊接工字形截面型钢梁腹板拼接处的对接焊缝强度。已知，按照载荷设计值所得的内力为 $M = 1200 \text{ kN·m}$，$V = 400 \text{ kN}$；钢材为 Q235；手工焊，焊条为 E43 型，焊缝的检验质量标准为三级。

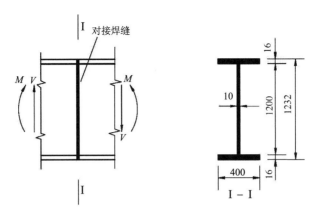

图 3-13 焊接梁腹板的对接焊缝拼接

【解】 由钢材为 Q235 钢，可查表 1-1 得抗压、抗剪的强度设计值：f=215 N/mm²，f_v =125 N/mm²；由手工焊、焊条为 E43 型、三级检验标准的焊缝，可查表 3-1 得对接焊缝抗弯、抗剪的强度设计值：f_t^w =185 N/mm²，f_v^w =125 N/mm²。

对接焊缝抗拉的强度设计值 f_t^w 比 Q235 钢抗拉的强度设计值 f 略低,因此本题只需验算对接焊缝在最大拉应力处的强度（梁的受拉翼缘和腹板连接处对接焊缝的强度）即可。

截面的几何特性为：

惯性矩

$$I = \frac{1}{12}t_w h_w^3 + 2bt\left(\frac{h_1}{2}\right)^2 = \frac{1}{12}\times 1\times 120^3 + 2\times 40\times 1.6\times\left(\frac{120+1.6}{2}\right)^2 = 617169.9\ \text{cm}^4$$

抵抗矩

$$W = \frac{2I}{h} = \frac{2\times 617169.9}{123.2} = 10019.0\ \text{cm}^3$$

翼缘的面积矩

$$S_1 = 40\times 1.6\times\frac{120+1.6}{2} = 3891.2\ \text{cm}^3$$

翼缘与腹板连接处的焊缝强度计算：

$$\sigma_1 = \frac{M}{W}\cdot\frac{h_0}{h} = \frac{1200\times 10^6}{10019.0\times 10^3}\cdot\frac{1200}{1232} = 116.7\ \text{N/mm}^2 < f_t^w = 185\ \text{N/mm}^2$$

$$\tau_1 = \frac{VS_1}{It_w} = \frac{400\times 10^3\times 3891.2\times 10^3}{617169.9\times 10^4\times 10} = 25.22\ \text{N/mm}^2 < f_v^w = 125\ \text{N/mm}^2$$

$$\sqrt{\sigma_1^2 + 3\tau_1^2} = \sqrt{116.7^2 + 3\times 25.22^2} = 124.6\ \text{N/mm}^2 < 1.1f_t^w = 1.1\times 185 = 203.5\ \text{N/mm}^2$$

故焊缝强度满足要求。

3.4 角焊缝构造和计算

3.4.1 角焊缝的形式和构造要求

3.4.1.1 角焊缝的形式和强度

角焊缝有直角角焊缝[图 3-14（a）、（b）、（c）]和斜角角焊缝两类。在一般钢结构中最常用的是直角角焊缝，尤其是图 3-14（a）所示的普通角焊缝应用最多。斜角角焊缝主要用于钢管结构中。

直角角焊缝按照其截面形式可分为普通式焊缝[图 3-14（a）]、坦式焊缝[图 3-14（b）]和凹面焊缝[图 3-14（c）]等几种。其中以普通式焊缝最为常用。但由于普通式焊缝在端缝处力线的弯折特别厉害，在力线密集的焊缝根部往往产生很大的应力集中，在动力载荷作用下易开裂，采用力线较为平顺的坦式焊缝或凹面焊缝较为合适。

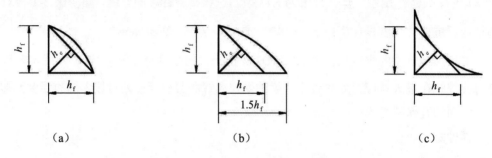

（a）　　　　　　　　　（b）　　　　　　　　　（c）

图 3-14　角焊缝的形式

普通式焊缝的截面，通常做成等腰三角形，直角边的长度 h_f 称为焊脚尺寸，直角边顶点到斜边的距离 $h_e = 0.7h_f$，称为角焊缝的有效厚度。

角焊缝根据焊缝与作用力的方向分为正面角焊缝（端缝）[图 3-15（a）]、侧面角焊缝（侧缝）[图 3-15（b）]、斜焊缝、围焊缝[图 3-15（c）]等几种。角焊缝中垂直于作用力的焊缝称为正面角焊缝，简称端缝；平行于作用力的焊缝称为侧面角焊缝，简称侧缝；倾斜于作用力的焊缝称为斜缝。侧缝主要承受剪力作用，破坏常发生于最小的受剪面上，即在有效厚度 $h_e = 0.7h_f$ 所在的截面上，其抵抗破坏的能力较低，弹性模量也较小（$E = 70 \times 10^3 \sim 100 \times 10^3 \, \text{N/mm}^2$）。端缝可同时承受轴力、剪力和弯矩的作用，在截面突变、力线密集的焊缝根部存在很大的应力集中现象，所以破坏常从根部开始。端缝在静力载荷作用下一般发生如图 3-16（a）和（b）所示的破坏形式，在动力载荷作用下一般发生如图 3-16（c）所示的破坏形式。端缝抵抗破坏的能力比侧缝高，弹性模量也较大（$E \approx 150 \times 10^3 \, \text{N/mm}^2$），但连接的脆性较高。

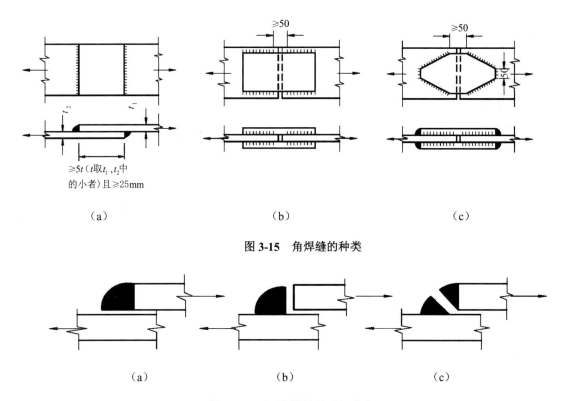

图 3-15 角焊缝的种类

图 3-16 正面角焊缝的破坏形式

围焊缝由端缝和侧缝组成，围焊缝与侧缝的强度基本相同，传力情况比侧缝要均匀，疲劳强度也较高，故承受动力载荷比较有利。

3.4.1.2 角焊缝的构造要求

根据角焊缝的受力和工艺特点，角焊缝的连接设计应考虑以下构造要求。

（1）焊脚尺寸要求

角焊缝焊脚尺寸的大小对焊件及焊缝质量有重要影响，为了保证焊缝的承载能力，并防止焊缝因冷却过快而产生裂缝，要求焊缝焊脚尺寸不宜过小；但如果角焊缝的焊脚尺寸太大，则可能导致烧伤或穿透较薄的焊件，在板边缘的角焊缝，还可能烧伤板边，产生咬边现象。因此，角焊缝焊脚尺寸应符合下列要求。

① 角焊缝的最小焊脚尺寸。角焊缝最小焊脚尺寸 h_f 不得小于 $1.5\sqrt{t}$，t（mm）为较厚焊件的厚度（当采用低氢型碱性焊条施焊时，t 可采用较薄焊件的厚度）。但对于埋弧自动焊，最小焊脚尺寸可减小 1 mm（$h_f \geq 1.5\sqrt{t} - 1$）；对于 T 形连接的单面角焊缝，应增加 1 mm（$h_f \geq 1.5\sqrt{t} + 1$）。当焊件厚度等于或小于 4 mm 时，最小焊脚尺寸应与焊件厚度相同。

② 角焊缝的最大焊脚尺寸。最大焊脚尺寸不宜大于较薄焊件厚度的 1.2 倍（钢管结构除外），但板件（厚度为 t）边缘的角焊缝最大焊脚尺寸还应符合下列要求：当 $t \leq 6$ mm 时，$h_f \leq t$；当 $t > 6$ mm 时，$h_f \leq t - (1{\sim}2)$ mm（图 3-17）。

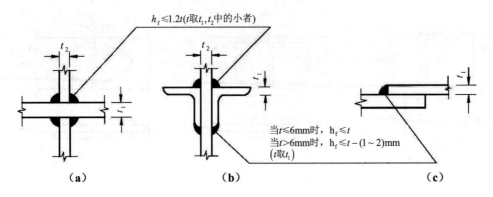

图 3-17 角焊缝的最大焊脚尺寸

圆孔或槽孔内的角焊缝焊脚尺寸不宜大于圆孔直径或槽孔短径的 1/3。

③ 焊脚尺寸与板厚的匹配。角焊缝的两焊脚尺寸一般相等。当焊件的厚度相差较大且焊脚尺寸无法满足最大和最小焊脚尺寸要求时，可采用不等焊脚尺寸，即与较薄焊件接触的焊脚尺寸符合 $h_f \leqslant 1.2 t_{min}$（mm）的要求，与较厚焊件接触的焊脚尺寸满足

$$h_f \geqslant 1.5 \sqrt{t_{max}} \quad （mm）。$$

④ 直接承受动载的角焊缝焊脚尺寸。在直接承受动力载荷的结构中，角焊缝表面应做成直线形或凹形。焊脚尺寸有一定的比例要求：对端缝宜为 1:1.5（长边顺内力方向），对侧缝可为 1:1。

（2）焊缝的长度要求

① 侧缝（端缝）的最小长度。侧缝或端缝的计算长度不得小于 $8 h_f$ 和 40 mm。采用角焊缝时，由于构件不在同一个平面，传力偏心，存在弯矩作用，焊缝太短会降低其抗弯能力。同时，还会因不易焊透而造成缺陷。因此，角焊缝的计算长度不宜太短。

② 侧缝的最大长度。侧缝的计算长度不宜大于 $60 h_f$。当大于该数值时，其超过部分在计算中不予考虑。若内力沿侧面角焊缝全长分布时，其计算长度不受此限。在侧缝连接中，由于沿焊缝长度的应力分布实际上是不均匀的，焊缝两端的应力大，中间的应力小。当外力逐渐增加，焊缝达到塑性阶段时，焊缝应力分布的不均匀性会逐渐减小。但焊缝太长时，仍有焊缝两端因受力过大而造成破坏的危险。因此，应限制侧缝的最大计算长度。

所以，侧缝的计算长度要求如下：在承受静力载荷或间接承受动力载荷时，不宜大于 $60 h_f$；在承受动力载荷时，不宜大于 $40 h_f$。当大于上述数值时，其超出部分在计算中不予考虑。若内力沿侧缝全长分布，其计算长度不受此限制。

（3）端部构造要求

① 当角焊缝的端部在构件转角处做长度为 $2 h_f$ 的绕角焊时，转角处必须连续施焊。

② 当钢板只用两条侧焊缝连接时［图 3-18（a）］，每条侧面角焊缝焊段长度 l_w 不宜小于两侧面角焊缝之间的距离 b；同时宜使 $b \leqslant 16 t$（$t > 12mm$）或 $b \leqslant 190mm$（$t \leqslant 12mm$），

t 是较薄焊件的厚度。这是为了避免焊缝横向收缩引起板件过大的拱曲变形。如采用上述焊缝不能满足强度要求，可采用三面围焊[图 3-18（b）]。

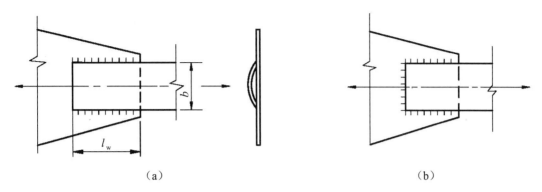

（a） （b）

图 3-18 杆件与节点板的角焊缝

（4）搭接要求

① 搭接长度。在仅用正面焊缝的搭接连接中，搭接长度不得小于较薄焊件厚度的 5 倍，并不得小于 25 mm，以减小因焊件收缩而产生的残余应力，以及因传力而产生的附加应力。

② 焊缝截面分配。如果用侧缝来连接截面不对称的构件，可将焊缝截面作适当分配，使焊缝的截面重心与构件重心接近。在最常见的角钢与钢板的搭接连接中（图 3-19），可参考表 3-2 的比例进行焊缝截面分配。

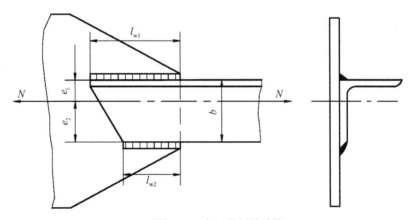

图 3-19 角钢的侧缝连接

（5）焊缝设计要求

在角焊缝连接中，为了减少焊接应力和焊接变形，也应采取与对接焊缝类似的措施。不要任意加大焊缝，避免焊缝的密集和交叉等。在受力较小的次要连接构件中，可采用断续角焊缝，断续角焊缝之间的净距要求见图 3-5。

表 3-2　角钢的焊缝分配系数

角钢类型	连接形式	分配系数	
		肢背 $K_1=e_2/b$	肢尖 $K_2=e_1/b$
等肢角钢		0.7	0.3
不等肢角钢 短肢连接		0.75	0.25
不等肢角钢 长肢连接		0.65	0.35

3.4.2　角焊缝的基本计算公式

（1）通用计算公式

焊缝同时受平行和垂直于焊缝长度方向的载荷作用时，计算公式为

$$\sqrt{\left(\frac{\sigma_{\text{f}}}{\beta_{\text{f}}}\right)^2 + \tau_{\text{f}}^2} \leqslant f_{\text{f}}^{\text{w}} \qquad (3\text{-}7)$$

（2）端缝计算公式

端缝受垂直于焊缝长度方向的载荷 N 作用时，计算公式为

$$\sigma_{\text{f}} = \frac{N}{h_{\text{e}} \sum l_{\text{w}}} \leqslant \beta_{\text{f}} f_{\text{f}}^{\text{w}} \qquad (3\text{-}8)$$

（3）侧缝计算公式

侧缝受平行于焊缝长度方向的载荷 N 作用时，计算公式为

$$\tau_{\text{f}} = \frac{N}{h_{\text{e}} \sum l_{\text{w}}} \leqslant f_{\text{f}}^{\text{w}} \qquad (3\text{-}9)$$

式（3-7）、式（3-8）、式（3-9）中各符号统一说明如下：

σ_{f} ——正面角焊缝（端缝）中的应力。

τ_{f} ——侧面角焊缝（侧缝）中的应力。

β_{f} ——正面直角角焊缝的强度设计值增大系数：对承受静力载荷和间接承受动力载荷的结构，$\beta_{\text{f}}=1.22$；对直接承受动力载荷的结构，$\beta_{\text{f}}=1.0$；对于斜角角焊缝，不论静力载荷或动力载荷，一律取 $\beta_{\text{f}}=1.0$。

f_{f}^{w} ——角焊缝的强度设计值，见表 3-1。

N ——轴心拉力、压力或剪力。

h_{e} ——角焊缝的有效厚度，对直角角焊缝，$h_{\text{e}} = 0.7h_{\text{f}}$，$h_{\text{f}}$ 为较小焊脚尺寸。对斜角

角焊缝，当 $\alpha > 90°$ 时，$h_e = h_f \cos\dfrac{\alpha}{2}$；当 $\alpha \leqslant 90°$ 时，$h_e = 0.7h_f$，α 为两焊脚边的夹角。

$\sum l_w$ ——角焊缝的计算长度总和。对每条焊缝取其实际长度减去 10mm；对圆孔或槽孔内的角焊缝， 则取有效厚度中心线实际长度。

实际上，对于工程机械钢结构而言，工作时经常承受动力载荷作用。因此，无论是承受静载还是动载，都不考虑其承载能力的提高系数，即角焊缝的强度设计值增大系数均取 $\beta_f = 1$。

3.4.3 角焊缝的计算

（1）拼接板连接在轴心力 N 作用下的计算

当焊件受轴心力，且轴力通过连接焊缝群形心时，焊缝有效截面上的应力可以认为是均匀分布的。用拼接板将两焊缝连成整体，需要计算拼接板和连接一侧（左侧或右侧）角焊缝的强度。

① 图 3-20（a）所示为矩形拼接板侧面角焊缝连接。此时，外力与焊缝长度方向平行，按照式（3-9）计算。

② 图 3-20（b）所示为矩形拼接板正面角焊缝连接。此时，外力与焊缝长度方向垂直，按照式（3-8）计算。

③ 图 3-20（c）所示为矩形拼接板三面围焊缝连接。此时，可先按照式（3-8）计算正面端缝所承担的内力 N_1，再由 $N - N_1$ 按照式（3-9）计算侧缝。

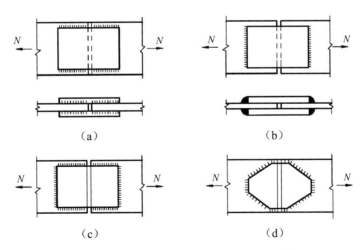

图 3-20 轴心力作用的拼接板角焊缝连接

如果三面围焊受直接动载作用，由于 $\beta_f = 1.0$，则按照轴力由连接一侧角焊缝有效截面面积平均承担计算。

$$\frac{N}{h_e \sum l_w} \leqslant f_f^w \qquad (3\text{-}10)$$

式中，$\sum l_w$——连接一侧所有焊缝的计算长度之和。

④ 为使力线平缓过渡，减小矩形拼接板转角处的应力集中，可改用菱形拼接板[图3-20（d）]。菱形拼接板正面角焊缝长度较小，为使计算简化，可忽略正面角焊缝的 β_f 增大系数，不论何种载荷应均按照式（3-10）计算。

（2）角钢连接在轴心力 N 作用下的计算

① 当用两侧缝连接角钢时[图3-21（a）]，虽然轴心力通过角钢截面形心，但肢背焊缝和肢尖焊缝到形心的距离 $e_1 \neq e_2$，受力大小不等，设肢背焊缝受力为 N_1，肢尖焊缝受力为 N_2，由平衡条件知

$$N_1 = \frac{e_2}{e_1 + e_2} N = K_1 N \qquad (3\text{-}11)$$

$$N_2 = \frac{e_1}{e_1 + e_2} N = K_2 N \qquad (3\text{-}12)$$

式中，K_1，K_2——角钢肢背、肢尖焊缝内力分配系数，见表3-2。

肢背、肢尖焊缝强度验算为

$$\frac{N_1}{h_{e1} \sum l_{w1}} \leqslant f_f^w \qquad (3\text{-}13)$$

$$\frac{N_2}{h_{e2} \sum l_{w2}} \leqslant f_f^w \qquad (3\text{-}14)$$

式中，h_{e1}，h_{e2}——肢背、肢尖焊缝有效厚度；

$\sum l_{w1}$，$\sum l_{w2}$——肢背、肢尖焊缝计算长度之和。

② 当三面围焊连接角钢时[图3-21（b）]，选定正面角焊缝焊脚尺寸 h_f，并计算出其所能承担的内力

$$N_3 = 0.7 h_f \sum l_{w3} \beta_f f_f^w \qquad (3\text{-}15)$$

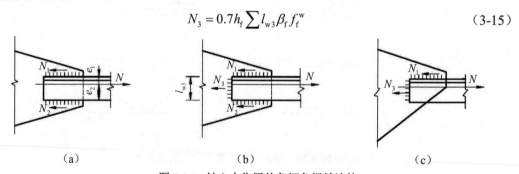

（a） （b） （c）

图 3-21　轴心力作用的角钢角焊缝连接

再通过平衡关系，可以得到

$$\begin{cases} N_1 = K_1 N - 0.5 N_3 \\ N_2 = K_2 N - 0.5 N_3 \end{cases} \tag{3-16}$$

根据上述方法求出 N_1，N_2 以后，再按照式（3-9）验算侧面角焊缝。

③ 当用 L 形焊缝连接角钢[图 3-21（c）]，同理求得 N_3 后，可得

$$N_1 = N - N_3 \tag{3-17}$$

求出 N_1，按照式（3-9）验算侧面角焊缝。

（3）角焊缝在弯矩 M 作用下的计算

当力矩作用平面与焊缝群所在平面垂直时，焊缝受弯（图 3-22）。弯矩在焊缝有效截面上产生与焊缝长度方向垂直的应力 σ_f，呈三角形分布，边缘应力最大，焊缝有效截面见图 3-22（b），计算公式为

$$\sigma_\mathrm{f} = \frac{M}{W_\mathrm{w}} \leqslant \beta_\mathrm{f} f_\mathrm{f}^\mathrm{w} \tag{3-18}$$

式中，W_w ——角焊缝有效截面的抗弯系数。

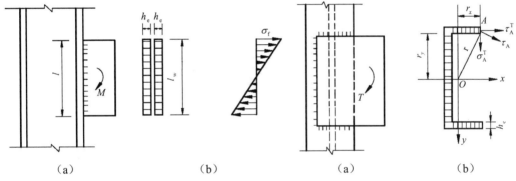

图 3-22　弯矩作用的角焊缝连接　　　　　图 3-23　扭矩作用的角焊缝连接

（4）角焊缝在扭矩 T 作用下的计算

当力矩作用平面与焊缝群所在平面平行时，焊缝群受扭（图 3-23）。计算时做如下假定：被连接件在扭矩作用下绕焊缝有效截面的形心 O 旋转，焊缝有效截面上任一点的应力方向垂直于该点与形心 O 的连线，应力大小与其到形心距离 r 成正比。按照上述假定，焊缝有效截面距形心最远点应力最大，为

$$\tau_\mathrm{A} = \frac{T \cdot r}{J} \tag{3-19}$$

式中，J ——焊缝有效截面绕形心 O 的极惯性矩，$J = I_x + I_y$，I_x，I_y 分别为焊缝有效截面绕 x，y 轴的惯性矩；

　　　r ——距形心最远点到形心的距离；

　　　T ——扭矩设计值。

τ_{A} 与焊缝长度方向成斜角 ϕ，将它分解到 x 方向（沿焊缝长度方向）和 y 方向（垂直焊缝长度方向）的应力为

$$\tau_{\mathrm{A}}^{\mathrm{T}} = \tau_{\mathrm{A}} \cos\phi = \frac{T \cdot r_y}{J}$$

$$\sigma_{\mathrm{A}}^{\mathrm{T}} = \tau_{\mathrm{A}} \sin\phi = \frac{T \cdot r_x}{J}$$

r_x，r_y 如图 3-23（b）所示。将 $\tau_{\mathrm{f}} = \tau_{\mathrm{A}}^{\mathrm{T}}$，$\sigma_{\mathrm{f}} = \sigma_{\mathrm{A}}^{\mathrm{T}}$ 代入式（3-7），得强度验算公式为

$$\sqrt{\left(\frac{\sigma_{\mathrm{A}}^{\mathrm{T}}}{\beta_{\mathrm{f}}}\right)^2 + \left(\tau_{\mathrm{A}}^{\mathrm{T}}\right)^2} \leqslant f_{\mathrm{f}}^{\mathrm{w}} \tag{3-20}$$

（5）角焊缝在轴心力 N、弯矩 M、剪力 V 共同作用下的计算

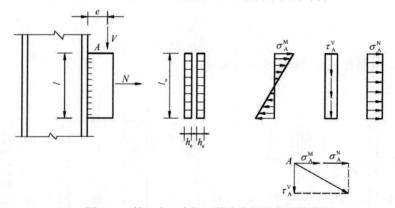

图 3-24　轴心力、弯矩、剪力作用的角焊缝连接

将连接（图 3-24）所受水平力 N、垂直力 V 平移到焊缝群形心，得到附加弯矩 $M = V \cdot e$，剪力 V 和轴力 N。弯矩作用下，焊缝有效截面上的应力为三角形分布，方向与焊缝长度方向垂直。剪力 V 在焊缝有效截面上产生沿焊缝长度方向均匀分布的应力。轴力 N 产生垂直于焊缝长度方向均匀分布的应力。此时，

$$\sigma_{\mathrm{A}}^{\mathrm{M}} = \frac{M}{W_{\mathrm{w}}}, \quad \tau_{\mathrm{A}}^{\mathrm{V}} = \frac{V}{h_{\mathrm{e}} \sum l_{\mathrm{w}}}, \quad \sigma_{\mathrm{A}}^{\mathrm{V}} = \frac{V}{h_{\mathrm{e}} \sum l_{\mathrm{w}}}$$

将 $\sigma_{\mathrm{f}} = \sigma_{\mathrm{A}}^{\mathrm{M}} + \sigma_{\mathrm{A}}^{\mathrm{N}}$ 和 $\tau_{\mathrm{f}} = \tau_{\mathrm{A}}^{\mathrm{V}}$ 代入式（3-7），得焊缝计算公式为

$$\sqrt{\left(\frac{\sigma_{\mathrm{A}}^{\mathrm{M}} + \sigma_{\mathrm{A}}^{\mathrm{N}}}{\beta_{\mathrm{f}}}\right)^2 + \left(\tau_{\mathrm{A}}^{\mathrm{V}}\right)^2} \leqslant f_{\mathrm{f}}^{\mathrm{w}} \tag{3-21}$$

（6）角焊缝在轴心力 N、扭矩 T、剪力 V 共同作用下的计算

这种情况下，需要确定焊缝截面形心，进行载荷移植，确定危险点，进而验算强度。

① 求出焊缝有效截面的形心 O（图 3-25）。

② 将连接所受外力平移到形心 O，得到扭矩 $T = V(a + e)$，剪力 V，轴力 N。

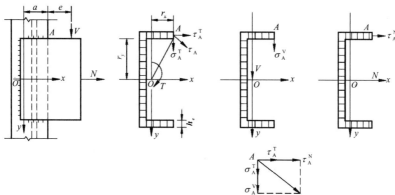

图 3-25 轴心力、扭矩、剪力作用的角焊缝连接

③ 计算 T，V，N 单独作用下危险点 A 的应力：

$$\sigma_A^V = \frac{V}{h_e \sum l_w}, \quad \tau_A^N = \frac{N}{h_e \sum l_w}, \quad \tau_A^T = \frac{T \cdot r_y}{J}, \quad \sigma_A^T = \frac{T \cdot r_x}{J}$$

④ 验算危险点 A 焊缝强度：

$$\sqrt{\left(\frac{\sigma_A^T + \sigma_A^V}{\beta_f}\right)^2 + \left(\tau_A^T + \tau_A^N\right)^2} \leqslant f_f^w \tag{3-22}$$

【例题 3-2】 图 3-26 所示桁架节点的连接焊缝，已知钢材为 Q235C，焊条为 E43 系列型，手工焊接，试确定 A，B 处所需角焊缝的焊脚尺寸 h_f 和实际长度。

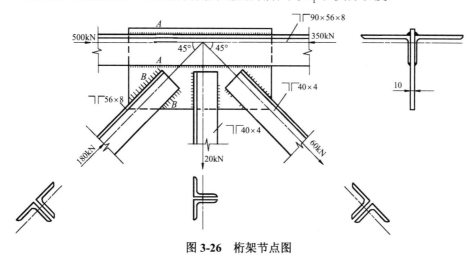

图 3-26 桁架节点图

【解】 查表 3-1 得角焊缝的强度设计值 $f_f^w = 160 \text{ N/mm}^2$。

① 连接焊缝 A。

最小焊脚尺寸为

$$h_f \geqslant 1.5\sqrt{t} = 1.5 \times \sqrt{10} = 4.7 \text{ mm}$$

角钢肢背处最大焊脚尺寸为

$$h_f \leqslant 1.2t = 1.2 \times 8 = 9.6 \text{ mm}$$

角钢肢尖处最大焊脚尺寸为

$$h_f \leq t - (1 \sim 2) \text{ mm} = 8 - (1 \sim 2) = 7 \sim 6 \text{ mm}$$

取 $h_f = 6 \text{ mm}$。

计算内力为

$$N = 500 - 350 = 150 \text{ kN}$$

不等肢角钢肢背焊缝内力为

$$N_1 = K_1 N = 0.75 \times 150 = 112.5 \text{ kN}$$

不等肢角钢肢尖焊缝内力为

$$N_2 = K_2 N = 0.25 \times 150 = 37.5 \text{ kN}$$

所需肢背焊缝长度为

$$\sum l_{w1} \geq \frac{N_1}{2h_e f_f^w} = \frac{112.5 \times 10^3}{2 \times 0.7 \times 6 \times 160} = 83.7 \text{ mm}$$

考虑焊口影响，焊缝的实际长度应比焊缝计算长度多 1 cm，并取成厘米的倍数，故取肢背焊缝长度为 10 cm。

所需肢尖焊缝长度为

$$\sum l_{w2} \geq \frac{N_2}{2h_e f_f^w} = \frac{37.5 \times 10^3}{2 \times 0.7 \times 6 \times 160} = 27.9 \text{ mm}$$

取肢尖焊缝长度为 4 cm。

② 连接焊缝 B。

取 $h_f = 6 \text{ mm}$。

等肢角钢肢背焊缝内力为

$$N_1 = K_1 N = 0.7 \times 180 = 126 \text{ kN}$$

等肢角钢肢尖焊缝内力为

$$N_2 = K_2 N = 0.3 \times 180 = 54 \text{ kN}$$

所需肢背焊缝长度为

$$\sum l_{w1} \geq \frac{N_1}{2h_e f_f^w} = \frac{126 \times 10^3}{2 \times 0.7 \times 6 \times 160} = 93.6 \text{ mm}$$

取肢背焊缝长度为 11 cm。

所需肢尖焊缝长度为

$$\sum l_{w2} \geq \frac{N_2}{2h_e f_f^w} = \frac{54 \times 10^3}{2 \times 0.7 \times 6 \times 160} = 40.2 \text{ mm}$$

取肢尖焊缝长度为 6 cm。

【例题 3-3】 设有牛腿与钢柱连接，牛腿尺寸及作用力的设计值（静力载荷）如图 3-27 所示。钢材为 Q235，采用 E43 系列型焊条，手工焊，试验算角焊缝。

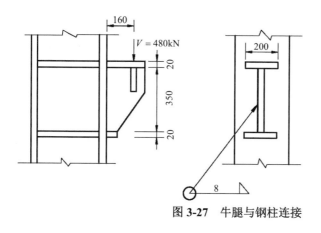 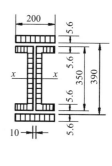

图 3-27　牛腿与钢柱连接

【解】　查表 3-1 得角焊缝的强度设计值 $f_f^w = 160 \ \text{N/mm}^2$。

设焊缝为周边围焊，转角处连续施焊，没有起弧和落弧引起的焊口缺陷，且假定剪力仅由牛腿腹扳焊缝承受。取焊角 $h_f = 8 \ \text{mm}$，并且对工字型翼缘端部绕转部分焊缝忽略不计。

角焊缝的有效厚度为

$$h_e = 0.7 h_f = 0.7 \times 0.8 = 0.56 \ \text{cm}$$

全部焊缝对 x 轴的惯性矩为

$$
\begin{aligned}
I_w &= 2 h_e b \left(\frac{h + h_e}{2} \right)^2 + 4 h_e \frac{b - t_w - 2 h_e}{2} \left(\frac{h_w - h_e}{2} \right)^2 + 2 \frac{h_e h_w^3}{12} \\
&= 2 \times 0.56 \times 20 \times \left(\frac{39 + 0.56}{2} \right)^2 + 4 \times 0.56 \times \frac{20 - 1 - 2 \times 0.56}{2} \left(\frac{35 - 0.56}{2} \right)^2 + 2 \times \frac{0.56 \times 35^3}{12} \\
&= 18703.8 \ \text{cm}^4
\end{aligned}
$$

焊缝翼缘最外边缘的抗弯截面系数为

$$W_{w1} = \frac{I_w}{h/2 + h_e} = \frac{18703.8}{39/2 + 0.56} = 932.4 \ \text{cm}^3$$

翼缘和腹板连接处的抗弯截面系数为

$$W_{w2} = \frac{I_w}{h_w/2} = \frac{18703.8}{35/2} = 1068.8 \ \text{cm}^3$$

在弯矩 $M = 480 \times 0.16 = 76.8 \ \text{kN} \cdot \text{m}$ 作用下，角焊缝最大应力为

$$\sigma_{f1} = \frac{M}{W_{w1}} = \frac{76.8 \times 10^6}{932.4 \times 10^3} = 82.4 \ \text{N/mm}^2 < \beta_f f_f^w = 1.22 \times 160 = 195.2 \ \text{N/mm}^2$$

牛腿翼缘和腹板交接处

$$\sigma_2^M = \frac{M}{W_{w2}} = \frac{76.8 \times 10^6}{1068.8 \times 10^3} = 71.9 \ \text{N/mm}^2$$

$$\tau_2^V = \frac{V}{h_e \sum l_w} = \frac{V}{2 h_e h_w} = \frac{480 \times 10^3}{2 \times 0.56 \times 35 \times 10^2} = 122 \ \text{N/mm}^2$$

所以

$$\sqrt{\left(\frac{\sigma_2^{M}}{\beta_f}\right)^2+\left(\tau_2^{V}\right)^2}=\sqrt{\left(\frac{71.9}{1.22}\right)^2+122^2}=135.5 \text{ N/mm}^2 < f_f^{w}=160 \text{ N/mm}^2$$

故焊缝强度满足。

【例题 3-4】 一支托板与支柱搭接连接，搭接宽度和长度如图 3-28 所示，焊缝采用三面围焊。已知角焊缝的焊脚尺寸为 $h_f=10$ mm，在焊缝重心处作用轴心拉力 $N=50$ kN，剪力 $V=260$ kN，扭矩 $T=120$ kN·m，均为直接动力载荷（设计值），材料为 Q235 钢，焊条为 E43 系列型，手工焊。验算此焊缝强度。

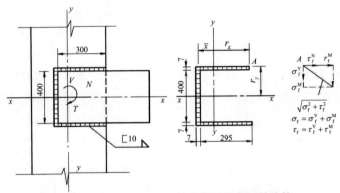

图 3-28 轴心力、扭矩、剪力作用的角焊缝连接

【解】 先计算焊缝重心位置，设 $\bar{x}$ 为重心至竖直焊缝的距离，由于三面围焊施工时连续施焊，计算时焊缝两端各减去 5 mm。

角焊缝有效厚度为

$$h_e=0.7h_f=0.7\times10=7 \text{ mm}$$

角焊缝有效截面的形心位置为

$$\bar{x}=\frac{2\times7\times295\times(295/2+7/2)}{7\times(2\times295+400+2\times7)}=88.7 \text{ mm}$$

角焊缝的惯性矩为

$$I_x=\frac{7\times(400+7\times2)^3}{12}+2\times7\times295\times\left(\frac{400+7}{2}\right)^2=212424726.5 \text{ mm}^4$$

$$I_y=7\times400\times88.7^2+2\times\frac{7\times(295+7)^3}{12}+2\times7\times(295+7)\times\left[\frac{295+7}{2}-\left(88.7+\frac{7}{2}\right)\right]^2$$

$$=68781797.65 \text{ mm}^4$$

$$J=I_x+I_y=212424726.5+68781797.65=281206524.2 \text{ mm}^2$$

焊缝中 A 点应力最大，其值分别为

$$\sigma_A^{V}=\frac{V}{h_e\sum l_w}=\frac{260\times10^3}{7\times\left[400+(295+7)\times2\right]}=37 \text{ N/mm}^2$$

$$\tau_A^N = \frac{N}{h_e \sum l_w} = \frac{50 \times 10^3}{7 \times \left[400 + (295 + 7) \times 2\right]} = 7 \text{ N/mm}^2$$

$$\sigma_A^T = \frac{T \cdot r_x}{J} = \frac{120 \times 10^6 \times \left(295 + \frac{7}{2} - 88.7\right)}{281206524.2} = 89.5 \text{ N/mm}^2$$

$$\tau_A^T = \frac{T \cdot r_y}{J} = \frac{120 \times 10^6 \times \left(\frac{400}{2} + 7\right)}{281206524.2 \times 10^3} = 88.3 \text{ N/mm}^2$$

焊缝危险点 A 的焊缝强度

$$\sqrt{\left(\frac{\sigma_A^T + \sigma_A^V}{\beta_f}\right)^2 + \left(\tau_A^T + \tau_A^N\right)^2} = \sqrt{(89.5 + 37)^2 + (88.3 + 7)^2} = 158.4 \text{ N/mm}^2 < f_f^w = 160 \text{ N/mm}^2$$

故连接安全。

3.5 焊接的疲劳强度和焊接应力

3.5.1 焊接的疲劳强度

工程机械钢结构受交变载荷作用，疲劳破坏是主要失效形式之一。焊接的疲劳强度主要取决于钢材的种类、焊缝形式（应力集中情况）、结构工作级别（载荷谱）、结构件应力循环特性和最大应力等。焊接的疲劳强度较低，其原因主要有两点：一是由于焊缝的位置关系迫使力线弯折，焊缝表面及两端焊口凹凸不平，或焊缝中存在裂缝、夹渣、气泡等缺陷，引起了严重的应力集中现象；二是由于焊区材料的硬化和变脆，所以疲劳破坏通常发生在焊缝及焊接热影响区等处。

对接焊缝因传力平顺，故疲劳强度相对较高，但易受焊接缺陷的影响。在承受动力载荷的结构中应割除焊口，补焊焊根，构件截面改变处要有缓和的过渡区，最好将焊缝表面的余高刨平。采用这些措施后，疲劳强度实际上不低于焊件金属。

角焊缝由于在连接处的截面有急剧变化，应力集中现象比较严重，因此疲劳强度很低。端缝的疲劳破坏通常起源于焊缝的根角；侧缝破坏的起点常在焊缝的两端；围焊缝的疲劳破坏常常起源于转角处，其疲劳强度较单用端缝或侧缝的高些。

在直接承受动力载荷的结构中，应对角焊缝采取一些构造措施，以减小应力集中的影响，提高疲劳强度。例如，端缝可做成坦式焊缝，侧焊缝后加工成凹面缝，将焊缝的表面棱角磨平，采用围焊缝，构件截断过渡处有缓和的过渡区，焊缝中避免有未焊透、凹角等缺陷，最好采用自动焊以减少热影响区的范围等。

近年来由于在焊接技术、焊缝的检查方法和连接的构造形式等方面有了很大的改进，焊缝连接在承受动力载荷的结构中也得到广泛应用。

焊接的疲劳计算按照式（1-5）或式（1-7）进行。

3.5.2　焊接应力和焊接变形

焊接结构在焊接过程中，由于构件局部加热时膨胀受到限制，引起内应力和初始变形。这样的内应力成为焊接残余应力，简称焊接应力，初始变形称为焊接变形。

焊接应力一般分为纵向焊接应力（沿焊缝长度方向）、横向焊接应力（垂直于焊缝长度方向）和沿厚度方向的焊接应力。焊接过程是一个不均匀的加热和冷却过程，焊件上产生不均匀的温度场，焊缝处可达1600℃，而邻近区域温度骤降。高温钢材膨胀大，受到两侧温度低、膨胀小的钢材限制后，产生热态塑性压缩，焊缝冷却时被塑性压缩的焊缝区趋向收缩，因受到两侧钢材的限制而产生拉应力。对于低碳钢和低合金钢，该拉应力可以使钢材达到屈服强度。焊接残余应力是无载荷的内应力，故在焊件内自相平衡，这必然在焊缝稍远区产生压应力，如图 3-29（a）所示。

焊接应力对结构有如下影响：

① 因焊接应力自相平衡，故对静力强度没有影响。

② 在焊缝及其附近主体金属焊接拉应力通常可达到钢材的屈服强度，此部位是形成和发展疲劳裂纹的敏感区域。因此，焊接应力对结构的疲劳强度有明显的不利影响。

③ 焊接应力的存在增大了结构的变形，降低了结构的刚度。

④ 对于厚板或交叉焊缝，将产生三向焊接残余拉应力，限制其塑性的发展，增加了钢材低温脆断倾向，降低或消除焊接残余应力是改善结构低温冷脆性能的重要措施。

焊接应力与焊接方法、焊接顺序有很大关系，应采取有效方法消除或减少焊接应力。

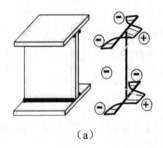
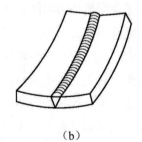

（a）　　　　　　　　　　　　　　　　　　（b）

图 3-29　焊接应力和焊接变形

焊接变形一般包括纵向收缩、横向收缩、弯曲变形、角变形和扭曲变形等，通常可能是以上几种变形的组合。焊缝的宽度沿钢板厚度方向不等，上部较宽，冷却时收缩量大，再加以冷却先后次序的差别，钢板就会产生纵向和横向变形［图 3-29（b）］。焊接变形使构件具有初弯曲或初扭曲，受力时将产生附加弯矩或附加扭矩，使轴心受力构件变为偏心受力构件，平面受力构件变为空间受力构件等。所以，过大的焊接变形将降低构件的承载能力，且使构件的构造处理和装配发生困难。

消除或减少焊接应力最有效的方法是热处理，如用退火的方法消除焊接应力。在设计和加工工艺上，通常采取以下措施减小焊接应力和焊接变形。

（1）设计上的措施

① 合理设计焊接位置，焊缝尺寸要适当，焊缝数量要少，且不宜过分集中。

② 优先采用正对接缝，采用角焊缝的搭接连接优先采用围焊缝，在转角处不允许断焊。

③ 尽量采用自动焊和气体保护焊，选用与焊件相适应的焊条。

④ 尽量避免两条以上的焊缝垂直交叉和母材在厚度方向的收缩应力。

⑤ 对受力焊缝不采用断续焊缝连接。

（2）加工工艺上的措施

① 采用合理的焊接方法和施焊顺序，如对接焊缝的长度较长时宜分段施焊，焊脚尺寸较大的焊缝可分层施焊；

② 避免仰焊和立焊，施焊时尽可能使所焊部分自由收缩，如纵横焊缝同时存在时应先焊横焊缝，对接焊缝与角焊缝相交时，应先焊对接焊缝；

③ 焊缝两端设置引弧板，采用反变形处理；

④ 小尺寸焊件，应焊前预热或焊后回火处理。

3.6 普通螺栓连接的构造和计算

3.6.1 普通螺栓的种类和连接特点

普通螺栓连接的优点是施工简单、拆卸方便，缺点是用钢量多，适用于安装连接和需要经常拆卸的结构。

普通螺栓分为 C 级（粗制）螺栓和 A 级、B 级（精制）螺栓。C 级螺栓一般采用 Q235 钢热压制成，表面比较粗糙，尺寸精度不高。螺孔是一次冲成或不用钻模钻成（Ⅱ类孔），螺孔直径比螺栓公称直径大 1~2 mm，以便于安装。但由于螺杆与螺孔之间有较大间隙，在受剪力作用时易产生初始滑移，剪切变形大，且受剪不均，有可能个别螺栓先与孔壁接触，因过载而失效。总体而言，C 级螺栓制造方便，又易于装拆，在钢结构中应用广泛，适宜用于杆轴方向受拉的连接、可拆卸结构的连接和临时固定结构用的安装连接等。如在连接中有较大剪力作用，则可增加支托来承受剪力（图 3-30）。C 级螺栓也可用于承受静力载荷的次要连接和间接承受动力载荷的次要连接，对于承受动力载荷的连接应采用双螺母或其他防止螺母松动的措施。

A，B 级螺栓一般用 Q235 或 35 钢车制而成，表面光滑，尺寸精度较高。A，B 级螺栓对螺孔制作要求高，螺孔用钻模钻成，或在装配好的构件上钻成或扩钻成（Ⅰ类孔），螺孔直径一般比螺杆直径大 0.2~0.3 mm。A，B 级螺栓连接的抗剪性好，不会出现滑移变形，但制造和安装都比较费工，成本较高，故在钢结构中较少采用。

A，B 两级螺栓的主要区别只是尺寸不同，A 级螺栓用于螺杆直径 $d \leqslant 24mm$ 和螺杆公称长度 $l \leqslant 10d$ 或 $l \leqslant 150mm$（按最小值）；B 级螺栓用于螺杆直径 $d > 24mm$ 和螺杆公称

长度 $l>10d$ 或 $l>150$ mm（按最小值）。

《紧固件机械性能　螺栓、螺钉和螺柱》（GB/T 3098.1—2010）中，将螺栓等级分为 4.6，4.8，5.6，5.8，6.8，8.8，9.8，10.9，12.9/12.9 共 10 级。等级代号中，小数点前的数字表示螺栓热处理后的最低抗拉强度的 1/100，小数点后的数字表示材料屈强比的 10 倍，单位为 N/mm^2。如 4.8 级螺栓的含义为："4"表示螺栓的最低抗拉强度为 $4\times100=400$ N/mm^2，"8"表示螺栓的屈服强度为：$400\times8/10=320$ N/mm^2。工程机械钢结构中，普通螺栓的常用等级为 4.8，5.8，6.8 等，直径一般为 18～36 mm。

3.6.2　螺栓连接的形式和构造设计

（1）螺栓连接的形式

普通螺栓连接按受力性质分为：受剪螺栓连接、受拉螺栓连接和拉剪螺栓连接三种形式。其中，受剪螺栓连接的外力垂直于螺杆，螺栓受剪，依靠螺杆的承压和抗剪来传力；受拉螺栓连接的外力平行于螺杆，螺栓受拉；而拉剪螺栓连接中，螺栓同时承受剪力和拉力作用。在重要受力结构中，应尽可能避免拉剪螺栓连接同时承受剪力和拉力，而应采用支托结构来承受剪力（图 3-30）。

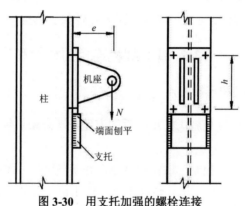

图 3-30　用支托加强的螺栓连接

（2）螺栓连接的构造设计

无论哪种螺栓连接，螺栓布置方式均相同。螺栓连接的布置方式主要有并列 ［图 3-31（a）］和错列 ［图 3-31（b）］两种。并列布置简单，应用较多。错列布置可减小构件截面的削弱，并使连接紧凑，通常在型钢上布置螺栓受到肢宽限制时采用错列布置。

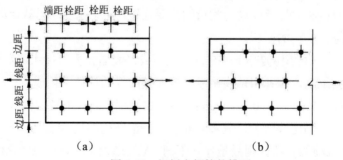

图 3-31　钢板上螺栓的排列

螺栓的布置应满足构造设计要求，包括受力要求、构造要求和施工要求等。

① 受力要求。

在垂直受力方向，为了防止螺栓应力集中相互影响、截面削弱过多而降低承载力，螺栓的端距（最外侧一排螺栓到板件端线的距离）和边距（最外侧一排螺栓到板件边线的距离）不能太小；沿受力方向，螺栓的端距过小时，钢板有被拉断或剪断的可能；当螺栓的栓距（沿板件长度方向上同一排两螺栓之间的距离）和线距（沿板件宽度方向上各排螺栓之间的距离）过小时，构件有沿直线或折线破坏的可能。对受压构件，当沿作用力方向的螺栓距离过大时，在连接的板件间易发生张口或鼓曲现象。因此，国家标准从受力的角度规定了最大和最小的容许间距。

② 构造要求。

当螺栓的栓距和线距过大时，被连接的构件接触面就不够紧密，潮气容易侵入缝隙而产生腐蚀，所以规定了螺栓的最大容许间距。对于重要结构，为使连接受力合理，应尽量使螺栓群的形心与构件的形心重合，以避免出现附加力矩。

③ 施工要求。

螺栓布置时，要保证一定的扳手空间，以便于转动螺栓扳手，国家标准规定了螺栓最小容许间距。

钢板上螺栓或铆钉的排列规定见表 3-3。型钢上螺栓的排列规定见相关标准。

表 3-3　螺栓或铆钉的排列

名称	位置和方向			最大容许间距（取两者较小值）	最小容许间距
中心间距	外排（垂直内力方向或沿内力方向）			$8d_0$ 或 $12t$	$3d_0$
	中间排	垂直内力方向		$16d_0$ 或 $24t$	
		沿内力方向	受压构件	$12d_0$ 或 $18t$	
			受拉构件	$16d_0$ 或 $24t$	
	沿对角线方向			—	
中心至构件边缘的距离	沿内力方向			$4d_0$ 或 $8t$	$2d_0$
	垂直内力方向	剪切边或手工气割边			$1.5d_0$
		轧制边、自动气割或锯割边	高强度螺栓		
			其他螺栓或铆钉		$1.2d_0$

注：1. d_0 为螺栓或铆钉的孔径，t 为外层较薄板件的厚度。

2. 钢板边缘与刚性构件（如角钢、槽钢等）相连的螺栓或铆钉的最大距离，可按照中间排的数值选取。

3.6.3　普通螺栓的工作性能

（1）受剪螺栓的工作性能

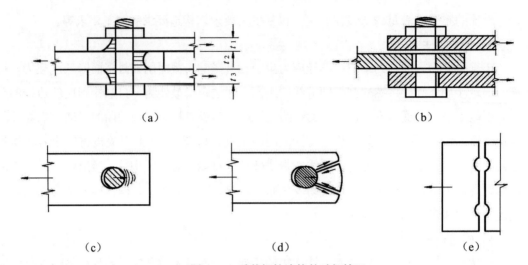

图 3-32　受剪螺栓连接的破坏情况

当作用在螺栓连接中的剪力较小时，作用力主要由构件间的摩擦力传递；外力超过摩擦力后，构件间即出现相对滑动，螺栓开始接触孔壁，于是螺栓对构件的挤压力传递外力[图 3-32（a）]，直至破坏。连接失效的情况主要有两种：一种是螺栓杆被剪断[图 3-32（b）]，另一种是孔壁被压坏[图 3-32（c）]。如果螺栓的直径较小，钢板的厚度相对较大，则连接可能因螺栓杆的剪断而失效。如果螺栓的直径较大，而钢板的厚度相对较小，则连接可能因孔壁被螺栓杆挤压破坏而失效。此外，还有可能由于螺栓的端距太小而钢板端部被剪坏[图 3-32（d）]，或构件本身由于开孔后使截面削弱过多而被拉断[图 3-32（e）]。

按照等强度设计思想，为使连接安全可靠，又能充分利用材料，应该使上述几种情况的承载能力相等或接近。

单个受剪螺栓按照下列两式确定承载力设计值。

抗剪承载力设计值。

$$N_v^b = n_v \frac{\pi d^2}{4} f_v^b \tag{3-23}$$

承压承载力设计值

$$N_c^b = d \sum t f_c^b \tag{3-24}$$

式中，n_v——螺栓受剪面数，单剪面 $n_v=1$，双剪面 $n_v=2$，四剪面 $n_v=4$[对应图 3-33（a）、

（b）、（c）]；

d——螺杆的公称直径，对铆接取孔径 d_0；

$\sum t$——在同一方向承压构件的较小总厚度，如四剪面[图 3-33（c）]$\sum t$ 取（$a+c+e$）

和（$b+d$）较小值；

f_v^b，f_c^b——螺栓的抗剪、承压强度设计值（见表 3-4）。

单个受剪螺栓的承载力设计值应该取 N_v^b 和 N_c^b 的较小值 N_{min}^b。

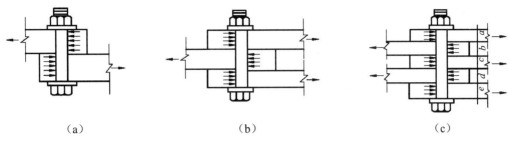

（a）　　　　　　　　　　　（b）　　　　　　　　　　　（c）

图 3-33　抗剪螺栓连接的受剪面

表 3-4　螺栓连接的强度设计值（摘自 GB 50017—2003）　　　　　　N / mm²

螺栓的性能等级、锚栓和构件钢材的牌号		普通螺栓						锚栓	承压型连接高强度螺栓		
		C 级螺栓			A，B 级螺栓						
		抗拉	抗剪	承压	抗拉	抗剪	承压	抗拉	抗拉	抗剪	承压
		f_t^b	f_v^b	f_c^b	f_t^b	f_v^b	f_c^b	f_t^b	f_t^b	f_v^b	f_c^b
普通螺栓	4.6 级、4.8 级	170	140	—							
	5.6 级	—	—	—	210	190	—				
	8.8 级	—	—	—	400	320	—				
锚栓	Q235 钢							140			
	Q345 钢							180			
承压型连接高强度螺栓	8.8 级							—	400	250	—
	10.9 级							—	500	310	—
构件	Q235 钢			305			405	—	—	—	470
	Q345 钢			385			510	—	—	—	590
	Q390 钢			400			530	—	—	—	615
	Q420 钢			425			560	—	—	—	655

注：1.A 级螺栓用于 $d \leqslant 24$ mm 和 $l < 10d$ 或 $l \leqslant 150$mm（按最小值）的螺栓；B 级螺栓用于 $d > 24$mm 和 $l > 10d$ 或 $l > 150$mm（按最小值）的螺栓；d 为公称直径，l 为螺杆公称长度。

2.A，B 级螺栓孔的精度和孔表面粗糙度，C 级螺栓孔的允许偏差和孔壁表面粗糙度，均应符合现行国家标准《钢结构工程施工质量验收规范》（GB 50205—2001）的要求。

（2）受拉螺栓的工作性能

受拉螺栓常用于法兰和 T 形连接，受拉螺栓连接受力时一般都存在较大的偏心，如图 3-34 所示。当连接受力后，角钢的 a 点和钢板压紧，b 点和钢板脱开。

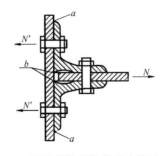

图 3-34　受拉螺栓连接的受力情况

因此，螺栓的实际受力和被连接构件的刚度有关，一般常比计算的要大，在杆颈处会产生应力集中，这些不利影响在螺栓的抗拉强度设计值中应加以考虑。所以，螺栓的抗拉强度设计值一般要比钢材的低，约为钢材抗拉强度设计值的 0.8 倍。

单个受拉螺栓的承载力设计值为：

$$N_t^b = \frac{\pi d_e^2}{4} f_t^b = A_e f_t^b \tag{3-25}$$

式中，d_e——螺栓螺纹处的有效直径，$d_e = d - 0.9382p$，其中：d 为螺栓直径，mm；p 为螺栓螺距，mm；

A_e——螺栓的有效面积，$A_e = \dfrac{\pi d_e^2}{4}$；

f_t^b——螺栓的抗拉强度设计值。

3.6.4 受剪螺栓群的计算

为简化计算，实际计算时假设如下：连接件为刚性，不计构件之间的摩擦力，螺栓受到的剪应力和挤压应力为均布，不考虑构件孔边的局部应力等。

（1）轴心力 N 作用下的计算

当外力通过螺栓群中心时，按照连接件为刚性的假设，作用力平均分配于每个螺栓。连接所需的螺栓数 n 可按照式（3-26）计算：

$$n \geqslant \frac{N}{\eta N_{min}^b} \tag{3-26}$$

式中，N_{min}^b——按照式（3-23）、式（3-24）计算所得的螺栓承载力设计值中的较小值；

η——折减系数，与螺栓群长度 l、螺栓孔直径 d_0 有关，可按照式（3-27）计算：

$$\begin{cases} l/d_0 \leqslant 15 & \eta = 1.0 \\ 15 < l/d_0 \leqslant 60 & \eta = 1.1 - l/(150d_0) \\ l/d_0 > 60 & \eta = 0.7 \end{cases} \tag{3-27}$$

考虑到构件截面的削弱，还需验算构件的净截面强度（图 3-35）：

$$\sigma = \frac{N}{A_n} \leqslant f \tag{3-28}$$

式中，A_n——构件的净截面面积，在图 3-35 中取截面 I-I 和截面 II-II 中的较小值。对截面 I-I：$A_{nI-I} = t(b - nd)$，t 和 b 为构件的宽度和厚度（厚度不同时，取小值）；

对截面 II-II：$A_{nII-II} = t\left[2e_1 + (n-1)\sqrt{a^2 + e^2} - nd\right]$，$n$ 为计算截面螺栓数，其余符号见图 3-35。

f——钢材的抗拉强度设计值。

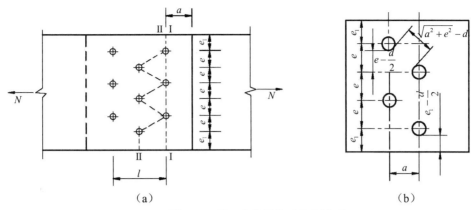

(a) (b)

图 3-35 轴心力作用的受剪螺栓群

（2）扭矩 T 作用下的计算

受剪螺栓群在扭矩 T 作用下（图 3-36），按照刚性假设，被连接的构件之间将绕螺栓群中心 O 产生相对转动而使螺栓受剪。螺栓受剪力的大小与其到螺栓群中心 O 的距离 r 成正比，并且与 r 的方向垂直，即

$$\frac{N_1^T}{r_1} = \frac{N_2^T}{r_2} = \cdots = \frac{N_n^T}{r_n} \tag{a}$$

由构件的平衡条件知

$$T = N_1^T r_1 + N_2^T r_2 + \cdots + N_n^T r_n \tag{b}$$

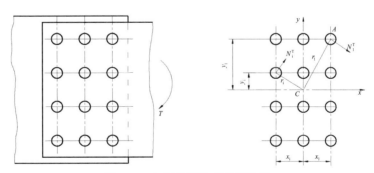

图 3-36 扭矩作用的受剪螺栓群

将式（a）代入式（b）可得

$$T = \frac{N_1^T}{r_1}(r_1^2 + r_2^2 + \cdots + r_n^2) = \frac{N_1^T}{r_1}\sum r_i^2$$

则有

$$N_1^T = \frac{T r_1}{\sum r_i^2} = \frac{T r_1}{\sum x_i^2 + \sum y_i^2} \tag{3-29}$$

式（3-29）可简化为

$$N_1^T = \frac{Ty_1}{\sum y_i^2} \tag{3-30}$$

则螺栓的验算公式为

$$N_1^l \leqslant N_{min}^b \tag{3-31}$$

（3）轴心力 N、剪力 V 及扭矩 T 共同作用下的计算（图 3-37）

在轴心力 N 和剪力 V 作用下，按照假设条件，各个螺栓所承受的内力可认为是相等的，即每个螺栓所受的力分别为：$N_{1x}^N = \dfrac{N}{n}$，$N_{1y}^V = \dfrac{V}{n}$。

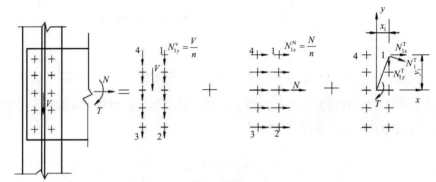

图 3-37　轴心力、剪力、扭矩作用的受剪螺栓群

在 T 作用下，受力最大的螺栓为 1，2，3，4，所在 x，y 方向上的分力为

$$N_{1x}^T = \frac{Ty_1}{\sum r_i^2} = \frac{Ty_1}{\sum x_i^2 + \sum y_i^2}$$

$$N_{1y}^T = \frac{Tx_1}{\sum r_i^2} = \frac{Tx_1}{\sum x_i^2 + \sum y_i^2}$$

以上各力对螺栓来说都是剪力，故受力最大的螺栓 1 承受的合力 N_1 不应超过单个螺栓的承载力设计值。验算公式为

$$N_1 = \sqrt{(N_{1x}^N + N_{1x}^T)^2 + (N_{1y}^V + N_{1y}^T)^2} = \sqrt{\left(\frac{N}{n} + \frac{Ty_1}{\sum r_i^2}\right)^2 + \left(\frac{V}{n} + \frac{Tx_1}{\sum r_i^2}\right)^2} \leqslant N_{min}^b \tag{3-32}$$

3.6.5　受拉螺栓群的计算

（1）轴心力 N 作用下的计算

当轴心力 N 通过螺栓群的中心时，按照假设可认为作用力平均分配于每个螺栓，即每个螺栓所承受的力为 $N_1^N = \dfrac{N}{n}$。

连接所需的螺栓数为

$$n \geqslant \frac{N}{N_t^b} \tag{3-33}$$

（2）弯矩 M 作用下的计算

受拉螺栓连接在弯矩 M 单独作用下，构件之间将发生相对转动，使一部分接触面逐渐脱开，另一部分接触面趋向压紧。接近破坏阶段时，转动轴心（中和轴）靠近受压边的边排螺栓附近，故通常假定以受压边的边排螺栓处作为转动轴。各排螺栓所受的拉力与螺栓到转动轴的距离成正比（图 3-38），所有螺栓拉力的总和应与中和轴另一边的压力相平衡。由于该压力集中在较小并与中和轴很近的面积上，所以，在建立平衡条件时，它对中和轴产生的力矩可以忽略不计。于是，图 3-38 的平衡条件可写为

$$\frac{N_1^M}{y_1'} = \frac{N_2^M}{y_2'} = \cdots = \frac{N_n^M}{y_n'} \tag{a}$$

$$M = N_1^M y_1' + N_2^M y_2' + \cdots + N_n^M y_n' \tag{b}$$

则有

$$M = \frac{N_1^M}{y_1'}(y_1'^2 + y_2'^2 + \cdots + y_n'^2) = \frac{N_1^M}{y_1'}\sum y_i'^2$$

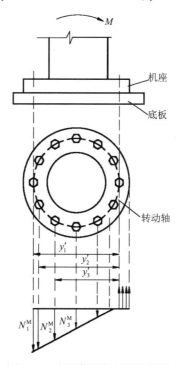

图 3-38　弯矩作用的受拉螺栓群

离中和轴最远的螺栓所受的拉力 N_1^M 最大，所以在弯矩 M 作用下受拉螺栓连接的验算公式为

$$N_1^M = \frac{My_1'}{\sum y_i'^2} \leqslant N_t^b \tag{3-34}$$

式中，y_i'——各螺栓到中和轴（图 3-38）的距离，计算 $\sum y_i'^2$ 时应把所有的螺栓都计算在内；

y_1'——y_i' 中的最大值。

（3）轴心力 N、弯矩 M 共同作用下的计算

在图 3-39 中，顶排和底排的螺栓受力分别为

$$N_{1max} = \frac{N}{n} + \frac{My_1'}{\sum y_i'^2} \tag{3-35}$$

$$N_{1min} = \frac{N}{n} - \frac{My_1'}{\sum y_i'^2} \tag{3-36}$$

式中，n——螺栓的总数；

y_i'——各螺栓到螺栓群中心 O 点[图 3-39（a）]的距离，计算 $\sum y_i'^2$ 时应将所有螺栓都计算在内。

当 M 较小时，由式（3-36）算得的 $N_{1min} \geqslant 0$，说明所有螺栓均受拉，构件 B 绕螺栓群中心 O 点转动[图 3-39（b）]，顶排螺栓受力最大，由式（3-35）算得的 N_{1max} 应满足强度条件

$$N_{1max} = \frac{N}{n} + \frac{My_1'}{\sum y_i'^2} \leqslant N_t^b \tag{3-37}$$

当 M 较大时，由式（3-36）算得的 $N_{1min} < 0$，说明连接下部受压，这时构件 B 绕底排螺栓（受压的边排螺栓）转动[图 3-39（c）]，应对底排螺栓取矩，顶排螺栓受力为

$$N_{1max} = \frac{(M+Ne)\,y_1'}{\sum y_i'^2} \leqslant N_t^b \tag{3-38}$$

式中，e——轴心拉力到螺栓转动中心（底排螺栓）的距离；

y_i'——各螺栓到底排螺栓的距离，计算 $\sum y_i'^2$ 时应将所有螺栓都计算在内。

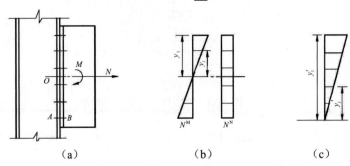

（a）　　　　　　　（b）　　　　　　　（c）

图 3-39　轴心力、弯矩作用的受拉螺栓群

3.6.6 拉剪螺栓群的计算

图 3-40 表示在轴心力 N、剪力 V、弯矩 M 共同作用下的螺栓群受力。当设支托[图 3-40（a）]时，剪力 V 由支托承受，螺栓只承受弯矩和轴力引起的拉力，按照式（3-38）计算。当不设支托时[图 3-40（b）]，螺栓不仅受拉力，还承受由 V 引起的剪力 N_v。

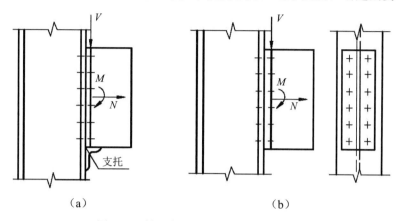

图 3-40 轴心力、剪力弯矩作用的拉剪螺栓群

螺栓在拉力和剪力作用下按照式（3-39）进行验算。

$$\sqrt{\left(\frac{N_v}{N_v^b}\right)^2+\left(\frac{N_t}{N_t^b}\right)^2}\leqslant 1 \tag{3-39}$$

$$N_v=\frac{V}{n}\leqslant N_c^b \tag{3-40}$$

式中，N_v，N_t——单个螺栓所承受的剪力和拉力；

N_v^b，N_c^b，N_t^b——单个螺栓的抗剪、承压和抗拉承载力设计值。

【例题 3-5】 图 3-41 所示梁用普通 C 级螺栓与翼缘连接，连接承受设计值剪力 $V=260\ \text{kN}$，弯矩 $M=45\ \text{kN·m}$，梁端竖板下设支托。钢材为 Q235AF，螺栓为 M20，有效截面 $A_e=244.8\ \text{mm}^2$，焊条为 E43 系列型，手工焊，设计此连接。

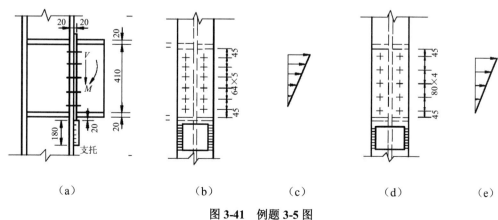

图 3-41 例题 3-5 图

【解】 由表 3-4 查得螺栓的强度设计值 $f_t^b = 170 \text{ N/mm}^2$, $f_v^b = 140 \text{ N/mm}^2$, $f_c^b = 305 \text{ N/mm}^2$。由表 3-1 查得角焊缝的强度设计值 $f_f^w = 160 \text{ N/mm}^2$。

假定结构为可拆卸的，且支托只在安装时起作用，则螺栓同时承受拉力和剪力。设螺栓群绕最下一排螺栓旋转，螺栓排列及弯矩作用下螺栓受力分布如图 3-41（b）、（c）所示。剪力由 12 个螺栓平均分担。

一个螺栓的承载力设计值：

抗剪：$N_v^b = n_v \dfrac{\pi d^2}{4} f_v^b = 1 \times \dfrac{\pi \times 20^2}{4} \times 140 \times 10^{-3} = 43.98 \text{ kN}$

承压：$N_c^b = d \sum t f_c^b = 20 \times 20 \times 305 \times 10^{-3} = 122 \text{ kN}$

抗拉：$N_t^b = A_e f_t^b = 244.8 \times 170 \times 10^{-3} = 41.62 \text{ kN}$

作用于一个螺栓的最大拉力为

$$N_t = N_1^M = \frac{My_1'}{\sum y_i'^2} = \frac{45 \times 10^3 \times (64 \times 5)}{2 \times \left[64^2 + (64 \times 2)^2 + (64 \times 3)^2 + (64 \times 4)^2 + (64 \times 5)^2 \right]}$$

$$= 31.96 \text{ kN} < N_t^b = 41.62 \text{ kN}$$

作用于一个螺栓的剪力

$$N_v = \frac{V}{n} = \frac{260}{12} = 21.67 \text{ kN} < N_c^b = 122 \text{ kN}$$

螺栓在拉力和剪力共同作用下

$$\sqrt{\left(\frac{N_v}{N_v^b} \right)^2 + \left(\frac{N_t}{N_t^b} \right)^2} = \sqrt{\left(\frac{21.67}{43.98} \right)^2 + \left(\frac{31.96}{41.62} \right)^2} = 0.91 < 1$$

因此，螺栓连接满足强度要求。

假定结构为永久性的，剪力 V 由支托承受，螺栓只承受弯矩 M，故螺栓数可减少一些，采用 10 个螺栓，其排列及螺栓受力分布如图 3-41（d）、（e）所示。则

$$N_t = N_1^M = \frac{My_1'}{\sum y_i'^2} = \frac{45 \times 10^3 \times (64 \times 5)}{2 \times \left[80^2 + (80 \times 2)^2 + (80 \times 3)^2 + (80 \times 4)^2 \right]} = 37.5 \text{ kN} < N_t^b = 41.62 \text{ kN}$$

支托和柱翼缘采用侧面角焊缝连接，焊脚尺寸 $h_f = 10 \text{ mm}$，考虑剪力 V 对焊缝的偏心影响引入偏心影响系数 $\alpha = 1.35$。则

$$\tau_f = \frac{\alpha V}{h_e \sum l_w} = \frac{1.35 \times 260 \times 10^3}{0.7 \times 10 \times 2 \times (180 - 10)} = 147.48 \text{ N/mm}^2 < f_f^w = 160 \text{ N/mm}^2$$

3.7 高强度螺栓连接的构造和计算

3.7.1 高强度螺栓的工作性能

所谓高强度螺栓是指 8.8 级以上的螺栓，一般为 8.8 级、9.8 级、10.9 级和 12.9 级。高强度螺栓参数见表 3-5。不论何种材料，经处理后达到强度要求即可。

表 3-5　高强度螺栓参数

等　级	抗拉强度 f_u /（N/mm²）	屈服点 f_y /（N/mm²）	规　格
8.8 级	≥800	≥640	
9.8 级	≥900	≥720	M16~M39
10.9 级	≥1000	≥900	
12.9 级	≥1200	≥1080	

高强度螺栓连接和普通螺栓连接的主要区别：普通螺栓拧紧螺母时，螺栓产生的预拉力很小，接触面间产生的摩擦力可以忽略不计。普通螺栓抗剪连接是依靠孔壁承压和螺杆抗剪来传力的。高强度螺栓除了其材料强度高之外，施工时还给螺杆施加很大的预拉力，使被连接构件的接触面之间产生挤压力。因此，板面之间垂直于螺杆方向受剪时会有很大的摩擦力，依靠接触面间的摩擦力来阻止其相对滑移，以达到传递外力的目的。

高强度螺栓连接分为摩擦型和承压型两种，在外力作用下，螺栓承受剪力或拉力。摩擦型高强度螺栓连接以滑移作为承载能力的极限状态，而承压型连接的极限状态和普通螺栓连接相同。高强度螺栓摩擦型连接利用摩擦传力，具有连接紧密、受力良好、耐疲劳、可拆换、安装简单和动力载荷作用下不易松动等优点。高强度螺栓承压型连接，起初由摩擦传力，后期靠螺杆抗剪和承压传力，其承载能力比摩擦型高，可以节约钢材，具有连接紧密、可拆换、安装简单等优点。但这种连接的剪切变形较大，不能用于直接承受动力载荷的结构。工程机械钢结构中，主要应用高强度螺栓摩擦型连接。

高强度螺栓孔采用钻成孔，高强度螺栓摩擦型连接的孔径比螺栓公称直径 d 大 1.5~2.0mm，高强度螺栓承压型连接的孔径比螺栓公称直径 d 大 1.0~1.5mm。

由于高强度螺栓连接依靠构件之间很高的摩擦力来传递内力，故必须用特殊工具将螺母旋得很紧，使被连接的构件之间产生预压力（螺栓杆产生预拉力）。高强度螺栓的预拉力不应使螺栓内的应力值超过 $0.7f_y$，预拉力是通过拧紧螺母实现的，一般采用扭矩法和扭剪法。扭矩法是采用可直接显示扭矩的特制扳手，根据事先测定的扭矩和螺栓拉力之间的关系施加扭矩，使之达到预定预拉力。扭剪法是采用扭剪型高强度螺栓，螺栓端部设有梅花头，拧紧螺母时，靠拧断螺栓梅花头切口处截面来控制预拉力值。同时，为了提高构件接触面的抗滑移系数，常需对连接范围内的构件表面进行粗糙处理，如喷砂、喷砂后生赤锈等。

高强度螺栓连接虽然在材料、制作和安装等方面均有一些特殊要求，但由于强度高、工作可靠、不易松动，故得到广泛应用。工程机械钢结构中，高强度螺栓摩擦型连接可用来替代铆钉连接，用于承受动力载荷的场合。

高强度螺栓承压型连接的承载能力高于摩擦型连接，但变形大，不适用于直接承受动力载荷的结构中，因此工程机械钢结构中基本不采用。本书只介绍高强度螺栓摩擦型连接的工作性能和连接计算。

（1）高强度螺栓摩擦型连接的抗剪工作性能

摩擦型连接中高强度螺栓的剪切承载力的大小与预拉力和抗剪滑移系数有关。

单个高强度螺栓的抗剪承载力设计值为

$$N_v^b = 0.9 n_f \mu P \tag{3-41}$$

式中，n_f ——传力摩擦面数目；

μ ——摩擦面的抗滑移系数，一般按照表 3-6 采用，对于起重机类可按照表 3-7 采用；

P ——高强度螺栓的预拉力，按照表 3-8 采用，对于起重机类可采用表 3-9 中的 P_g；

0.9——抗力分项系数 1.111 的倒数。

表 3-6　摩擦面的抗滑移系数 μ 值

在连接处构件接触面的处理方法	构件钢号		
	Q235	Q345、Q390	Q420
喷砂	0.45	0.50	0.50
喷砂（酸洗）后涂无机富锌漆	0.35	0.40	0.40
喷砂后生赤锈	0.45	0.50	0.50
钢丝刷清除浮锈或未经处理的干净轧制表面	0.30	0.35	0.40

表 3-7　起重机类抗滑移系数 μ 值

在连接处接合面的处理方法	构件钢号	
	Q235	Q345 及以上
喷砂	0.45	0.55
喷砂后生赤锈	0.45	0.55
喷砂（酸洗）后涂无机富锌漆	0.35	0.40
钢丝刷清浮锈或未处理的干净轧制表面	0.30	0.35

表 3-8　高强度螺栓的设计预拉力 P 值

螺栓的强度等级	不同公称直径（mm）螺栓的设计预拉力 P/kN					
	M16	M20	M22	M24	M27	M30
8.8 级	80	125	150	175	230	280
10.9 级	100	155	190	225	290	355

表 3-9　起重机类单个高强度螺栓的预拉力 P_g [a]

螺栓等级	抗拉强度 σ_b / (N/mm²)	屈服点 σ_{sl} / (N/mm²)	螺栓有效截面积 A_t /mm²									
			157	192	245	303	353	459	561	694	817	976
			螺栓公称直径 d/mm									
			M16	M18	M20	M22	M24	M27	M30	M33	M36	M39
			单个高强度螺栓的预拉力 P_g/kN									
8.8	≥800	≥640	70	86	110	135	158	205	250	310	366	437
10.9	≥1000	≥900	99	120	155	190	223	290	354	437	515	615
12.9	≥1200	≥1080	119	145	185	229	267	347	424	525	618	738

a 表中预拉力值按照 $0.7\sigma_{sl} \cdot A_t$ 计算，其中 σ_{sl} 取各档中的最小值。

（2）高强度螺栓摩擦型连接的抗拉工作性能

摩擦型连接中高强度螺栓的抗拉承载力的大小与预拉力有关。

单个高强度螺栓的抗拉承载力设计值为

$$N_t^b = 0.8P \tag{3-42}$$

3.7.2　高强度螺栓摩擦型连接的计算

（1）摩擦型连接的抗剪计算

① 轴心力 N 作用下的计算（图 3-42）。

轴力 N 通过螺栓群形心，每个高强度螺栓的受力为

$$N_v = \frac{N}{n} \tag{3-43}$$

强度验算公式为

$$N_v \leqslant N_v^b \tag{3-44}$$

式中，N_v^b——单个高强度螺栓的抗剪承载力，按照式（3-41）计算。

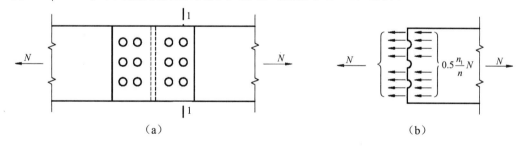

（a）　　　　　　　　　　　　　　　　　　（b）

图 3-42　摩擦型高强度螺栓孔前传力

高强度螺栓摩擦型连接中的构件净截面强度计算与普通螺栓连接不同，被连接钢板最危险截面在第一排螺栓孔 1-1 截面处（图 3-42）。但在这个截面上，连接所传递的力 N 已有一部分由于摩擦力作用在孔前传递，所以净截面上的拉力 $N' < N$。根据试验结果，孔前传力系数可取 0.5，即第一排高强度螺栓所分担的内力，已有 50% 在孔前摩擦面中传递。

设连接一侧的螺栓数为 n，所计算截面（最外列螺栓处）上的螺栓数为 n_1，则构件净

截面所受力为

$$N' = N - 0.5 \frac{N}{n} \times n_1 = N \left(1 - 0.5 \frac{n_1}{n}\right) \tag{3-45}$$

净截面强度验算公式为

$$\sigma = \frac{N'}{A_n} \leqslant f \tag{3-46}$$

此时，毛截面也需要验算，强度验算公式为

$$\sigma = \frac{N}{A} \leqslant f \tag{3-47}$$

通过以上分析可以看出，在高强度螺栓连接中，开孔对构件截面的影响较普通螺栓连接小，这也是节约钢材的一个途径。

② 在扭矩单独作用下，或者在扭矩、剪力和轴力共同作用下，高强度螺栓所受剪力的计算方法与普通螺栓相同，单个螺栓所受剪力不应超过高强度螺栓的抗剪承载力设计值 N_v^b。

（2）摩擦型连接的抗拉计算

在轴力或弯矩单独作用下，或者轴力和弯矩共同作用下，高强度螺栓摩擦型连接所受拉力的计算方法与普通螺栓相同，单个螺栓所受拉力不应超过高强度螺栓的抗拉承载力设计值 N_t^b。

（3）同时承受剪力和拉力的摩擦型连接计算

同时承受剪力和拉力的高强度螺栓摩擦型连接，按照式（3-48）进行验算。

$$\frac{N_v}{N_v^b} + \frac{N_t}{N_t^b} \leqslant 1 \tag{3-48}$$

式中，N_v，N_t——单个高强度螺栓所承受的剪力和拉力；

N_v^b，N_t^b——单个高强度螺栓的抗剪、抗拉承载力设计值。

【例题 3-6】 图 3-43 所示为摩擦型高强螺栓连接，被连接板厚 20 mm，单块拼接盖板厚 12 mm，钢材 Q235B，$f = 205 \text{ N/mm}^2$，采用 10.9 级的 M20 高强度螺栓，预拉力 $P = 155 \text{ kN}$，栓孔直径 21.5 mm，连接处构件接触面喷砂后涂无机富锌漆处理，摩擦面的抗滑移系数 $\mu = 0.35$，计算该连接所能承受的最大轴心力。

【解】 连接所能承受的最大轴心力取决于高强度螺栓连接的强度和板件的强度。由于所用螺栓为高强度螺栓，板件的强度需要同时考虑板件的净截面和毛截面强度。

因此，需要分别求出三者所能承受的轴心力，取其中的最小值，即为连接能承受的最大轴心力。

确定高强度螺栓所能承受的轴心力 N_1。

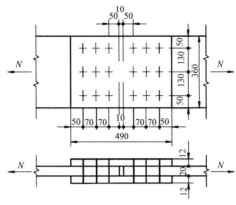

图 3-43　例题 3-6 图

单个螺栓的抗剪承载力设计值为

$$N_v^b = 0.9 n_f \mu P = 0.9 \times 2 \times 0.35 \times 155 = 97.65 \text{ kN}$$

连接一侧的 9 个螺栓所能承担的载荷为

$$N_1 = 9 N_v^b = 9 \times 97.65 = 878.85 \text{ kN}$$

确定板件净截面所能承受的轴心力 N_2，第一排（最外侧）螺栓处为危险截面。

$$A_n = tb - n_1 t d_0 = 20 \times 360 - 3 \times 20 \times 21.5 = 5910 \text{ mm}^2$$

根据 $\sigma = \dfrac{N'}{A_n} \leqslant f$，$N' = N_2 \left(1 - 0.5 \dfrac{n_1}{n}\right)$，可导出

$$N_2 \leqslant \frac{A_n f}{1 - 0.5 \dfrac{n_1}{n}} = \frac{5910 \times 205}{1 - 0.5 \times \dfrac{3}{9}} = 1453860 \text{ N} = 1453.86 \text{ kN}$$

确定板件毛截面所能承受的轴心力 N_3。

由 $\sigma = \dfrac{N_3}{A} \leqslant f$ 可得

$$N_3 \leqslant Af = btf = 360 \times 20 \times 205 = 1476000 \text{ N} = 1476 \text{ kN}$$

综上，该连接所能承受的最大轴力为

$$N_{\max} = \min\{N_1, N_2, N_3\} = N_1 = 878.85 \text{ kN}$$

【例题 3-7】　牛腿与柱的连接，如图 3-44 所示。采用 10.9 级的 M20 高强度螺栓，构件接触面用喷砂处理，结构材料为 Q345 钢，外力（设计值）$V = 240 \text{ kN}$，支托起安装作用，采用摩擦型连接，试验算强度。

【解】　查表 3-6 得摩擦面的抗滑移系数 $\mu = 0.5$，查表 3-8 得高强度螺栓的设计预拉力 $P = 155 \text{ kN}$。螺栓布置如图 3-44（b）所示。

单个高强度螺栓抗剪、抗拉承载力设计值为

$$N_v^b = 0.9 n_f \mu P = 0.9 \times 1 \times 0.5 \times 155 = 69.75 \text{ kN}$$

$$N_t^b = 0.8 P = 0.8 \times 155 = 124 \text{ kN}$$

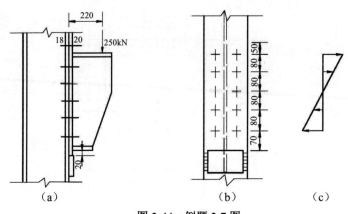

图 3-44　例题 3-7 图

连接中受力最大螺栓承受的剪力及拉力为

$$N_v = \frac{V}{n} = \frac{240}{10} = 24 \text{ kN}$$

$$N_t = N_1^M = \frac{My_1'}{\sum y_i'^2} = \frac{240 \times 220 \times 160}{2 \times (2 \times 80^2 + 2 \times 160^2)} = 66 \text{ kN}$$

受力最大螺栓的承载力为

$$\frac{N_v}{N_v^b} + \frac{N_t}{N_t^b} = \frac{24}{69.75} + \frac{66}{124} = 0.88 < 1$$

满足强度要求。

习　题

3-1　简述连接在金属结构中的作用，工程机械钢结构中常用的连接方法有哪些，各有何特点。

3-2　焊接接头和焊缝各有哪些基本形式？

3-3　为了提高焊接接头的抗疲劳能力，在构造和工艺上应采取哪些措施？

3-4　阐述摩擦型高强度螺栓连接的机理、特点和应用范围。

3-5　布置螺栓时，为什么要规定最大和最小间距限值？

3-6　如图 3-45 所示焊接连接采用三面围焊，焊脚尺寸 h_f 为 6mm，钢材为 Q235A，试计算此连接能承受的最大静拉力 N。

3-7　试设计高强度摩擦型螺栓连接的钢板拼接连接。采用双盖板，钢板截面为 340×20，钢材为 Q345，螺栓为 M22，8.8 级。接触面采用喷砂处理，承受轴心拉力设计值 N =1600kN。

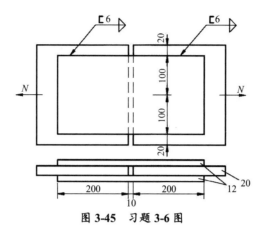

图 3-45　习题 3-6 图

第二篇 工程机械钢结构基本构件设计

第4章 轴心受力构件

学习要求

① 了解轴心受力构件的应用和截面形式，掌握轴心受力构件强度和刚度的计算；

② 理解稳定的物理意义，掌握轴心受压构件整体稳定计算方法，会计算分析实腹式、格构式构件的整体稳定；

③ 掌握实腹式构件局部稳定、格构式构件单肢稳定的计算方法，会计算分析实腹式结构、格构式结构的局部稳定问题；

④ 掌握实腹式和格构式构件的构造设计。

重点：轴心受压构件的整体稳定和局部稳定设计与计算，实腹式和格构式构件的计算异同点与构造设计。

难点：整体稳定和局部稳定的协调设计，不满足稳定要求时的有效措施。

轴心受力构件是钢结构的基本构件之一，轴心受力构件的工作特点和计算原理适用广泛。本章是稳定问题（包括整体稳定和局部稳定）的首次引入，稳定问题的计算与分析是钢结构的重要应用知识点，对受弯构件和拉压弯构件稳定问题的掌握与应用影响较大。

4.1 轴心受力构件的类型和截面形式

4.1.1 轴心受力构件的类型

轴心受力构件是指仅承受通过构件截面形心的轴向载荷的构件，而偏心受力构件承受偏心载荷作用，将在第 6 章介绍。

按照轴心载荷为拉力或压力，轴心受力构件可分为轴心受拉构件和轴心受压构件。轴心受压构件作为一个独立的结构件，常称为柱。柱通常由单根型钢或组合截面制成，两端通过焊接或栓接的方法与其他结构相连接。柱体一般由柱头、柱身和柱脚三部分组成。柱头支承上部结构，载荷从柱头经柱身传至柱脚，最终传给基础。

按照截面组成是否连续，轴心受力构件可分为实腹式和格构式两大类（图 4-1）。实腹式结构[图 4-1（a）]有开口的（如工字形）和封闭的（如箱形）两种形式，制作简单，与其他构件连接也较方便；格构式结构又分为缀板式[图 4-1（b）]和缀条式[图 4-1（c）]两种形式，结构的抗扭刚度大，且容易实现压杆主轴方向的等稳定性，用料经济。

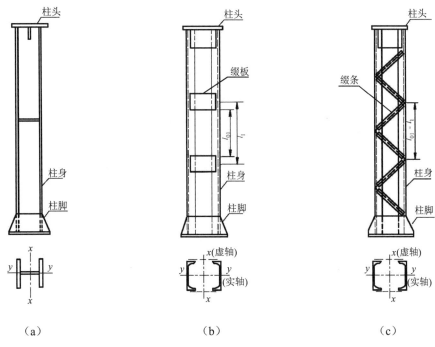

图 4-1　柱的形式和组成

按照截面变化情况，轴心受力构件可分为等截面构件和变截面构件。

4.1.2　轴心受力构件的截面形式

轴心受力构件常见的截面形式有以下三种。

（1）热轧型钢截面

如图 4-2（a）中的工字钢、H 型钢、槽钢、角钢、T 型钢、圆钢、圆管、方管等。

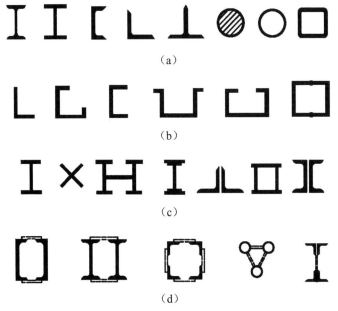

图 4-2　轴心受力构件的截面形式

（2）冷弯薄壁型钢截面

如图4-2（b）中的冷弯角钢、槽钢和冷弯方管等。

（3）组合截面

组合截面可以是用型钢和钢板或钢板和钢板连接而成的实腹式组合截面，如图4-2（c）所示，也可以是如图4-2（d）所示的格构式组合截面等。

一般而言，对于长度和受力不大的构件，可选用热轧型钢截面。对于受力较大的轴心受压构件，可选用实腹式组合截面。而对于受力不大，但长度较大的轴心受压构件，可选用格构式组合截面。冷弯薄壁型钢截面在工程机械钢结构中应用较少。

4.2　轴心受力构件的强度和刚度

轴心受力构件工作时仅承受轴心力，而无弯矩作用。按照极限状态设计法中的承载能力和正常使用两类极限状态，轴心受拉构件的设计计算应满足强度、刚度要求；轴心受压构件的设计计算除满足强度、刚度要求外，还应满足稳定性要求，即整体稳定和局部稳定要求。另外，在连续反复载荷作用下，还需要计算疲劳强度。

4.2.1　强度计算

轴心受力构件的强度以净截面的平均应力不超过钢材的屈服强度为准则，计算公式为

$$\sigma = \frac{N}{A_{\mathrm{n}}} \leqslant f \tag{4-1}$$

式中，N——轴心力设计值；

　　　A_{n}——构件净截面面积；

　　　f——钢材的抗拉、抗压强度设计值。

当轴心受力构件采用普通螺栓（或锚栓）连接时，应按其螺栓的排列验算各危险截面的净截面强度。对于高强度螺栓摩擦型连接的轴心受力构件，应验算其净截面强度和毛截面强度，但净截面强度计算时要考虑孔前传力的影响（参见第3章有关内容）。

4.2.2　刚度计算

轴心受拉构件如果细而长，在自重作用下会产生较大的挠度，运输和安装中会因刚度较差而弯扭变形，在动力载荷作用下也易产生较大幅度的振动。对于轴心受压构件，还将因为刚度不足产生过大的初弯曲和初扭转，对整体稳定性产生不利影响。

为此，必须控制构件的长细比 λ 不超过规定的许用长细比 $[\lambda]$。

轴心受力构件的刚度计算公式为

$$\lambda = \frac{l_0}{i} \leqslant [\lambda] \tag{4-2}$$

式中，λ——构件的最大长细比；

　　　l_0——构件的计算长度；

i——截面的回转半径；

$[\lambda]$——构件的许用长细比，见表 4-1、表 4-2 和表 4-3。

其中，关于构件许用长细比的使用，一般结构推荐使用表 4-1、表 4-2 中的值，起重机类推荐使用表 4-3 中的值。

表 4-1　受拉构件许用长细比（GB 50017—2003）

构件名称	承受静力载荷或间接承受动力载荷的结构		直接承受动力载荷的结构
	一般建筑结构	有重级工作制吊车的厂房	
桁架的杆件	350	250	150
吊车梁或吊车桁架以下的柱间支承	300	200	180
其他拉杆、支承、系杆等（张紧的圆钢除外）	400	350	200

表 4-2　受压构件许用长细比（GB 50017—2003）

构件名称	许用长细比
柱、桁架和天窗架中的杆件	150
柱的缀条、吊车梁或吊车桁架以下的柱间支承	
支承（吊车梁或吊车桁架以下的柱间支承除外）	200
用以减小受压构件长细比的杆件	

表 4-3　结构构件的许用长细比（GB/T 3811—2008）

构件名称		受拉结构件	受压结构件
主要承载结构件	对桁架的弦杆	180	150
	对整个结构	200	180
次要承载结构件（如主桁架的其他杆件、辅助桁架的弦杆等）		250	200
其他构件		350	300

【例题 4-1】试验算某桁架结构中一拉杆（图 4-3），承受静力载荷 $N = 120$ kN，计算长度 3.5 m，采用单角钢截面∟70×6，杆端有一排直径为 20 mm 的螺栓孔。钢材为 Q235 钢。

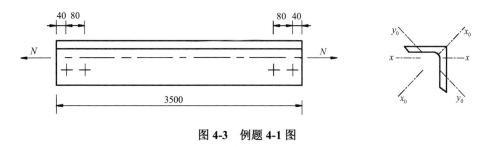

图 4-3　例题 4-1 图

【解】　根据附录二常用型钢表查得∟70×6 角钢：$A = 8.16$ cm^2，$i_x = 2.15$ cm，$i_{x0} = 2.71$ cm，$i_{y0} = 1.38$ cm；Q235 钢设计强度 $f = 215$ N/mm^2；支承拉杆许用长细比

$[\lambda] = 350$。

螺栓孔处净截面面积为：$A_n = 816 - 20 \times 6 = 696 \ \text{mm}^2$

取单面连接角钢的折减系数为 0.85。

拉杆强度：$\sigma = \dfrac{N}{0.85 \times A_n} = \dfrac{120 \times 10^3}{0.85 \times 696} = 202.84 \ \text{N/mm}^2 < f = 215 \ \text{N/mm}^2$，满足要求。

拉杆刚度：$\lambda = \dfrac{l_0}{i_{y0}} = \dfrac{350}{1.38} = 253.6 < [\lambda] = 350$，满足要求。

4.3 轴心受压构件的稳定计算

与强度破坏不同，失稳时构件形状会发生突然改变，导致结构丧失承载能力。因此，稳定问题是钢结构中的一个非常重要的问题。

4.3.1 轴心受压构件的失稳形式

轴心受压构件的截面形状和尺寸有多种，构件的整体稳定性能与很多因素有关。构件丧失整体稳定的形式主要有三种：弯曲屈曲[图 4-4（a）]、扭转屈曲[图 4-4（b）]和弯扭屈曲[图 4-4（c）]。

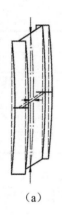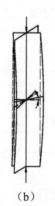

（a）　　　　　　　　（b）　　　　　　　　（c）

图 4-4　轴心受压构件的屈曲形式

① 弯曲屈曲失稳。只发生弯曲变形，截面只绕一个主轴旋转，杆纵轴由直线变为曲线，是双轴对称截面常见的失稳形式，如工字钢、方钢等。

② 扭转屈曲失稳。失稳时除杆件的支承端外，各截面均绕纵轴扭转，是某些双轴轴对称截面可能发生的失稳形式，如十字形截面等。

③ 弯扭屈曲失稳。单轴对称截面绕对称轴屈曲时，杆件发生弯曲变形的同时必然伴随着扭转，如槽钢、T 型钢等。需要注意的是当截面无对称轴时，因轴心压力所通过的截面形心与截面的扭转中心不重合，其轴心受压构件均为弯扭屈曲。

工程机械钢结构中，经常采用的截面为单轴对称截面和双轴对称截面，在结构的整体稳定中应根据具体的截面形式判断其屈曲方式。

4.3.2 理想轴心受压构件

理想轴心受压构件是指截面为等截面、截面形心纵轴是直线、压力的作用线与形心纵轴重合、材料完全均匀等的构件。

图4-5为两端铰接的理想轴心受压构件的计算简图，在压力 N 的作用下，可以建立构件在微小弯曲状态下的平衡微分方程。

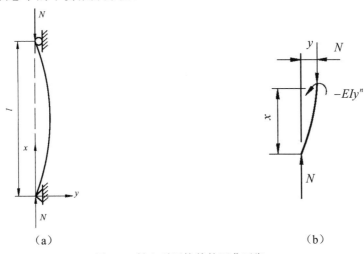

（a）　　　　　　　　　　　　　（b）

图 4-5　轴心受压构件的屈曲平衡

$$EI\frac{\mathrm{d}^2 y}{\mathrm{d}x^2} + Ny = 0 \tag{4-3}$$

解此方程，可得到临界载荷，称为欧拉临界载荷 N_E，为

$$N_\mathrm{E} = \frac{\pi^2 EI}{l_0^{\,2}} \tag{4-4}$$

式中，E ——材料的弹性模量；

$\quad I$ ——压杆的毛截面的惯性矩；

$\quad l_0$ ——压杆计算长度，当两端铰支时为实际长度。

则可得轴心受压构件的欧拉临界应力

$$\sigma_\mathrm{E} = \frac{N_\mathrm{E}}{A} = \frac{\pi^2 E}{\left(l_0 / i\right)^2} = \frac{\pi^2 E}{\lambda^2} \tag{4-5}$$

式中，λ ——轴心受压构件的长细比；

$\quad A$ ——构件毛截面面积；

$\quad i$ ——构件截面的回转半径，$i = \sqrt{I / A}$。

当轴心压力 N 小于 N_E 时，构件处于稳定的直线平衡状态，构件只发生均匀的压缩变形。此时，当构件受到某种因素的干扰，如横向干扰力、载荷偏心等，构件发生弹性弯曲变形。当干扰消除后，构件恢复到直线平衡状态。

当轴心压力 N 继续增大到 N_E 时，构件的平衡状态曲线呈分支现象，既可能在直线状态下平衡，也可能在微曲状态下平衡，此类具有平衡分支的稳定问题称为第一类稳定问题。

当轴心压力 N 再稍微增加，构件的弯曲变形将急剧增加，最终导致构件丧失稳定，或称压杆屈曲。

欧拉临界应力表达式是在压杆为弹性、服从胡克定律条件下导出的。也就是说，按照式（4-5）计算出的欧拉临界应力 σ_E 应该不超过材料的比例极限 f_p。但是，对于粗且短的压杆而言，轴心压力达到临界载荷之前，轴向应力将超过弹性极限（与比例极限很接近，一般取比例极限），而处于非弹性阶段。这时，弹性模量 E 不再是常数，而是应力的函数，称为切线模量 E_t。切线模量表示在钢材的应力-应变曲线上的临界应力处的斜率（图4-6）。

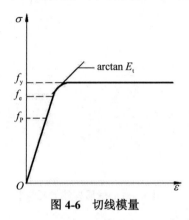

图 4-6　切线模量

两端铰支的轴心压杆非弹性阶段的屈曲临界力，即切线模量临界力为

$$N_t = \frac{\pi^2 E_t I}{l_0^2} \tag{4-6}$$

非弹性阶段的切线模量临界应力为

$$\sigma_t = \frac{N_t}{A} = \frac{\pi^2 E_t}{\lambda^2} \tag{4-7}$$

式（4-5）中，若取 $\sigma_E = f_p$，则有 $\lambda_p = \sqrt{\pi^2 E / f_p}$，$\lambda_p$ 就是对应比例极限的长细比。Q235 和 Q345 的比例极限不同，λ_p 也就不同。对于 Q235，$f_p = 0.8 f_y = 188 \text{ N/mm}^2$，得 $\lambda_p = 104$；对于 Q345，$f_p = 0.8 f_y = 276 \text{ N/mm}^2$，得 $\lambda_p = 85.8$。

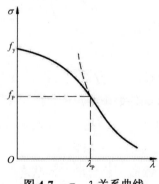

图 4-7　$\sigma - \lambda$ 关系曲线

图 4-7 所示为 $\sigma - \lambda$ 关系曲线。由图可知，当 $\lambda \geqslant \lambda_\mathrm{p}$ 时，压杆处于弹性阶段，用式（4-5）计算临界应力；当 $\lambda < \lambda_\mathrm{p}$ 时，压杆处于弹塑性阶段，用式（4-7）计算临界应力。显然，λ_p 是轴心压杆弹性阶段和弹塑性阶段的分界点。图中的虚曲线为欧拉临界应力的延长线，与实际不一致，不采用。

4.3.3 实际轴心受压构件

在工程机械钢结构中，理想构件是不存在的，构件总是存在一些初始缺陷，如初变形（初弯曲等）、初偏心等。这些因素都使轴心压杆在载荷一开始作用时就发生弯曲，不存在由直线平衡到曲线平衡的分支点。

实际轴心压杆的工作情况与小偏心压杆类似，其临界力比理想轴心压杆低（图 4-8），轴心压力不断增加时，压杆的变形也不断增加，直至破坏。由图 4-8 可见，载荷与挠度的关系曲线由稳定平衡的上升段和不稳定平衡的下降段组成。在上升段 OA，增加载荷才能使挠度增加，内外力处于平衡状态；而在下降段 AB，由于截面上塑性的发展，挠度不断增加，为了保持内外力的平衡，必须减小载荷。因此，上升段是稳定的，下降段是不稳定的，分界点 A 就是压杆的临界点，对应的载荷就是压杆稳定的极限承载力。

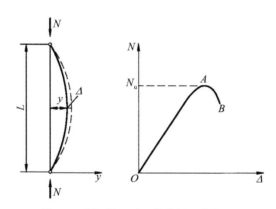

图 4-8 实际轴心受压构件的工作情况

构件焊接后的残余应力（焊接应力）是构件在未受力之前就已经存在，并在构件截面中达到自相平衡的初始应力。产生残余应力的主要原因是，钢材热轧、火焰切割、焊接、校正等加工制造过程中不均匀的高温加热和冷却，使材料的膨胀和收缩受到约束而不能充分发展。焊接残余应力对构件的强度承载力没有影响，但对稳定承载力有影响。残余应力的压应力使部分截面提前发展塑性，使轴心压杆达到临界状态。一般按照有效截面的惯性矩近似计算轴心压杆的临界力和临界应力，即用弹性区截面的惯性矩 I_e 代替全截面惯性矩 I，其临界应力为

$$N_\mathrm{e} = \frac{\pi^2 E I_\mathrm{e}}{l_0^2} = \frac{I_\mathrm{e}}{I} N_\mathrm{E} \tag{4-8}$$

相应的临界应力为

$$\sigma_e = \frac{N_e}{A} = \frac{I_e}{I} \frac{\pi^2 E}{\lambda^2} = \frac{I_e}{I} \sigma_E \quad (4\text{-}9)$$

4.3.4 实腹式轴心压杆稳定性计算

4.3.4.1 实腹式轴心压杆整体稳定性计算

（1）整体稳定计算公式

影响轴心压杆稳定极限承载力的主要因素有很多，如截面形状和尺寸、材料力学性能、残余应力的分布和大小、构件的初弯曲和初偏心、支承处的约束情况、构件的失稳方向等。

实腹式轴心压杆所受应力不应大于整体稳定的临界应力，考虑抗力分项系数 γ_R 后，有

$$\sigma = \frac{N}{A} \leqslant \frac{\sigma_{cr}}{\gamma_R} = \frac{\sigma_{cr}}{f_y} \cdot \frac{f_y}{\gamma_R} = \varphi \cdot f \quad (4\text{-}10)$$

式中，σ_{cr} ——轴心受压构件整体稳定的临界应力；

f_y ——钢材的屈服强度。

钢结构设计规范对轴心受压构件采用式（4-11）计算整体稳定：

$$\frac{N}{\varphi A} \leqslant f \quad (4\text{-}11)$$

式中，N ——轴心受压构件的压力设计值；

A ——构件的毛截面面积；

φ ——轴心受压构件的稳定系数，$\varphi = \sigma_{cr}/f_y$，见附录三；

f ——钢材的抗压强度设计值。

（2）整体稳定系数 φ

轴心受压构件截面类型很多，构件长细比相同时，其承载能力往往有较大差别。因此，整体稳定系数 φ 的确定是轴心压杆整体稳定性计算准确性的关键因素之一。稳定系数 φ 是通过大量试件进行试验，按照柱的最大强度理论，用数值的方法算出大量的 $\varphi-\lambda$ 曲线（柱子曲线）归纳确定的。钢结构设计规范中把诸多柱子曲线划分为四类，即 a，b，c，d 四种截面类型，见表 4-4。

确定稳定系数 φ 时，首先根据表 4-4 确定轴心压杆的截面类型，然后按照最大长细比查附录三附表 3-1~附表 3-4 求得。由附录三可知，稳定系数 φ 取决于三个因素：长细比 λ、截面类型和材料的屈服强度 f_y。显然，φ 与 λ 成反比，λ 越大，φ 越小，整体稳定性越差；φ 与 f_y 成反比，f_y 越大，φ 越小；四种截面类型 a，b，c，d 中，截面类型 a 求得的 φ 最大，截面类型 d 求得的 φ 最小，说明应尽量少选用 d 类截面。

表 4-4 轴心受压构件的截面类型

截面分类		对x轴	对y轴
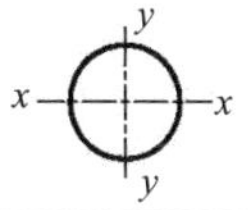 轧制	板厚 $t < 40$ mm	a 类	a 类
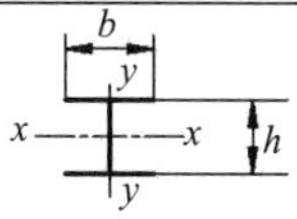 轧制 $b/h \leqslant 0.8$		a 类	b 类
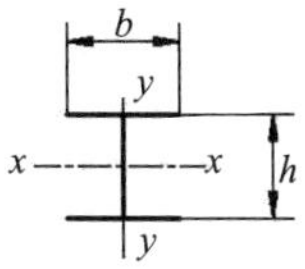 轧制 $b/h > 0.8$ 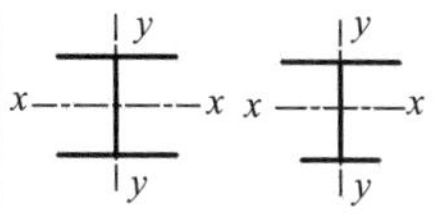 焊接 翼缘为焰切边 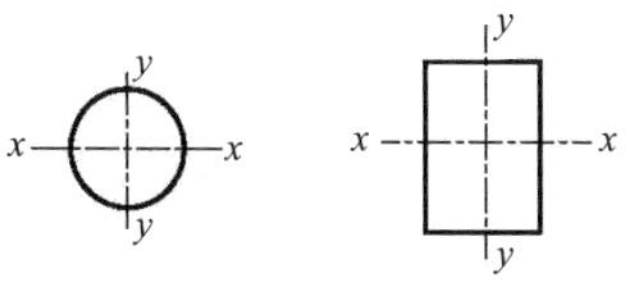 焊接 轧制、焊接（板件宽厚比>20）		b 类	b 类
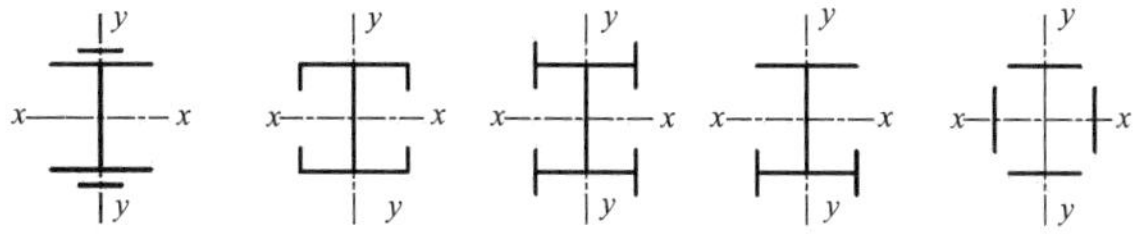 焊接			
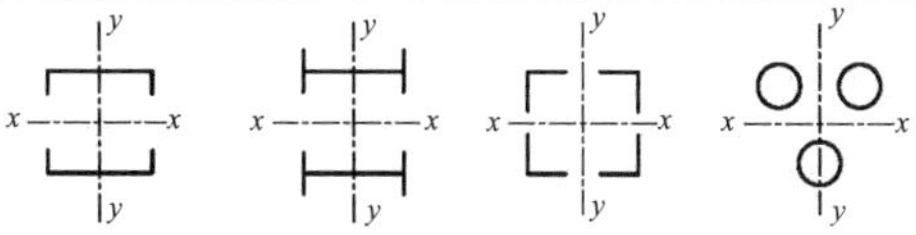 格构式			
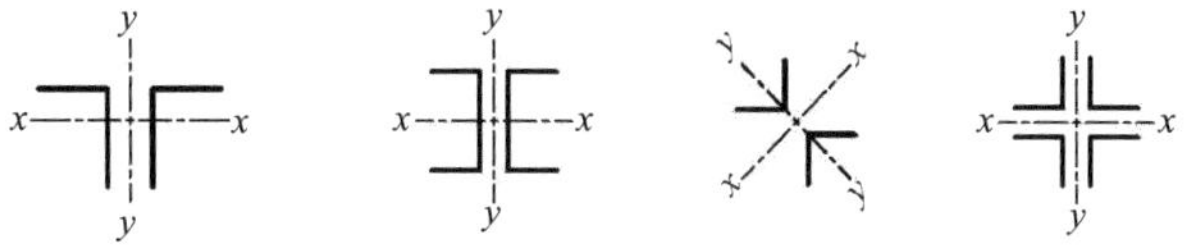 轧制			
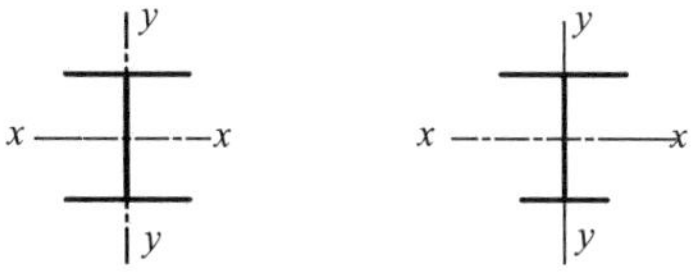 焊接 翼缘为轧制或剪边 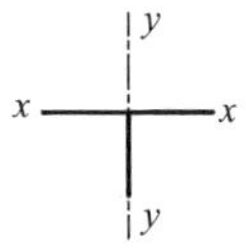 轧制、焊接		b 类	c 类
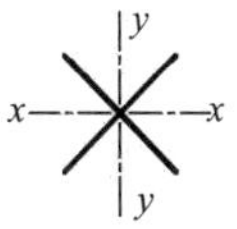 焊接 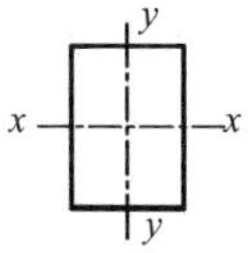 焊接 板件宽厚比≤20		c 类	c 类
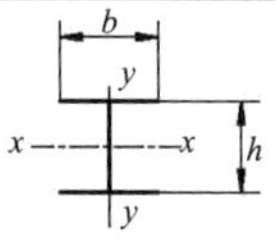 轧制工字形或 H 形	40 mm$\leqslant t < 80$ mm	b 类	c 类
	$t \geqslant 80$ mm	c 类	d 类
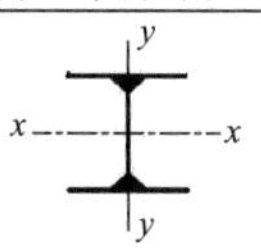 焊接工字形截面，板厚 $t \geqslant 40$ mm	翼缘为焰切边	b 类	b 类
	翼缘为轧制或剪切边	c 类	d 类

89

续表 4-4

焊接箱形截面，板厚 $t \geqslant 40$ mm	板件宽厚比 > 20	b 类	b 类
	板件宽厚比 ≤ 20	c 类	c 类

整体稳定系数 φ 也可以按照下列方法计算求得。

正则长细比

$$\lambda_n = \frac{\lambda}{\pi} \sqrt{\frac{f_y}{E}} \tag{4-12}$$

当 $\lambda_n \leqslant 0.215$ 时，$\varphi = 1 - \alpha_1 \lambda_n^2$；

当 $\lambda_n > 0.215$ 时，$\varphi = \frac{1}{2\lambda_n^2} \left[\left(\alpha_2 + \alpha_3 \lambda_n + \lambda_n^2 \right) - \sqrt{\left(\alpha_2 + \alpha_3 \lambda_n + \lambda_n^2 \right)^2 - 4\lambda_n^2} \right]$。

式中，α_1，α_2，α_3 取值查表 4-5。

表 4-5 系数 α_1，α_2，α_3

截面类别		α_1	α_2	α_3
a 类		0.41	0.986	0.152
b 类		0.65	0.965	0.300
c 类	$\lambda_n \leqslant 1.05$	0.73	0.906	0.595
	$\lambda_n > 1.05$		1.216	0.302
d 类	$\lambda_n \leqslant 1.05$	1.35	0.868	0.915
	$\lambda_n > 1.05$		1.375	0.432

4.3.4.2 实腹式轴心压杆的局部稳定

轴心压杆设计时，为获得相同截面面积（即相同的用钢量）下较大的刚性和稳定性，一般截面的面积分布应该尽可能远离轴线，即板的宽（高）厚比尽可能大。但轴心压杆板件的宽厚比大，由于压应力的存在，板件可能发生局部屈曲，设计时应综合考虑。图 4-9 为一工字形截面轴心受压构件发生局部失稳的现象，图 4-9（a）为腹板失稳情况，图 4-9（b）为翼缘失稳情况。构件丧失局部稳定后还可能继续承载，但由于部分板件屈曲后退出工作，使构件的有效截面减少，会加速构件的整体失稳而丧失承载能力。

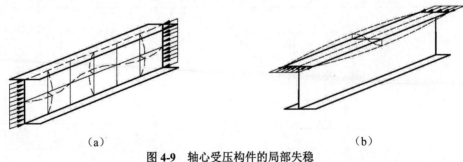

（a）   （b）

图 4-9 轴心受压构件的局部失稳

（1）板件宽（高）厚比限制条件

对于轴心受压构件的局部屈曲问题，设计要求局部屈曲不先于整体屈曲而发生，即板件的临界应力 σ'_{cr} 应大于等于构件的临界应力 σ_{cr}，由此条件来限制板件宽厚比。表达式为

$$k\frac{\sqrt{\eta}\chi\cdot\pi^2 E}{12\left(1-v^2\right)}\cdot\left(\frac{t}{b}\right)^2\geqslant\varphi_{\min}f_y \tag{4-13}$$

式中，k ——板的屈曲系数，$k=\left(\dfrac{mb}{a}+\dfrac{a}{mb}\right)^2$；

m ——板屈曲时的半波数，$m=1,2,3,\cdots$；

a，b ——板的长度、宽度；

c ——板的厚度；

η ——考虑板件弹塑性的弹性模量折减系数；

χ ——弹性约束系数，$\chi\geqslant 1$；

v ——材料的泊松比，弹性时钢材可取为 0.3；

$\varphi_{\min}$ ——轴心压杆截面两个方向的稳定系数的较小值。

求解式（4-13）可确定板件的宽厚比限制条件，下面按照不同的截面分别分析。

① 工字形截面和 H 形截面[图 4-10（a）]。

由于工字形截面的腹板一般较翼缘板薄，腹板对翼缘板嵌固作用较弱，翼缘可视为三边简支一边自由的均匀受压板，腹板可视为四边支承板。当腹板发生屈曲时，翼缘板作为腹板纵向边的支承，对腹板起一定的弹性嵌固作用，这种嵌固作用可使腹板的临界应力提高。由式（4-13）可以得到翼缘板与腹板的宽厚比限制条件为

翼缘宽厚比

$$b/t\leqslant\left(10+0.1\lambda\right)\sqrt{235/f_y} \tag{4-14}$$

腹板高厚比

$$h_0/t_w\leqslant\left(25+0.5\lambda\right)\sqrt{235/f_y} \tag{4-15}$$

式中，λ ——构件两方向长细比的较大值。当 $\lambda<30$ 时，取 $\lambda=30$；当 $\lambda>100$ 时，取 $\lambda=100$。

f_y ——钢材的屈服强度。

b/t ——翼缘的宽厚比，如图 4-10（a）所示。

h_0/t_w ——腹板的高厚比，如图 4-10（a）所示。

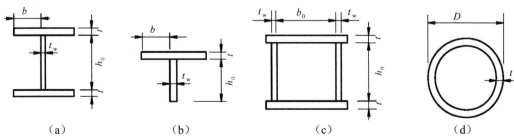

图 4-10 轴心受压构件的板件宽厚比

② 热轧剖分 T 型钢截面和焊接 T 形截面[图 4-10（b）]。

翼缘的宽厚比限值同工字钢或 H 型钢，按照式（4-14）验算。

腹板的高厚比限值分别为：

热轧剖分 T 型钢截面

$$h_0/t_w \leqslant (15+0.2\lambda)\sqrt{235/f_y} \qquad (4-16)$$

焊接 T 形截面

$$h_0/t_w \leqslant (13+0.17\lambda)\sqrt{235/f_y} \qquad (4-17)$$

式中，λ 的取值要求与式（4-15）的要求相同。

③ 箱形截面[图 4-10（c）]。

箱形截面的板件宽厚比限值与构件长细比无关。偏安全可取

$$\frac{b_0}{t}\left(或\frac{h_0}{t_w}\right) \leqslant 40\sqrt{\frac{235}{f_y}} \qquad (4-18)$$

④ 圆管截面[图 4-10（d）]。

按照管壁的局部屈曲不先于构件整体屈曲的设计原则，考虑材料的弹塑性和管壁缺陷的影响，其外径与壁厚比限值为

$$\frac{D}{t} \leqslant 100\left(\frac{235}{f_y}\right) \qquad (4-19)$$

（2）不满足板件宽（高）厚比条件的措施

当轴心压杆的翼缘宽厚比或腹板高厚比不满足相应的限制条件时，必须采取有效措施，以保证板件的局部稳定要求。

① 增加板厚。

增加板厚可以减小板的宽厚比或高厚比，但增加板厚会增加重量，而且也不容易实现截面的面积分布尽可能远离轴线。因此，增加板厚一般仅用于工字形受压构件的翼缘，腹板一般不采用增加板厚的措施而采用设置加劲肋的方式。

② 设置纵向加劲肋。

设置纵向加劲肋可以减小翼缘或腹板的计算宽（高）度，使板的宽厚比或高厚比减小。对工字形截面的腹板和箱形截面的腹板、翼缘均可采用此方法。纵向加劲肋对于工字形截面应成对地均匀布置在腹板两侧[图 4-11（a）、（b）]，对于箱形截面应布置在翼缘或腹板的内侧[图 4-11（c）、（d）]。纵向加劲肋一侧外伸宽度不应小于 $10t_w$，厚度不应小于 $0.75t_w$。

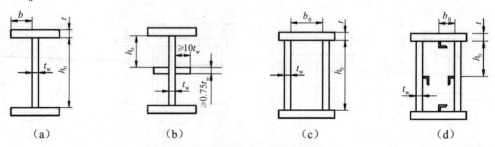

图 4-11　截面尺寸及纵向加劲肋

设置了纵向加劲肋后，应对腹板或翼缘（箱形截面）进行重新验算。如在腹板高度 1/2 处布置纵向加劲肋，则此时的计算高度为 $h_0 / 2$。

为了保证纵向加劲肋自身稳定和增加抗扭刚度，受压构件每隔 $(2.5{\sim}3)h_0$ 间距应布置横向加劲肋（图 4-12）。横向加劲肋外伸宽度取 $b_s \geqslant h_0/30 + 40$，厚度取 $t_s \geqslant \dfrac{b_s}{15}\sqrt{\dfrac{f_y}{235}}$。

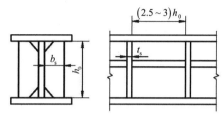

图 4-12 腹板加劲肋

③ 按照有效截面计算。

若不设置纵向加劲肋，一般采用按腹板有效截面计算的方法。以腹板两侧各为 $20t_w\sqrt{235/f_y}$（从腹板计算高度边缘算起）的部分作为腹板有效计算截面积（图 4-13 所示的阴影部分），其余腹板部分不计，进行构件强度和整体稳定性的验算（计算构件的稳定系数时仍按照整个截面考虑），只要强度和整体稳定性均满足要求即可。这种处理方法比加厚腹板或设置纵向加劲肋简单、经济。

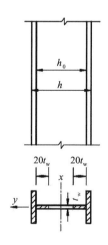

图 4-13 腹板的局部稳定

4.3.5 格构式轴心压杆稳定性计算

格构式轴心受压构件（格构式柱）由肢件通过缀材连成整体，一般使用型钢作为肢件，如槽钢、工字钢、角钢等，如图 4-14 所示。缀材通常分为缀条和缀板两种（图 4-1），一般缀材面剪力较大或宽度较大的格构式柱，宜采用缀条柱。

格构式柱的截面上与肢件腹板相交的轴线称为实轴，如图 4-14（a）（b）（c）所示

的 y 轴；而与缀材平面相垂直的轴称为虚轴，如图 4-14（a）（b）（c）所示的 x 轴和图 4-14（d）所示的 x，y 轴。

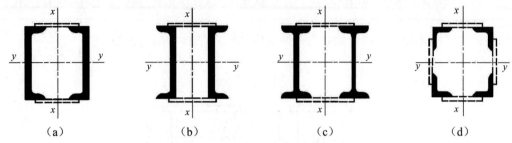

图 4-14　格构式轴心压杆截面形式

4.3.5.1　格构式柱的整体稳定计算

钢结构中，一些轴心压杆长度较大，但承受的压力不大，所需要截面积较小。为了获得较大的稳定承载力，使截面面积分布尽可能向外展开，可采用格构式柱。与实腹式轴心压杆的截面相比，在截面积相同的情况下，格构式柱可获得更大的惯性矩，以降低长细比。

从整体稳定承载力方面看，实腹式轴心压杆发生整体弯曲后，由于抗剪刚度大，构件中的横向剪力产生的剪切变形很小，对构件临界载荷的降低可以忽略不计。格构式轴心压杆中，由于两个肢件之间不是用连续的板连接，而是用缀材进行连接，当格构式柱绕实轴弯曲时，与实腹式构件相当，其整体稳定的计算方法与实腹式构件相同。但是，当绕虚轴弯曲时，剪力由较弱的缀材承担，剪力产生的变形较大，剪切变形对整体稳定性有较大的不利影响，故绕虚轴屈曲时的稳定承载力比相同长细比的实腹式构件低。

针对以上问题，采用换算长细比的工程思想，即用换算长细比 λ_{0x} 代替对虚轴 $x-x$ 的长细比 λ_x，来考虑剪切变形对临界载荷的影响。

经理论分析，两端铰接的等截面格构式柱，对虚轴 $x-x$ 的临界力和临界应力分别为

$$N_{\mathrm{t}} = \frac{\pi^2 E I_x}{l_0^2} \cdot \frac{1}{1 + \dfrac{\pi^2 E I_x}{l_0^2} \gamma_1} \qquad (4\text{-}20)$$

$$\sigma_{\mathrm{cr}} = \frac{\pi^2 E}{\lambda_x^2} \cdot \frac{1}{1 + \dfrac{\pi^2 E}{\lambda_x^2} \gamma_1} = \frac{\pi^2 E}{\lambda_x^2 + \pi^2 E \gamma_1} = \frac{\pi^2 E}{\lambda_{0x}^2} \qquad (4\text{-}21)$$

$$\lambda_{0x} = \sqrt{\lambda_x^2 + \pi^2 E \gamma_1} \qquad (4\text{-}22)$$

式中，γ_1 ——单位剪切力作用下的剪切变形；

$\quad\quad \lambda_x$ ——两柱肢作为整体对虚轴 $x-x$ 的长细比；

$\quad\quad \lambda_{0x}$ ——换算长细比。不同形式的格构式柱的换算长细比 λ_{0x} 的计算公式见表 4-6。

表 4-6 格构式构件换算长细比 λ_{0x} 的计算

项次	构件截面形式	缀材类别	计算公式	符号意义
1		缀条	$\lambda_{0x} = \sqrt{\lambda_x{}^2 + 27\dfrac{A}{A_{1x}}}$	λ_x——整个构件对虚轴(x轴)的长细比; A_{1x}——构件截面中垂直于x轴各斜缀条的毛截面面积之和
2		缀板	$\lambda_{0x} = \sqrt{\lambda_x{}^2 + \lambda_1{}^2}$	λ_1——单肢对于平行于虚轴的形心轴1-1的长细比,计算长度:焊接时,取缀板净距[图 4-1(b)中的 l_{01}];当用螺栓或铆钉连接时,取缀板边缘螺栓中心线之间的距离[图 4-1(b)中的 l_1]
3		缀条	$\lambda_{0x} = \sqrt{\lambda_x{}^2 + 40\dfrac{A}{A_{1x}}}$ $\lambda_{0y} = \sqrt{\lambda_y{}^2 + 40\dfrac{A}{A_{1y}}}$	$A_{1x}(A_{1y})$——构件截面中垂直于x(y)轴各斜缀的毛截面面积之和
4		缀板	$\lambda_{0x} = \sqrt{\lambda_x{}^2 + \lambda_1{}^2}$ $\lambda_{0y} = \sqrt{\lambda_y{}^2 + \lambda_1{}^2}$	λ_1——单肢对于最小刚度轴1-1的长细比,计算长度:焊接时,取缀板净距[图 4-1(b)中的 l_{01}];当用螺栓或铆钉连接时,取缀板边缘螺栓中心线之间的距离[图 4-1(b)中的 l_1]
5		缀条	$\lambda_{0x} = \sqrt{\lambda_x{}^2 + \dfrac{42A}{A_1(1.5 - \cos^2\theta)}}$ $\lambda_{0y} = \sqrt{\lambda_y{}^2 + \dfrac{42A}{A_1\cos^2\theta}}$	θ——构件截面内缀条所在平面与x轴的夹角

注:1.同一截面处缀板(或型钢横杆)的线刚度之和不得小于较大分肢线刚度的 6 倍。
　　2.斜缀条与构件轴线间的夹角一般宜在 30°~60°范围内。

由以上分析可知,格构式轴心压杆的稳定性计算公式和实腹式轴心压杆整体稳定性的计算公式与[式(4-11)]完全相同,但稳定系数的查取不完全相同。对实轴计算方法相同,对虚轴长细比需要用换算长细比替换,再根据截面类型、钢号查取稳定系数。

4.3.5.2 格构式柱的单肢稳定计算

格构式柱对单肢稳定性的要求:应保证各分肢不先于整体稳定丧失承载力。

缀材的种类和布置与格构式柱的单肢稳定性密切相关。一般来说,缀板式双肢格构柱的单肢属于实腹式偏心受压构件,即压弯构件。单肢的内力有轴心压力和弯矩,但由剪力产生的弯矩对单肢稳定性的影响较小。因此,稳定性计算时,可按照轴心压杆计算,此时压杆的计算长度取缀板间净距。

与缀板式双肢格构柱的单肢不同,缀条式格构柱的单肢属于实腹式轴心压杆,按照轴心压杆稳定性计算公式计算即可。此时压杆的计算长度取节点间距。

理论上讲,设计时只要控制单肢的计算长度,确保单肢长细比不大于压杆长细比,即 $\lambda_1 \leqslant \lambda_{\max}$,便可以确保单肢的稳定性。但是,考虑到实际结构节点弯矩的影响和结构的安全性,规定分肢稳定要求为:

缀条式格构柱单肢

$$\lambda_1 < 0.7\max\{\lambda_{0x}, \lambda_y\}$$

缀板式格构柱单肢

$$\lambda_1 < 0.5\max\{\lambda_{0x}, \lambda_y\} \text{且} 25 \leqslant \lambda_1 \leqslant 40$$

4.4 实腹式轴心受压构件的设计

4.4.1 实腹式轴心压杆截面设计

实腹式轴心压杆截面设计不仅要满足承载能力的极限状态和正常使用的极限状态,而且要综合考虑结构件的技术经济指标。截面设计需要确定截面类型和截面尺寸。由于结构件的刚度要求比较明确,截面设计时往往参照刚度要求和设计经验,先假设构件的长细比,然后根据承载情况,逐步确定出截面尺寸。

(1)截面选择

选择实腹式轴心压杆截面时,应考虑以下几个原则:

① 截面的面积分布应尽量远离中和轴,即尽量加大截面轮廓尺寸而减小板厚,以增加截面的惯性矩和回转半径,从而提高构件的整体稳定性和刚度;

② 两个主轴方向的整体稳定承载力尽量接近相等,即两主轴方向等稳定($\varphi_x = \varphi_y$),可通过调整截面尺寸或计算长度来实现;

③ 构造简单,便于与其他构件的连接与制作;

④ 尽量采用双轴对称截面,避免弯扭失稳。

实腹式轴心压杆的截面形式主要有热轧型钢和焊接组合截面两大类。热轧型钢构件制作费用低,可优先选用。当热轧截面不能满足所需截面尺寸时,可采用组合截面。

(2)截面尺寸确定

确定实腹式轴心压杆的截面尺寸时,一般构件所用钢材,截面形式,两主轴方向的计算长度 l_{0x},l_{0y} 和压力设计值 N 均为已知。通常先按照整体稳定条件初选截面尺寸,然后验算是否满足设计要求。如果不满足,则调整尺寸再进行验算。轴心压杆的截面尺寸设计步骤如下。

① 假设构件的长细比 λ。

轴心压杆的长细比与构件的整体稳定性密切相关,长细比是轴心压杆的主要控制参数。根据经验,一般轴心压杆的长细比在 60~100 范围内,受力大的构件,长细比取小值,反之取大值。

② 计算所需截面面积 A。

根据假定的长细比 λ、选择的截面类型和钢材屈服强度 f_y,查得整体稳定系数 φ,则需要的截面面积 A 为

$$A = \frac{N}{\varphi f} \tag{4-23}$$

③ 计算两主轴方向所需的回转半径 i_x,i_y。

根据两个方向的计算长度 l_{0x}，l_{0y} 和假设的 λ，计算回转半径。

$$i_x = \frac{l_{0x}}{\lambda}, \quad i_y = \frac{l_{0y}}{\lambda} \tag{4-24}$$

④ 确定截面轮廓尺寸 h，b。

对于热轧型钢截面，可根据构件所需的 A，i_x，i_y，查型钢表初选截面规格。

对于焊接组合截面，可依据截面的近似几何关系确定高度 h 和宽度 b。

$$h = \frac{i_x}{\alpha_1}, \quad b = \frac{i_y}{\alpha_2} \tag{4-25}$$

式中，α_1，α_2 ——与截面形状相关的比例系数，可由表 4-7 查出。

⑤ 初步确定截面尺寸。

根据上述计算，再考虑结构的局部稳定和构造要求，初步确定出截面尺寸。

⑥ 构件强度、刚度和稳定性校核。

轴心压杆设计时应满足强度、刚度、整体稳定性和局部稳定性要求，故初步确定截面尺寸后需要进行校核，并对计算结果进行分析。如不合适，应适当调整截面参数，并重新进行校核，在确保结构安全的前提下提高结构的性价比。

表 4-7 各种截面的回转半径

$i_x = 0.30h$ $i_y = 0.30b$ $i_v = 0.195h$	$i_x = 0.21h$ $i_y = 0.21b$	$i_x = 0.43h$ $i_y = 0.24b$
等边 $i_x = 0.30h$ $i_y = 0.21b$	轧制工字钢 $i_x = 0.39h$ $i_y = 0.20b$	$i_x = 0.39h$ $i_y = 0.39b$
长边相接 $i_x = 0.32h$ $i_y = 0.20b$	$i_x = 0.38h$ $i_y = 0.29b$	$i_x = 0.26h$ $i_y = 0.24b$
短边相接 $i_x = 0.28h$ $i_y = 0.24b$	$i_x = 0.38h$ $i_y = 0.20b$	$i_x = 0.29h$ $i_y = 0.29b$
$i_x = 0.21h$ $i_y = 0.21b$ $i_v = 0.185h$	$i = 0.235(d - t)$ $i = 0.32d, \dfrac{d}{t} = 10$ $i = 0.34d, \dfrac{d}{t} = 30 \sim 40$	$i = 0.25d$
$i_x = 0.43h$ $i_y = 0.43b$	$i_x = 0.44h$ $i_y = 0.38b$	$i_x = 0.50h$ $i_y = 0.39b$

4.4.2 构造要求

当轴心压杆腹板的高厚比 $h_0/t_w > 80\sqrt{235/f_y}$ 时，为防止腹板在施工和运输过程中发生变形，提高柱的抗扭刚度，应设置横向加劲肋加强，其间距不得大于 $3h_0$。横向加劲肋截面尺寸应满足：外伸宽度 $b_s \geqslant h_0/30 + 40$，厚度 $t_s \geqslant \dfrac{b_s}{15}\sqrt{\dfrac{f_y}{235}}$。

轴心压杆的翼缘与腹板间的连接焊缝受力很小，可不必计算，按照构造要求确定焊缝尺寸。

【例题 4-2】 如图 4-15 所示，柱高 6 m，两端铰接，且支柱承受的轴心压力设计值为 980 kN，材料用 Q235 钢，截面无孔洞削弱。试按照以下条件设计此支柱的截面：（1）热轧工字钢截面；（2）焊接工字形截面，翼缘为火焰切割边。

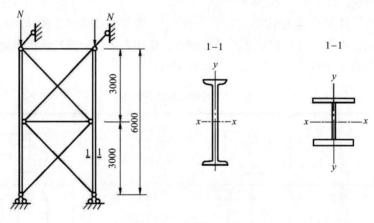

图 4-15　例题 4-2 图

【解】 已知轴心受压支柱的许用长细比 $[\lambda]=150$，Q235 钢的强度设计值 $f = 215\ \text{N/mm}^2$，$f_y = 235\ \text{N/mm}^2$。

由图 4-15 可知，两主轴方向的计算长度 $l_{0x} = 6$ m，　$l_{0y} = 3$ m。

（1）热轧工字钢截面设计

① 确定截面参数。

假定构件的长细比 $\lambda = 100$，由表 4-4 查截面分类表，假定热轧工字钢截面 $b/h \leqslant 0.8$，则 x 轴属于 a 类截面，y 轴属于 b 类截面。根据附录三分别查轴压杆稳定系数 $\varphi_x = 0.638$，$\varphi_y = 0.555$。

所需截面面积

$$A = \frac{N}{\varphi_{\min} \cdot f} = \frac{N}{\varphi_y \cdot f} = \frac{980 \times 10^3}{0.555 \times 215} = 8212.86\ \text{mm}^2 \approx 82.13\ \text{cm}^2$$

两主轴所需的回转半径

$$i_x = \frac{l_{0x}}{\lambda} = \frac{600}{100} = 6.0 \text{ cm}$$

$$i_y = \frac{l_{0y}}{\lambda} = \frac{300}{100} = 3.0 \text{ cm}$$

② 确定截面规格。

根据 A，i_x，i_y 初选截面规格尺寸，现选为 I40b，其截面特性为：

$A = 94.1 \text{ cm}^2$，$i_x = 15.6 \text{ cm}$，$i_y = 2.71 \text{ cm}$，$b=144 \text{ mm}$，$h = 400 \text{ mm}$。

满足假定 $b / h = 144 / 400 = 0.36 \leqslant 0.8$。

③ 截面验算。

杆件的刚度计算

$$\lambda_x = \frac{l_{0x}}{i_x} = \frac{600}{15.6} = 38.5 < [\lambda] = 150$$

$$\lambda_y = \frac{l_{0y}}{i_y} = \frac{300}{2.71} = 110.7 < [\lambda] = 150$$

根据 λ，查附录三轴心受压构件的稳定系数表，得

$$\varphi_x = 0.945 \text{（a 类截面）}$$

$$\varphi_y = 0.489 \text{（b 类截面）}$$

杆件的整体稳定性计算

$$\frac{N}{\varphi_{\min} A} = \frac{N}{\varphi_y A} = \frac{980 \times 10^3}{0.489 \times 94.1 \times 10^2} = 213 \text{ N/mm}^2 < f = 215 \text{ N/mm}^2$$

故整体稳定性满足要求。

因轴心受压支柱截面无孔洞削弱，可不计算其强度；由于热轧工字形钢的翼缘和腹板一般均较厚，都能满足局部稳定的要求，不必验算。

（2）焊接组合工字形截面设计

① 确定截面参数。

假定 $\lambda = 80$，由表 4-4 查截面分类表，焊接工字钢截面（翼缘为火焰切割边），则对 x 轴和对 y 轴均属于 b 类截面。查附录三 b 类截面轴压杆稳定系数表可得 $\varphi_x = \varphi_y = 0.688$。

所需截面面积

$$A = \frac{N}{\varphi_{\min} \cdot f} = \frac{980 \times 10^3}{0.688 \times 215} = 6625 \text{ mm}^2 = 66.25 \text{ cm}^2$$

两主轴所需的回转半径

$$i_x = \frac{l_{0x}}{\lambda} = \frac{600}{80} = 7.5 \text{ cm}$$

$$i_y = \frac{l_{0y}}{\lambda} = \frac{300}{80} = 3.75 \text{ cm}$$

② 确定截面尺寸。

根据表 4-7 各种截面的回转半径近似值可得 $i_x = 0.43h$，$i_y = 0.24b$。

则截面规格尺寸

$$h = \frac{i_x}{0.43} = \frac{7.5}{0.43} = 17.4 \text{ cm}$$

$$b_1 = \frac{i_y}{0.24} = \frac{3.75}{0.24} = 15.6 \text{ cm}$$

● 确定翼缘尺寸。

取翼缘宽度

$$b_1 = 200 \text{ mm}$$

由近似翼缘宽厚比

$$\frac{b}{t} = \frac{b_1 / 2}{t} = \frac{200/2}{t} \leqslant (10 + 0.1\lambda)\sqrt{\frac{235}{f_y}} = (10 + 0.1 \times 80)\sqrt{\frac{235}{235}} = 18$$

可得

$$t \geqslant 5.6 \text{ mm}$$

结合实际经验，取翼缘厚度 $t = 12 \text{ mm}$。

● 确定腹板尺寸。

取腹板高度

$$h_0 = 220 \text{ mm}$$

则

$$t_w = \frac{A - 2b_1 t}{h_0} = \frac{6625 - 2 \times 200 \times 12}{220} = 8.3 \text{ mm}$$

结合实际经验，取腹板厚度 $t_w = 10 \text{ mm} < t = 12 \text{ mm}$。

③ 截面验算。

所选焊接工字形截面特征

$$A = 220 \times 10 + 2 \times 200 \times 12 = 7000 \text{ mm}^2 = 70 \text{ cm}^2$$

$$I_x = \frac{1}{12} t_w h_w^3 + 2b_1 t \left(\frac{h_1}{2}\right)^2 = \frac{1}{12} \times 1 \times 22^3 + 2 \times 20 \times 1.2 \times \left(\frac{22 + 1.2}{2}\right)^2 = 7346.21 \text{ cm}^4$$

$$I_y = 2 \times \frac{1}{12} t b_1^3 = 2 \times \frac{1}{12} \times 1.2 \times 20^3 = 1600 \text{ cm}^4$$

$$i_x = \sqrt{\frac{I_x}{A}} = \sqrt{\frac{7346.21}{70}} = 10.24 \text{ cm}$$

$$i_y = \sqrt{\frac{I_y}{A}} = \sqrt{\frac{1600}{70}} = 4.78 \text{ cm}$$

杆件的刚度计算

$$\lambda_x = \frac{l_{0x}}{i_x} = \frac{600}{9.32} = 64.38 < [\lambda] = 150$$

$$\lambda_y = \frac{l_{0y}}{i_y} = \frac{300}{4.78} = 62.8 < [\lambda] = 150$$

根据 λ_y 查附录三轴心受压构件稳定系数表，得 $\varphi_{\min} = \varphi_y = 0.792$（b 类截面）。

杆件的整体稳定性计算：

$$\frac{N}{\varphi_{\min} \cdot A} = \frac{980 \times 10^3}{0.792 \times 70 \times 10^2} = 176.77 \text{ N/mm}^2 < f = 215 \text{ N/mm}^2$$

故整体稳定性满足。

杆件的局部稳定计算：

腹板高厚比

$$\frac{h_0}{t_w} = \frac{220}{10} = 22 < (25 + 0.5 \times \lambda)\sqrt{235/f_y} = (25 + 0.5 \times 62.8)\sqrt{\frac{235}{235}} = 56.4$$

翼缘宽厚比

$$\frac{b}{t} = \frac{\dfrac{200-10}{2}}{12} = 7.92 < (10 + 0.1 \times \lambda)\sqrt{235/f_y} = (10 + 0.1 \times 62.8)\sqrt{\frac{235}{235}} = 16.28$$

因轴心受压支柱截面无孔洞削弱，可不计算其强度。由验算知，所选截面构件的整体稳定、刚度和局部稳定都满足要求。

通过计算可知，焊接工字形截面要较热轧工字钢截面节省钢材，其主要原因是，在满足局部稳定的前提下热轧工字钢翼缘和腹板比焊接工字形截面厚。

4.5 格构式轴心受压构件的设计

4.5.1 缀材设计

格构式柱的缀材包括缀条和缀板两类，是连接肢件成为整体构件的连接元件。由于制造、安装和运输等原因而存在初弯曲或初偏心，在设计格构式柱的缀材时，是以偏心压杆性质来考虑的。

通常根据压杆处于临界状态下，绕虚轴发生屈曲时所产生的横向剪力作为计算缀条和缀板的内力。

格构式柱最大剪力计算公式为

$$V = \frac{Af}{85}\sqrt{\frac{f_y}{235}} \tag{4-26}$$

式中，A ——构件全部肢件的毛截面面积。

设计缀材及其连接时，认为剪力 V 沿构件全长不变。

（1）缀条设计

缀条中，无论是横缀条还是斜缀条，均按照轴心受力构件来设计。

将缀条视为平行弦桁架的腹杆，如图 4-16 所示。缀条的内力 N_1 为

$$N_1 = \frac{V_1}{n\cos\alpha} \qquad (4\text{-}27)$$

式中，V_1 ——分配到一个缀条面的剪力[图 4-16（c）]。

　　　　n ——承受剪力 V_1 的缀条数，图 4-16（a）为单缀条体系，$n=1$；图 4-16（b）为
　　　　　　双缀条（交叉缀条）体系，认为每根缀条负担一半剪力，$n=2$。

　　　　α ——斜缀条与水平线间的夹角，一般取 30°~60°。

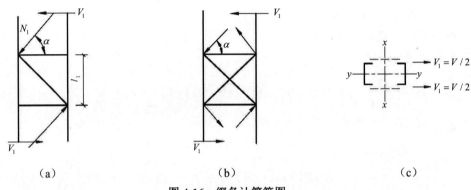

图 4-16　缀条计算简图

　　缀条设计中，需要满足缀条的强度、刚度和稳定性要求。

　　缀条一般采用单角钢，在内力 N_1 作用下，可按照轴心压杆计算稳定性。但由于单角钢与肢件连接有偏心，考虑到这一不利因素，在计算稳定性时，可将材料强度设计值乘以折减系数，折减系数 γ 推荐如下：

　　等边角钢：$\gamma = 0.6 + 0.0015\lambda$，但不大于 1.0；

　　短边相连的不等边角钢：$\gamma = 0.5 + 0.0025\lambda$，但不大于 1.0；

　　长边相连的不等边角钢：$\gamma = 0.70$。

式中，λ ——长细比，按照两端铰支缀条的最小回转半径计算，当 $\lambda < 20$ 时，取 $\lambda = 20$。

　　缀条稳定性计算公式为

$$\frac{N_1}{\varphi A_1} \leqslant \gamma \cdot f \qquad (4\text{-}28)$$

式中，A_1 ——缀条的截面积。

　　一般情况下，缀条满足了稳定性要求，强度条件也就满足了。

　　缀条除了应满足强度和稳定性要求外，还应满足如下刚度条件。

　　单缀条

$$\lambda \leqslant [\lambda] = 150$$

　　交叉缀条

$$\lambda \leqslant [\lambda] = 200$$

为了减小柱肢的计算长度，可采用设置横缀条的方法。横缀条的截面尺寸可与斜缀条相同或稍小些，按照刚度条件来控制截面。

缀条与肢件一般采用贴角三面围焊，来承受缀条传来的轴心力 N_1。

（2）缀板设计

缀板可视为多层钢架体系的一部分，如图 4-17（a）所示。当它绕整体弯曲失稳时，认为各分肢中点和缀板中点为反弯点，如图 4-17（b）所示。取隔离体如图 4-17（c）所示，如果一个缀板面分担的剪力为 V_1，则缀板所受的内力为

剪力

$$T = \frac{V_1 l_1}{a} \tag{4-29}$$

弯矩（与肢件连接处）

$$M = T \cdot \frac{a}{2} = \frac{V_1 l_1}{2} \tag{4-30}$$

式中，l_1 ——相邻两缀板中心线间的距离；

a ——分肢轴线间的距离。

缀板设计中，需要满足缀板与肢件连接焊缝的强度要求和缀板的刚度要求。

缀板与肢件间用角焊缝连接[图 4-17（d）]，搭接长度一般为 20~30 mm。角焊缝承受剪力和弯矩的共同作用。因角焊缝的强度设计值小于钢材的强度设计值，只需验算连接焊缝的强度，而不必验算缀板强度。具体计算时，焊缝长度可只取竖向焊缝的长度，而忽略绕角焊部分。

由于缀板的内力一般不大，故缀板截面尺寸常由构造要求确定。为保证缀板与肢件的连接具有足够的刚度，构件同一截面处缀板的线刚度之和不得小于柱分肢线刚度的 6 倍。设计时，一般取缀板宽度 $b \geqslant 2a/3$；厚度 $t \geqslant a/40$，且不小于 6 mm（a 为分肢轴线间的距离）。

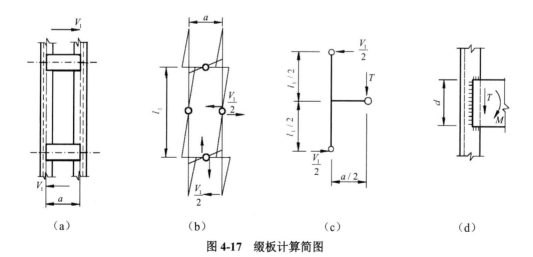

| (a) | (b) | (c) | (d) |

图 4-17 缀板计算简图

（3）柱的横隔设计

为了提高格构式柱的抗扭刚度，避免或减少构件在运输和安装中截面变形，发生扭转

失稳，应在柱的长度方向设置横隔。

横隔的布置要求为沿柱的长度方向每隔 4~6 m 设置一道，且在每个运送单元不得少于两个横隔。横隔可制成钢板式或交叉杆式，结构形式如图 4-18 所示，图 4-18（a）为钢板横隔，图 4-18（b）为角钢横隔。钢板的厚度不应小于 6 mm，交叉杆式的刚度也不应低于缀条的刚度。

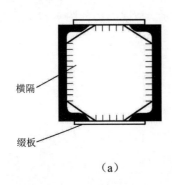
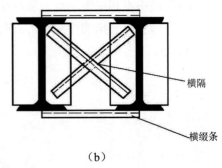

（a）　　　　　　　　　　　　　　（b）

图 4-18　横隔结构形式

4.5.2　截面设计

格构式柱的截面设计主要有两个内容：一是确定柱肢截面，即按照实腹式柱截面设计的方法对格构式柱实轴（$y-y$ 轴）进行计算，由整体稳定条件确定柱肢的截面规格或尺寸；二是确定柱肢间距，即根据格构式柱实轴（$y-y$ 轴）和虚轴（$x-x$ 轴）的等稳定性条件，确定柱肢间距。具体步骤如下。

（1）假设柱的长细比 λ

与实腹式轴心压杆类似，格构式柱的长细比与构件的整体稳定性密切相关。与实腹式不同，格构式柱的局部稳定（单肢稳定）取决于缀材结构、参数和节点间距，而不是板的宽（高）厚比，相对容易保证。根据经验，一般格构式柱的长细比取值为：载荷较大时，取 50~80；载荷较小时，取 70~100。

（2）计算所需截面面积 A

根据假定长细比 λ、选择截面类型和钢材屈服强度 f_y，查得稳定系数 φ，按照 $A = N/\varphi f$ 计算所需截面面积 A。

（3）计算实轴（$y-y$ 轴）方向所需的回转半径 i_y

根据 $y-y$ 轴方向的计算长度 l_{0y} 和假设的 λ，按照 $i_y = l_{0y}/\lambda$ 计算回转半径。

（4）确定截面轮廓尺寸 h

根据查得的比例系数 α_1、α_2 及回转半径 i_y，按照 $h = i_y/\alpha_1$ 求得 h。

（5）初步确定主肢截面

根据求得的 A、h 及构造要求、钢材规格等，结合工程设计经验，初步确定主肢截面形式和型钢型号。

（6）缀材设计

根据单肢稳定性不低于整体稳定性的要求，确定单肢长细比 λ_1；确定节点间距 l_1；初步确定缀板或缀条尺寸或型号等。

（7）确定虚轴（$x-x$ 轴）方向截面参数

按照等稳定条件，确定换算长细比 λ_{0x}；根据选定的截面形式，利用 λ_{0x} 计算 λ_x；按照 $i_x = l_{0x}/\lambda_x$ 计算 $x-x$ 轴方向所需的回转半径 i_x；按照 $b = i_x/\alpha_2$ 确定截面轮廓尺寸 b。

（8）强度、刚度、稳定性校核

对初步确定的截面尺寸，进行强度、刚度（虚轴方向用换算长细比）、单肢和整体稳定性、缀材校核计算，并对计算结论进行分析。如不合适，应适当调整截面参数，并重新进行校核，在确保结构安全的基础上提高结构的性价比。

【例题 4-3】 设计一如图 4-19（a）所示两端铰接的格构式轴心受压缀条柱。截面由两个热轧槽钢组成，钢材为 Q235 钢，柱高 9 m，承受轴心压力设计值 $N = 1800\ \text{kN}$。

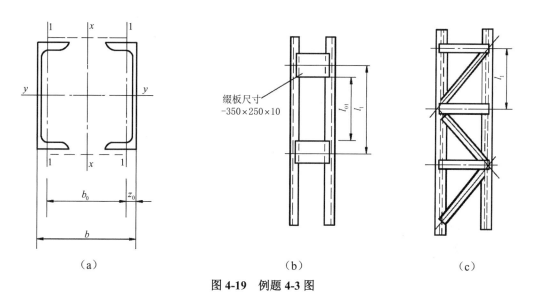

（a）　　　　　　　　　　（b）　　　　　　　　　　（c）

图 4-19　例题 4-3 图

【解 1】 按照缀板柱设计 [图 4-19（b）]

根据已知条件，两端铰接格构杆承受轴心压力设计值 $N = 1800\ \text{kN}$，柱的计算长度 $l_{0x} = l_{0y} = 9\ \text{m}$，格构式轴心受压柱许用长细比 $[\lambda] = 150$；Q235 钢的强度设计值 $f = 215\ \text{N/mm}^2$，$f_y = 235\ \text{N/mm}^2$。

（1）确定柱肢截面（对实轴计算）

根据对截面实轴的稳定性选用分肢的截面，假定 $\lambda_y = 70$，由表 4-4 查得此截面对实轴（$y-y$）轴属于 b 类截面，查附录三得 $\varphi_y = 0.751$。

所需截面几何参数为：

分肢截面积

$$A_1 \geqslant \frac{N}{2\varphi_y f} = \frac{1800 \times 10^3}{2 \times 0.751 \times 215} = 5573.96\ \text{mm}^2 = 55.74\ \text{cm}^2$$

回转半径

$$i_y \geqslant \frac{l_{0y}}{\lambda_y} = \frac{900}{70} = 12.9 \text{ cm}$$

查槽型钢截面表，选柱肢截面为[36a，截面特性为 $A_1 = 60.91 \text{ cm}^2$ ， $i_y = 14.0 \text{ cm}$ ， $I_1 = I_y = 455 \text{ cm}^4$ ， $i_1 = i_x = 2.73 \text{ cm}$ ， $z_0 = 2.44 \text{ cm}$ 。

验算实轴整体稳定性（考虑槽钢自重）：

[36a 单位长度的自重为 47.8 kg/m ，则柱的重力

$$G = 2 \times 1.2 \times 1.3 \times 47.8 \times 9.8 \times 9 = 13154 \text{ N} \approx 13.2 \text{ kN}$$

式中，1.2——载荷分项系数；

1.3——考虑附加重量影响系数。

$$\lambda_y = \frac{l_{0y}}{i_y} = \frac{900}{14.0} = 64.29 < [\lambda] = 150 \text{（刚度满足）}$$

查附录三，得 $\varphi_x = 0.783$ （b 类截面），

$$\frac{N+G}{\varphi_x A} = \frac{(1800+1.32) \times 10^3}{0.783 \times 2 \times 60.91 \times 10^2} = 188.85 \text{ N/mm}^2 < f = 215 \text{ N/mm}^2$$

实轴稳定满足。

（2）确定柱肢间距（对虚轴按照等稳定性计算）

由分肢稳定要求，缀板构件： $0.5\lambda_y = 0.5 \times 64.29 = 32.15$ ，取 $\lambda_1 = 35$ （满足 $25 \leqslant \lambda_1 \leqslant 40$ ）。

根据等稳定性条件 $\lambda_y = \lambda_{0x}$ ，缀板 $\lambda_{0x} = \sqrt{\lambda_x^2 + \lambda_1^2}$ ，故

$$\lambda_x = \sqrt{\lambda_{0x}^2 - \lambda_1^2} = \sqrt{64.29^2 - 35^2} = 53.93$$

截面所需回转半径

$$i_x' = \frac{l_x}{\lambda_x} = \frac{900}{53.93} = 16.69 \text{ cm}$$

依据表 4-7 截面的回转半径近似值查得此类型截面 $i_x = 0.44b$ ， $i_y = 0.38h$ ，可得两柱肢间距 $b = i_x'/0.44 = 16.69/0.44 \approx 38 \text{ cm}$ ，取 $b = 40 \text{ cm}$ 。

（3）截面验算（虚轴）

$$I_x = 2\left[I_1 + A_1\left(\frac{b-2z_0}{2}\right)^2\right] = 2 \times \left[455 + 60.91 \times \left(\frac{40-2 \times 2.44}{2}\right)^2\right] = 38473.6 \text{ cm}^4$$

$$i_x = \sqrt{\frac{I_x}{A}} = \sqrt{\frac{38473.6}{60.91 \times 2}} = 17.77 \text{ cm}$$

$$\lambda_x = \frac{l_{0x}}{i_x} = \frac{900}{17.77} = 50.65$$

格构式构件虚轴换算长细比

$$\lambda_{0x} = \sqrt{\lambda_x^2 + \lambda_1^2} = \sqrt{50.65^2 + 35^2} = 61.57 < [\lambda] = 150$$

刚度满足要求。

查附录三，得 $\varphi_x = 0.799$（b 类截面），

$$\frac{N+G}{\varphi_x A} = \frac{(1800 + 1.32) \times 10^3}{0.799 \times 2 \times 60.91 \times 10^2} = 185 \text{ N/mm}^2 < f = 215 \text{ N/mm}^2$$

虚轴稳定性满足要求。

（4）缀板设计

① 缀板尺寸。

柱分肢轴线距离

$$b_0 = b - 2z_0 = 40 - 2 \times 2.44 = 35.12 \text{ cm} = 351.2 \text{ mm}$$

取缀板长度

$$l_b = 350 \text{ mm}$$

缀板宽度

$$b_b \geqslant 2b_0/3 = 2 \times 351.2/3 = 234.1 \text{ mm}, \quad 取 b_b = 250 \text{ mm}$$

缀板厚度

$$t_b \geqslant b_0/40 = 351.2/40 = 8.78 \text{ mm}, \quad 取 t_b = 10 \text{ mm}$$

缀板间净距离

$$l_{01} = \lambda_1 i_1 = 35 \times 2.73 = 95.55 \text{ cm}, \quad 取 l_{01} = 950 \text{ mm}$$

缀板中心间距离

$$l_1 = l_{01} + b_b = 950 + 250 = 1200 \text{ mm}$$

柱分肢线刚度

$$\lambda' = I_1/l_1 = 455/120 = 3.79$$

两缀板线刚度和

$$\lambda'' = 2I_0/b_0 = \frac{2 \times \dfrac{t_b b_b^3}{12}}{35.12} = \frac{2 \times \dfrac{1 \times 25^3}{12}}{35.12} = 74.15$$

线刚度比值

$$\lambda'/\lambda'' = 74.15/3.79 = 19.56 > 6$$

刚度满足要求。

② 内力计算。

柱剪力

$$V = \frac{Af}{85}\sqrt{\frac{f_y}{235}} = \frac{2 \times 60.91 \times 10^2 \times 215}{85}\sqrt{\frac{235}{235}} \times 10^{-3} = 30.8 \text{ kN}$$

每个缀板剪力

$$V_b = \frac{V}{2} = \frac{30.8}{2} = 15.4 \text{ kN}$$

缀板所受内力：

剪力

$$T = \frac{V_b l_1}{b_0} = \frac{15.4 \times 1200}{351.2} = 52.62 \text{ kN}$$

弯矩

$$M = T \cdot \frac{b_0}{2} = 52.62 \times \frac{351.2}{2} \times 10^{-3} = 9.24 \text{ kN} \cdot \text{m}$$

③ 焊缝计算。

采用焊脚高度 $h_f = 8$ mm，焊缝长度 $l_w = b_b = 250$ mm（略去绕焊部分）。

$$\sigma_f = \frac{M}{W} = \frac{6M}{h_e l_w^2} = \frac{6M}{0.7 h_f l_w^2} = \frac{6 \times 9.24 \times 10^6}{0.7 \times 8 \times 250^2} = 158.4 \text{ N/mm}^2$$

$$\tau_f = \frac{N}{h_e \sum l_w} = \frac{N}{0.7 h_f \sum l_w} = \frac{52.6 \times 10^3}{0.7 \times 8 \times 250} = 37.57 \text{ N/mm}^2$$

$$\sqrt{\left(\frac{\sigma_f}{\beta_f}\right)^2 + \tau_f^2} = \sqrt{\left(\frac{158.4}{1.22}\right)^2 + 35.57^2} = 134.62 \text{ N/mm}^2 < f_f^w = 160 \text{ N/mm}^2$$

【解 2】 按照缀条柱设计［图 4-19（c）］

（1）确定柱肢截面：对实轴计算

同【解 1】缀板柱设计计算，选柱肢为 2[36a。

（2）确定柱肢间距：对虚轴按照等稳定性计算

初选缀条规格为∟45×4，查常用型钢表（附录二）可知，截面面积 $A_{1x} = 3.49$ cm^2，惯性半径 $i_{min} = i_{y0} = 0.89$ cm。

根据等稳定性条件 $\lambda_{0x} = \lambda_y = 64.29$，缀条 $\lambda_{0x} = \sqrt{\lambda_x^2 + 27\frac{A}{A_{1x}}}$，故

$$\lambda_x = \sqrt{\lambda_{0x}^2 - 27\frac{A}{A_{1x}}} = \sqrt{64.29^2 - 27 \times \frac{2 \times 60.91}{2 \times 3.49}} = 60.5$$

截面所需回转半径

$$i_x' = \frac{l_x}{\lambda_x} = \frac{900}{60.5} = 14.88 \text{ cm}$$

依据表 4-7 截面的回转半径近似值查得此类型截面 $i_x = 0.44b$，$i_y = 0.38h$，可得两柱肢间距 $b = i_x'/0.44 = 14.88/0.44 \approx 34$ cm，取 $b = 35$ cm。

（3）截面验算（虚轴）

$$I_x = 2\left[I_1 + A_1\left(\frac{b - 2z_0}{2}\right)^2\right] = 2 \times \left[455 + 60.91 \times \left(\frac{35 - 2 \times 2.44}{2}\right)^2\right] = 28539.2 \text{ cm}^4$$

$$i_x = \sqrt{\frac{I_x}{A}} = \sqrt{\frac{28539.2}{60.91 \times 2}} = 15.31 \text{ cm}$$

$$\lambda_x = \frac{l_{0x}}{i_x} = \frac{900}{15.31} = 58.79$$

格构式构件虚轴换算长细比

$$\lambda_{0x} = \sqrt{\lambda_x^2 + 27\frac{A}{A_{1x}}} = \sqrt{58.79^2 + 27 \times \frac{2 \times 60.91}{2 \times 3.49}} = 62.67 < [\lambda] = 150$$

刚度满足要求。

查附录三，得 $\varphi_x = 0.793$ （b 类截面），

$$\frac{N + G}{\varphi_x A} = \frac{(1800 + 1.32) \times 10^3}{0.793 \times 2 \times 60.91 \times 10^2} = 186.4 \text{ N/mm}^2 < f = 215 \text{ N/mm}^2$$

虚轴稳定性满足要求。

（4）格构柱分肢验算

柱分肢轴线距离

$$b_0 = b - 2z_0 = 35 - 2 \times 2.44 = 30.12 \text{ cm} = 301.2 \text{ mm}$$

缀条布置如图 4-19（c）所示，取缀条的节间长度 $l_1 = 300 \text{ mm}$ ，以保证斜缀条与水平缀条夹角 $\alpha \approx 45°$ 。

$$\lambda_1 = \frac{l_1}{i_1} = \frac{300}{27.3} = 10.99 < 0.7\max\{\lambda_{0x}, \lambda_y\} = 0.7\max\{62.67, 64.47\} = 0.7 \times 64.47 = 45.13$$

分肢不先于整体失稳。

（5）缀条设计

柱剪力

$$V = \frac{Af}{85}\sqrt{\frac{f_y}{235}} = \frac{2 \times 60.91 \times 10^2 \times 215}{85}\sqrt{\frac{235}{235}} \times 10^{-3} = 30.8 \text{ kN}$$

一侧缀材内力

$$V_1 = \frac{V}{2} = \frac{30.8}{2} = 15.4 \text{ kN}$$

斜缀条的轴心力

$$N_1 = V_1/(n\cos\alpha) = 15.4/(1 \times \cos45°) = 21.78 \text{ kN}$$

斜缀条计算长度（单角钢压杆为斜向屈曲，计算长度取 $0.9l$ ）

$$l_0 = 0.9l = \frac{0.9b_0}{\cos45°} = \frac{0.9 \times (b - 2z_0)}{\cos45°} = \frac{0.9 \times (350 - 2 \times 24.4)}{\cos45°} = 383.37 \text{ mm}$$

斜缀条的长细比

$$\lambda_1 = l_0/i_{\min} = 383.37/8.9 = 43.08$$

查附录三，得 $\varphi_1 = 0.887$ （b 类截面）。

缀条为单角钢单面连接，设计强度 f 应乘以折减系数

$$\gamma = 0.6 + 0.0015\lambda_1 = 0.6 + 0.0015 \times 43.08 = 0.665$$

缀条的稳定性验算

$$\frac{N_1}{\varphi_1 \cdot A_{1x}} = \frac{21.78 \times 10^3}{0.887 \times 349} = 70.36 \text{ N/mm}^2 < \gamma f = 0.665 \times 215 = 143 \text{ N/mm}^2$$

斜缀条稳定满足要求。

所选角钢为最小规格要求，横缀条与斜缀条取相同截面规格。

4.6 轴心压杆的计算长度

前面讨论的轴心压杆基本上都是两端铰支的等截面构件，实际构件的支承情况往往不只是铰支，截面也不只是等截面。因此，如何确定不同截面形式、不同支承及约束的轴心压杆的计算长度，就成为稳定性计算的关键一环。

4.6.1 等截面柱的计算长度

计算长度 l_0 通常是以两端铰支压杆作为基本情况来讨论的，此时计算长度即为压杆的实际长度。当杆端为其他约束情况时，为了设计应用上的方便，可以把各种约束条件下的 N_{cr} 值换算成两端铰支的轴心压杆屈曲载荷，即把端部有约束的构件用等效长度 l_0 代替其几何长度，令 $l_0 = \mu l$。这样，就可以利用式（4-31）得到其他杆端约束情况下压杆的临界载荷。统一表达式为

$$N_{cr} = \frac{\pi^2 EI}{(\mu l)^2} = \frac{\pi^2 EI}{l_0^2} \tag{4-31}$$

$$l_0 = \mu l \tag{4-32}$$

式中，l ——压杆的实际长度；

μ ——计算长度系数。

对于图 4-20（a）所示两端铰支压杆，$\mu=1$，即 $l_0 = l$。对于一端固定、另一端自由的压杆[图 4-20（b）]，$\mu=2$，即 $l_0 = 2l$。两端固定的压杆、一端铰支一端固定的压杆，计算长度见图 4-20（c）和图 4-20（d）。

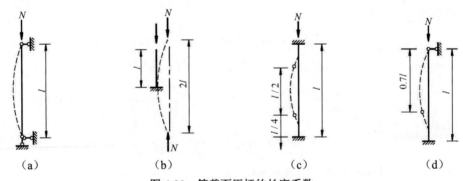

图 4-20　等截面压杆的长度系数

对于带中间支承的等截面压杆（图 4-21），其计算长度系数 μ 见表 4-8，按照中间支承点至下端距离 d 与压杆实际长度 l 的比值查取。

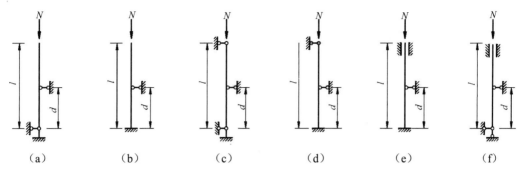

图 4-21 带中间支承的等截面压杆简图

表 4-8 带中间支承的等截面压杆的计算长度系数 μ

简图序号	d/l										
	0.0	0.1	0.2	0.3	0.4	0.5	0.6	0.7	0.8	0.9	1.0
图 4-21（a）	2.00	1.87	1.70	1.60	1.47	1.35	1.23	1.13	1.06	1.01	1.00
图 4-21（b）	2.00	1.85	1.70	1.55	1.40	1.26	1.11	0.98	0.85	0.76	0.70
图 4-21（c）	0.70	0.65	0.60	0.56	0.52	0.50	0.52	0.56	0.60	0.65	0.70
图 4-21（d）	0.70	0.65	0.59	0.54	0.49	0.44	0.41	0.41	0.44	0.47	0.50
图 4-21（e）	0.50	0.46	0.43	0.39	0.36	0.35	0.36	0.39	0.43	0.46	0.50
图 4-21（f）	0.50	0.47	0.44	0.41	0.41	0.44	0.49	0.54	0.59	0.65	0.70

对于格构式柱中的缀条，其计算长度的确定规则为：

单缀条，无论在缀条平面内还是缀条平面外，均取几何长度。

交叉缀条，在缀条平面内，l_{0y} 为节点中心到交叉点的距离；在缀条平面外，l_{0x} 的确定与缀条的受力性质、交叉点的构造有关，可按照表 4-9 查取，表中 l_0 指节点距离（交叉点不作为节点处理）。当两杆均为压杆时，两杆都不宜中断。

表 4-9 交叉缀条在构件缀条平面外的计算长度 l_{0x}

杆件	交叉	另一杆件受力		
		受拉	受压	不受力
压杆	相交两杆均不中断	$0.5l_0$	l_0	$0.7l_0$
	计算杆与另一相交杆用节点反连接，但另一杆中断	$0.7l_0$	l_0	l_0
拉杆			l_0	

【例题 4-4】 如图 4-22 所示超静定桁架，两斜杠截面相同。承受竖向载荷 P，因竖杆压缩而在两斜杆中产生压力 200 kN 。桁架的水平载荷使两斜杆分别产生拉力和压力 100 kN 。

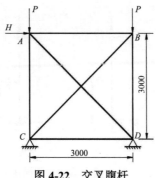

图 4-22　交叉腹杆

要求：确定在下述条件下斜杆 AD 在桁架平面外的计算长度：（A）受竖向载荷时；（B）受水平载荷时；（C）同时作用有竖向载荷和水平载荷时。

【解】

（A）计算长度系数：

根据表 4-9，取相交两杆均不中断，两杆均受压情况。

$$l_0 = \sqrt{3^2 + 3^2} = 3\sqrt{2} = 4.243 \text{ m}$$

则平面外

$$l_{0x} = l_0 = 4.243 \text{ m}$$

（B）计算长度系数：

根据表 4-9，取相交两杆均不中断，一杆受压，另一杆受拉情况。

则

$$l_{0x} = 0.5l_0 = 0.5 \times 3\sqrt{2} = 2.121 \text{ m}$$

（C）斜杆 BC：承受 $200 - 100 = 100$ kN 压力。斜杆 AD：承受 $200 + 100 = 300$ kN 压力。由于斜杆 BC 和斜杆 AD 均承受压力，取 $N_0 = 100$ kN $< N = 300$ kN 。

本情况若根据表 4-9 选取，应与（A）相同：

$$l_{0x} = l_0 = 4.243 \text{ m}$$

若选用《钢结构设计规范》（GB 50017—2003）计算方法：

$$l_{0x} = l\sqrt{\frac{1}{2}\left(1 + \frac{N_0}{N}\right)} = 4.243 \times \sqrt{\frac{1}{2}\left(1 + \frac{100}{300}\right)} = 3.462 \text{ m}$$

两种计算方法可结合实际应用的不同情况进行合理选择。

4.6.2　变截面柱的计算长度

轴心压杆在发生屈曲失稳时，构件截面受弯矩和剪力作用。以两端铰支压杆为例，弯矩是随着位移值（挠度）变化的，中间截面弯矩最大，铰支端弯矩为零。显然，压杆的合理截面应该与其受力状态相适应。因此，对两端铰支压杆，通常采用中间截面大、两端对称减小的对称变截面形式；而对一端固定一端自由的压杆而言，弯矩也是随位移变化的，自由端最小而固定端最大。因此，为获得合理截面，可采用自由端小、向根部逐渐增大的非对称变截面形式。

变截面构件能够减轻自重，合理使用材料，在轴心压杆和偏心压杆中应用广泛。如塔式起重机和汽车起重机起重臂、擦窗机伸缩臂、龙门起重机支腿等。

变截面压杆在弯矩作用下，是趋于等强度的。但从稳定性来看，比全长均为最大截面的等截面压杆要差，即其临界载荷比具有最大截面的等截面压杆要小。有两种方法可以使两者具有相同的临界载荷：一是最大截面的等截面压杆长度增加到某一数值；二是保持长度不变，改变截面的惯性矩，使之为介于变截面压杆的最大和最小惯性矩之间的某一换算值。因此，通常对变截面压杆临界载荷的计算采用一个等效的等截面压杆来取代。等效的方法可以是惯性矩换算法，也可以是长度换算法。

长度换算法较常用。变截面压杆换算为等效的等截面压杆（惯性矩为 I_{max}）的计算长度为

$$l_0 = \mu_h l \tag{4-33}$$

式中，l——变截面压杆的实际长度；

μ_h——变截面压杆的长度换算系数。

如果确定了变截面压杆的计算长度，其稳定性验算与等截面压杆的计算方法相同。两端铰支的变截面压杆的临界载荷计算公式为

$$N_{cr} = \frac{\pi^2 E I_{max}}{(\mu_h l)^2} \tag{4-34}$$

其他支承情况的变截面压杆的临界载荷可从有关结构稳定手册或文献中查取。

4.7 工程实例——擦窗机箱形截面立柱分析计算

根据《擦窗机》（GB/T 19154—2017）中规定的载荷工况，选取如图 4-23（a）所示的伸缩臂式擦窗机臂头端与配重端到立柱中心的弯矩相同情况，此时由于立柱所受载荷在立柱正上方的载荷特性，可将其视为实腹式轴心受压构件进行校核计算。

某大型擦窗机立柱（材料为 Q235）为箱形截面，截面尺寸为长 $a = 1320 \text{ mm}$，宽 $b = 970 \text{ mm}$，板厚 $t = 16 \text{ mm}$，截面如图 4-23（b）所示。

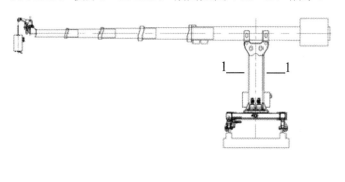

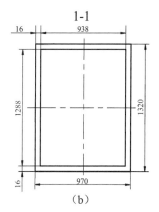

（a）

（b）

图 4-23 擦窗机立柱截面尺寸

擦窗机立柱顶端所受载荷包括起升载荷、伸缩臂自重、配重自重、臂头及起升平台自重等。假设立柱正上方受到的轴心压力设计值 $N = 801500\,\text{N}$，立柱高 $h = 12\,\text{mm}$，截面无削弱。试校核该擦窗机立柱是否安全。

（1）截面几何特性

$$A = a \times b - (a - 2t) \times (b - 2t) = 72256\,\text{mm}^2$$

$$I_x = \frac{b \times a^3 - (b - 2 \times t) \times (a - 2 \times t)^3}{12}$$

$$= \frac{970 \times 1320^3 - (970 - 2 \times 16) \times (1320 - 2 \times 16)^3}{12} = 18893810005\,\text{mm}^4$$

$$I_y = \frac{a \times b^3 - (a - 2 \times t) \times (b - 2 \times t)^3}{12}$$

$$= \frac{1320 \times 970^3 - (1320 - 2 \times 16) \times (970 - 2 \times 16)^3}{12} = 11812509205\,\text{mm}^4$$

$$i_x = \sqrt{\frac{I_x}{A}} = \sqrt{\frac{18893810005}{72256}} = 511.36\,\text{mm}$$

$$i_y = \sqrt{\frac{I_y}{A}} = \sqrt{\frac{118125092505}{72256}} = 404.33\,\text{mm}$$

（2）强度校核

因截面无削弱，故强度可不必验算。

（3）刚度校核

受压立柱的许用长细比 $[\lambda] = 150$。

$$\lambda_x = \frac{l_0}{i_x} = \frac{h}{i_x} = \frac{12000}{511.36} = 23.47 < [\lambda] = 150$$

$$\lambda_y = \frac{l_0}{i_y} = \frac{h}{i_y} = \frac{12000}{404.33} = 29.68 < [\lambda] = 150$$

刚度满足要求。

（4）整体稳定性校核

根据 $\lambda_y = 29.68$，查附录三，得稳定系数 $\varphi = 0.937$（b 类截面）。

$$\frac{N}{\varphi A} = \frac{801500}{0.937 \times 72256} = 11.84\,\text{N/mm}^2 < f = 215\,\text{N/mm}^2$$

整体稳定性满足要求。

（5）局部稳定性校核

箱形截面局部稳定性

$$\frac{b_0}{t} = \frac{b - 2 \times t}{t} = \frac{970 - 2 \times 16}{16} = 58.625 > 40\sqrt{\frac{235}{f_y}} = 40\sqrt{\frac{235}{235}} = 40$$

$$\frac{h_0}{t} = \frac{a - 2 \times t}{t} = \frac{1320 - 2 \times 16}{16} = 80.5 > 40\sqrt{\frac{235}{f_y}} = 40\sqrt{\frac{235}{235}} = 40$$

所以，局部稳定性不满足要求，对立柱箱形截面设置纵向加劲肋以提高局部稳定性。

在箱形截面长边设置两个加劲肋，将长边三等分；在箱形截面短边设置一个加劲肋，将短边二等分。

$$\frac{b_0}{t} = \frac{\frac{1}{2}(b - 2 \times t)}{t} = \frac{\frac{1}{2}(970 - 2 \times 16)}{16} = 29.31 > 40\sqrt{\frac{235}{f_y}} = 40\sqrt{\frac{235}{235}} = 40$$

$$\frac{h_0}{t} = \frac{\frac{1}{3}(a - 2 \times t)}{t} = \frac{\frac{1}{3}(1320 - 2 \times 16)}{16} = 26.83 > 40\sqrt{\frac{235}{f_y}} = 40\sqrt{\frac{235}{235}} = 40$$

改进后局部稳定性满足要求。

习　题

4-1　轴心受力构件有哪些受力特点和构造形式？

4-2　轴心受拉构件为什么要控制刚度？如何验算？

4-3　格构式轴心受压构件中换算长细比的设计思想是什么？

4-4　实腹式轴心压杆的构造要求是什么？

4-5　如图 4-24 所示为焊接工字形截面、翼缘为焰切边的轴心压杆，杆两端铰接，$L = 440$ cm，截面无削弱，承受轴心压力 $N = 950$ kN，材料 Q235，$f = 215$ N/mm^2，$[\lambda] = 150$。

（1）验算该柱是否满足要求。

（2）如不满足要求，则在不改变柱截面尺寸和两端支座的前提下采用合理的办法满足承载力要求，并计算采用措施后该柱的最大承载力 N_{max}。

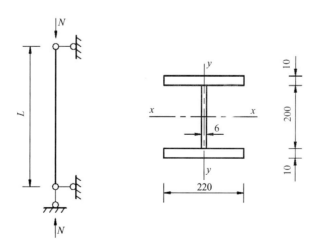

图 4-24　习题 4-5 图

4-6　一实腹式轴心受压柱，承受轴压力 3500 kN（设计值），计算长度 $l_{0x}=10\,\mathrm{m}$，$l_{0y}=5\,\mathrm{m}$，截面为焊接组合工字形，尺寸如图 4-25 所示，翼缘为剪切边，钢材为 Q235，许用长细比 $[\lambda]=150$。

（1）求 A，I_x，I_y，i_x，i_y；

（2）验算整体稳定性；

（3）验算局部稳定性；

（4）验算刚度；

（5）如果将材料由 Q235 改为 Q345，承载能力是否会有明显提高？

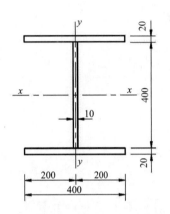
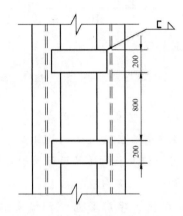
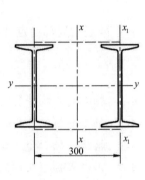

图 4-25　习题 4-6 图　　　　　　　　　　　　　　　图 4-26　习题 4-7 图

4-7　已知一两端铰接轴心受压缀板式格构柱，长 10 m，截面由 2 个 I32a 组成，两肢件之间的距离 300 mm，如图 4-26 所示。试求该柱绕虚轴的换算长细比。

第5章 受弯构件

学习要求

① 了解梁的种类、截面及受力特点，掌握梁的截面选择、梁的强度计算方法和具体计算过程；

② 掌握梁的整体稳定和局部稳定的计算分析方法，掌握梁的构造设计，掌握梁的拼接和截面改变等；

③ 能够根据强度、刚度、整体稳定和局部稳定要求，完成一般型钢梁和组合梁的截面设计与验算；

④ 能够依据《钢结构设计规范》（GB 50017—2003）和《起重机设计规范》（GB/T 3811—2008），完成吊车梁的设计和图纸绘制。

重点：梁的整体稳定和局部稳定分析与设计，梁的各种加劲肋的构造设计。

难点：梁的整体稳定系数的计算，梁的侧向支承的设置，横向和纵向加劲肋的设置和验算。

5.1 受弯构件的构造和截面形式

承受横向载荷的基本构件称为受弯构件，实腹式受弯构件简称为梁，格构式受弯构件简称为桁架。在工程机械钢结构中最常用的是梁，如工作平台的承载梁、桥式起重机和龙门起重机的主梁等。梁可作为独立的承载构件，也可以是整体结构中的一个构件。

根据制造条件，梁分为型钢梁和组合梁两大类，如图 5-1 所示。型钢梁又可分为热轧型钢梁和冷弯薄壁型钢梁两种。热轧型钢梁常用普通工字钢、H 型钢或槽钢做成[图 5-1(a)、（b）、（c）]，应用最为广泛，成本低廉，但刚度不足。对受载荷较小、跨度不大的梁用带有卷边的冷弯薄壁槽钢[图 5-1（d）、（e）]或 Z 型钢[图 5-1（f）]制作，可以更有效地节省钢材，但工程机械钢结构应用很少。结构设计中应该优先采用热轧型钢梁。

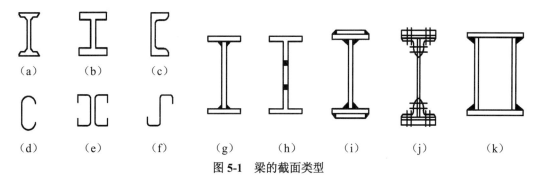

（a） （b） （c） （d） （e） （f） （g） （h） （i） （j） （k）

图 5-1 梁的截面类型

当载荷和跨度较大时，型钢梁受到尺寸和规格的限制，常不能满足承载能力或刚度的要求，此时应考虑采用组合梁。组合梁一般采用三块钢板焊接而成的工字形截面[图 5-1（g）]，或由 T 型钢中间加板的焊接截面[图 5-1（h）]。当焊接组合梁翼缘需要很厚时，可采用两层翼缘板的截面[图 5-1（i）]。受动力载荷的梁当钢材质量不能满足焊接结构的要求时，可采用高强度螺栓或铆钉连接而成的工字形截面[图 5-1（j）]。载荷很大而高度受到限制或梁的抗扭要求较高时，可采用箱形截面[图 5-1（k）]。组合梁的截面组成比较灵活，可使材料在截面上的分布更为合理，节省钢材，但制造费工。

根据支承情况，梁可分为简支梁、悬臂梁、连续梁等。前两个为静定梁，最后一个为超静定梁。简支梁不仅制造简单，安装方便，而且可以避免支座沉陷所产生的不利影响，应用最为广泛。

梁的合理截面应具有两个对称轴，在截面积一定的情况下，面积的分布应尽量远离对称轴，这样可以增大惯性矩，提高承载能力，并节省材料。

受弯构件的截面形式分为实腹式和格构式两大类，实腹式中常用工字形和箱形截面。在垂直载荷作用下，工字形截面梁是最理想的形式；同时受有垂直载荷和水平载荷时，选用箱形截面较好。

5.2 梁的强度和刚度

5.2.1 梁的强度

梁截面中弯曲正应力发展变化过程一般有弹性阶段、弹塑性阶段和塑性阶段共三个阶段，相应的截面抵抗矩则有弹性抵抗矩和塑性抵抗矩。一般把塑性抵抗矩和弹性抵抗矩的比值 γ 称为截面的塑性发展系数，γ 仅与截面的形状有关，而与材料的性质无关。

在钢结构的塑性设计中，可以有限制地利用塑性，即塑性系数 γ_x 和 γ_y 取大于 1 的值。但对于需要计算疲劳的梁，只能按照弹性进行设计。

工程机械钢结构中，由于板厚相对较薄，如果利用塑性发展，可能会产生较严重的问题。因此，一般只按照弹性进行设计，不利用塑性。显然，此时塑性系数 γ_x 和 γ_y 均取 1.0。

受弯构件的强度计算公式如下。

（1）抗弯强度

梁的抗弯强度按照式（5-1）或式（5-2）计算：

单向弯曲

$$\frac{M_x}{\gamma_x W_{nx}} \leqslant f \tag{5-1}$$

双向弯曲

$$\frac{M_x}{\gamma_x W_{nx}} + \frac{M_y}{\gamma_y W_{ny}} \leqslant f \tag{5-2}$$

式中，M_x，M_y——同一截面处绕 x 轴和 y 轴的弯矩。

W_{nx}，W_{ny}——对 x 轴和 y 轴的净截面抗弯系数。

γ_x，γ_y——截面塑性发展系数，对工字形截面：$\gamma_x = 1.05$，$\gamma_y = 1.20$；对箱形截面：

$\gamma_x = \gamma_y = 1.05$；工程机械钢结构一般按照弹性设计，则 $\gamma_x = \gamma_y = 1.0$。

f ——钢材的抗弯强度设计值。

当梁受压翼缘的自由外伸宽度与其厚度之比大于 $13\sqrt{235/f_y}$ 而不超过 $15\sqrt{235/f_y}$ 时，应取 $\gamma_x = 1.0$。f_y 为钢材牌号所指屈服点。对需要计算疲劳的梁，宜取 $\gamma_x = \gamma_y = 1.0$。

（2）抗剪强度

梁的抗剪强度按照式（5-3）计算。

$$\tau = \frac{VS}{It_w} \leqslant f_v \tag{5-3}$$

式中，V ——计算截面沿腹板平面作用的剪力；

$\quad\quad S$ ——计算剪应力处以上毛截面对中和轴的面积矩；

$\quad\quad I$ ——毛截向惯性矩；

$\quad\quad t_w$ ——腹板厚度；

$\quad\quad f_v$ ——钢材的抗剪强度设计值。

（3）局部承压强度

当梁的上翼缘有时要承受沿腹板平面的集中载荷，且该载荷处又未设置支承加劲肋时，如桥式起重机的主梁上会受到沿梁长度方向移动的集中载荷作用。梁在集中载荷作用下，腹板会承受局部压应力。局部压应力分布情况如图 5-2 所示。

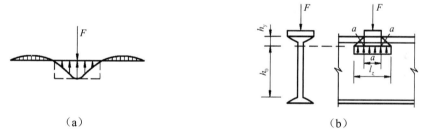

（a）　　　　　　　　　　　　　　　　　（b）

图 5-2　局部压应力作用

腹板边缘在压力 F 作用点处所产生的压应力最大，向两边则逐渐减小，其压应力的分布并不均匀[图 5-2（a）]。为计算简便，假定压力均匀分布在腹板边缘为 a 的长度上，并以 45° 的角度向两边扩散，取压力分布长度为 $l_z = a + 2h_y$ [图 5-2（b）]，则局部承压强度的验算公式为

$$\sigma_c = \frac{\psi F}{t_w l_z} = \frac{\psi F}{t_w (a + 2h_y)} \leqslant f \tag{5-4}$$

式中，F ——集中载荷，对动力载荷应考虑动力系数。

$\quad\quad \psi$ ——集中载荷增大系数，根据工程机械钢结构工作繁重的程度而考虑的增大系数，工作级别大时，取 $\psi = 1.5$；工作级别小时，取 $\psi = 1.0 \sim 1.1$。

$\quad\quad t_w$ ——腹板厚度。

l_z ——压力分布长度。

a ——集中载荷作用长度，对轮压，可取 $a = 50\,mm$。

h_y ——集中载荷作用表面至腹板计算高度边缘（厚度开始变化处）的垂直距离。

（4）折算应力

在梁的腹板计算高度边缘处，若同时受有较大的正应力、剪应力和局部压应力，或同时受有较大的正应力和剪应力，其折算应力 σ_{zs} 应按照式（5-5）计算：

$$\sigma_{zs} = \sqrt{\sigma^2 + \sigma_c^2 - \sigma\sigma_c + 3\tau^2} \leqslant \beta_1 f \tag{5-5}$$

式中，σ，τ，σ_c 分别为腹板计算高度边缘同一点上同时产生的正应力、剪应力和局部压应力，其中 σ，σ_c 需各带其正负号，拉应力取正号，压应力取负号。

式（5-5）中，τ 和 σ_c 应按照式（5-3）和式（5-4）计算，σ 应按照式（5-6）计算：

$$\sigma = \frac{M}{I_n} y_1 \tag{5-6}$$

式中，M ——计算截面的弯矩；

I_n ——净截面惯性矩；

y_1 ——所计算点距梁中和轴的距离；

β_1 ——计算折算应力时的强度设计值增大系数，当 σ 与 σ_c 异号时，取 $\beta_1 = 1.2$；当 σ 与 σ_c 同号或 $\sigma_c = 0$ 时，取 $\beta_1 = 1.1$。

式（5-4）中的各项应力是根据最不利的载荷组合对构件同一计算点计算出的折算应力，计算折算应力的部位只发生在梁的局部区域，如果简单地把 σ，τ，σ_c 都取最大值计算，过于保守。因此，此处引入系数 β_1，将钢材的强度设计值提高 β_1 倍。当 σ 与 σ_c 异号时，其塑性变形的能力比 σ 与 σ_c 同号时大，故前者的 β_1 值较后者大。

5.2.2 梁的刚度

按照正常使用的极限状态要求，需要验算梁的刚度。例如，一旦桥式起重机梁的挠度过大，就会加剧吊车运行时的冲击和振动，甚至使吊车运行困难。一般以限制梁的最大挠度保证刚度条件，按照式（5-7）验算梁的刚度：

$$v \leqslant [v] \tag{5-7}$$

式中，v ——载荷标准值作用下梁的最大挠度；

$[v]$ ——梁的许用挠度，按照不同机械可查阅有关设计手册或规范。

梁的最大挠度计算，可以根据虚功原理求解，也可以利用材料力学中梁的挠度公式或者有限元软件进行计算。常用的简支梁最大挠度可按照式（5-8a）或式（5-8b）计算。

对承受集中载荷 F 的等截面简支梁，梁中点的最大挠度为

$$v = \frac{Fl^3}{48EI} \tag{5-8a}$$

式中，F——梁的集中载荷；

l——梁的跨度。

对承受均布载荷 q 的等截面简支梁，梁中点的最大挠度为

$$v = \frac{5ql^4}{384EI}$$ （5-8b）

对变截面简支梁（变截面位置在距离支座两端 $l/6$ 处）的刚度验算见 5.6.2 节式（5-53）。

5.3 梁的整体稳定性

截面对称的工字形截面梁，如图 5-3 所示，在最大刚度平面内受到载荷作用，会产生弯曲。如果载荷较小，虽然外界各种因素会使梁产生微小的侧向弯曲倾向，但在外界影响消失后，梁仍能恢复原状，故梁处于平面弯曲平衡状态。如果载荷增大到某一数值后，梁的平衡状态变为不稳定，就有可能离开最大刚度平面，出现很大的侧向弯曲和扭转，即使外界因素消除后，仍不能恢复原来的平衡状态，丧失了继续承受载荷的能力。这时，只要载荷稍微增加一些，梁的变形就急剧增加并导致破坏，这种现象称为梁丧失整体稳定性。

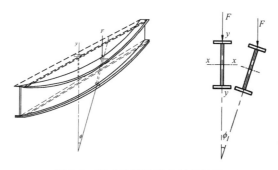

图 5-3 梁丧失整体稳定性的情况

由于梁在钢材达到屈服点之前就可能出现整体失稳，而且过大的侧向弯曲和扭转发生得又很突然，并无明显的预兆，因此比强度破坏更危险。

5.3.1 梁的临界弯矩和临界应力

梁由平面弯曲的稳定平衡转变为平面弯曲的不稳定平衡的过渡状态称为临界状态，梁维持稳定状态所承受的最大载荷或最大弯矩称为临界载荷或临界弯矩，对应的最大弯曲压应力称为临界应力。

梁的临界弯矩可用弹性稳定理论求解。对于双轴对称工字形截面简支梁的临界弯矩 M_{cr} 和临界应力 σ_{cr}，计算公式为

$$M_{cr} = K \frac{\sqrt{EI_y GI_t}}{l}$$ （5-9）

$$\sigma_{cr} = \frac{M_{cr}}{W_x} = K \frac{\sqrt{EI_y GI_t}}{W_x l}$$ （5-10）

式中，I_y——梁对 y 轴（弱轴）的毛截面惯性矩；

I_t——梁毛截面的抗扭惯性矩；

EI_y，GI_t——截面的侧向抗弯刚度、抗扭刚度；

W_x——梁受压最大纤维的毛截面抗弯系数；

l——梁受压翼缘的自由长度；

E，G——钢材的弹性模量和剪切模量；

K——梁的整体屈曲系数，与梁的截面形状、载荷类型和作用位置、支承条件、跨度有关。

显然，临界弯矩 M_{cr} 越大，梁的整体稳定性越好。因此，可以从影响临界弯矩 M_{cr} 的因素中，找到影响梁的整体稳定性的主要因素。

由式（5-9）可以看出，影响梁临界弯矩的因素主要如下：

（A）截面的侧向抗弯刚度 EI_y、扭转刚度 GI_t 愈大，则临界弯矩愈大。

（B）梁的跨度 l（或受压翼缘侧向支承点的间距）愈小，则临界弯矩愈大。

（C）截面形状的影响主要体现在截面的不对称情况，单轴对称的工字形截面中，受压翼缘加强的工字形截面要比受拉翼缘加强的工字形截面的临界弯矩大；T 形截面中，翼缘受压的 T 形截面要比翼缘受拉的 T 形截面的临界弯矩大。

（D）载荷类型中，选取跨度中点作用集中载荷、满跨作用均布载荷、纯弯曲作用三种类型进行分析。以上三种载荷中，纯弯曲作用下的临界弯矩最小，满跨作用均布载荷下的临界弯矩次之，跨度中点作用集中载荷的临界弯矩最大。这个结论与三种载荷作用下的弯矩图面积大小相关联。显然，纯弯曲作用下的弯矩图为矩形，面积最大，临界弯矩最小；而跨度中点作用集中载荷下的弯矩图为三角形（不计自重），面积最小，临界弯矩最大。

（E）载荷作用位置也对临界弯矩有影响。以横向集中载荷为例，对于工字形截面，载荷作用在受压翼缘（一般为上翼缘）时，易失稳，临界弯矩小；载荷作用在受拉翼缘（一般为下翼缘）时，不易失稳，临界弯矩大。

（F）支承条件中，约束越多，梁的侧向弯曲和扭转变形越困难，临界弯矩就越大。

以上诸因素中，增大惯性矩 I_y，I_t 或减小梁受压翼缘侧向支承点的间距，均能提高临界弯矩。这里，最有效的措施就是通过在受压翼缘设置侧向支承，来减小梁的跨度 l 或受压翼缘侧向支承点的间距 l_1，从而提高梁的整体稳定性。

5.3.2 梁的整体稳定性计算

梁的设计中合理确定跨度与受压翼缘宽度的关系，或者在结构上采取一些物理措施，均能保证或提高受弯构件的整体稳定性。规范中规定，凡满足下列两种情况之一的受弯构件，认为整体稳定性有保证，可不计算其整体稳定性。

（A）有刚性较强的铺板（如走台板或加厚钢板）密铺在梁的受压翼缘上并与其牢固相连，能阻止梁的侧向弯曲和扭转。

（B）分为箱形截面、H 型钢截面或工字形钢截面两种类型。

箱形截面要求：箱形截面受弯构件的截面高度 h 与两腹板间的宽度 b_0 的比值 h/b_0 不大于 6，或者截面足以保证受弯构件的侧向刚度（如空间桁架结构等）。

H 型钢截面或工字形钢截面要求：H 型钢或等截面工字形简支梁受压翼缘的自由长度 l_1 与其宽度 b_1 之比满足下列条件：

无侧向支承且载荷作用在受压翼缘时

$$l_1/b_1 \leqslant 13\sqrt{235/f_y}$$

无侧向支承且载荷作用在受拉翼缘时

$$l_1/b_1 \leqslant 20\sqrt{235/f_y}$$

跨中受压翼缘有侧向支承时

$$l_1/b_1 \leqslant 16\sqrt{235/f_y}$$

最大 l_1/b_1 的具体限制见表 5-1。

表 5-1　H 型钢或等截面工字形简支梁不需计算整体稳定性的最大 l_1/b_1 值

钢号	跨中无侧向支承点的梁		跨中受压翼缘有侧向支承点的梁
	载荷作用在上翼缘	载荷作用在下翼缘	不论载荷作用在何处
Q235	13.0	20.0	16.0
Q345	10.5	16.5	13.0
Q390	10.0	15.5	12.5
Q420	9.5	15.0	12.0

注：其他钢号的梁不需计算整体稳定性的最大 l_1/b_1 值，应取 Q235 钢的数值乘以 $\sqrt{235/f_y}$。

梁的设计构造上不满足上述条件之一时，应进行梁的整体稳定性验算。

（1）梁的整体稳定性计算公式

① 单向弯曲构件计算。

要使梁保持整体稳定，必须使实际应力小于临界应力，即 $\sigma < \sigma_{cr}$，引入系数 $\varphi_b = \sigma_{cr}/f_y$，并考虑到抗力分项系数 γ_R，则在最大刚度主平面内受弯的梁，其整体稳定性的验算公式为

$$\sigma = \frac{M_x}{W_x} \leqslant \frac{\sigma_{cr}}{\gamma_R} = \frac{\sigma_{cr}}{f_y} \cdot \frac{f_y}{\gamma_R} = \varphi_b \cdot f \qquad (5-11)$$

或写成下列形式

$$\frac{M_x}{\varphi_b W_x} \leqslant f \qquad (5-12)$$

式中，　M_x——梁最大刚度平面内（绕 x 轴）的弯矩；

W_x——梁受压翼缘对 x 轴的毛截面抵抗矩；

φ_b——按照最大刚度主平面内弯曲确定的整体稳定系数；

f——钢材的抗弯强度设计值。

② 双向弯曲构件计算。

在两个主平面内受弯的梁，其整体稳定性的验算公式为

$$\frac{M_x}{\varphi_b W_x} + \frac{M_y}{\gamma_y W_y} \leqslant f \tag{5-13}$$

式中，M_x，M_y——绕 x 轴（强轴）和 y 轴（弱轴）的弯矩；

$\quad\quad W_x$，W_y——梁受压翼缘对 x 轴（强轴）和对 y 轴（弱轴）的毛截面抵抗矩；

$\quad\quad\varphi_b$——按照最大刚度主平面内弯曲所确定的整体稳定系数；

$\quad\quad\gamma_y$——截面塑性发展系数。

以上公式是建立在弹性稳定理论上的，也就是说临界应力 σ_{cr} 小于比例极限 f_p，即 $\sigma_{cr} = \varphi_b f_y \leqslant f_p$ 时，以上公式才是正确的。对于一般结构用钢，试验研究认为，当 $\sigma_{cr} \leqslant 0.6 f_y$，即 $\varphi_b \leqslant 0.6$ 时，梁在弹性阶段失去整体稳定；当 $\varphi_b > 0.6$ 时，梁在弹塑性阶段失去整体稳定，为非弹性屈曲问题。因此，当 $\varphi_b > 0.6$ 时，应用弹塑性阶段的整体稳定系数 φ_b' 代替 φ_b。φ_b' 的计算公式为

$$\varphi_b' = 1.07 - \frac{0.282}{\varphi_b} \tag{5-14}$$

如果型钢梁或焊接组合梁的整体稳定性验算仍不合格，则可先在跨中受压翼缘增设侧向支承，再检验 l_1/b_1 值。当不可能增设侧向支承时，才改用更大型号（尺寸）的截面。

（2）梁的整体稳定系数 φ_b

梁的整体稳定系数 φ_b 与梁的支承条件、截面形式、载荷类型和作用位置有关，下面介绍 φ_b 的计算方法。

① 等截面焊接工字形和轧制 H 型钢简支梁（图 5-4）。

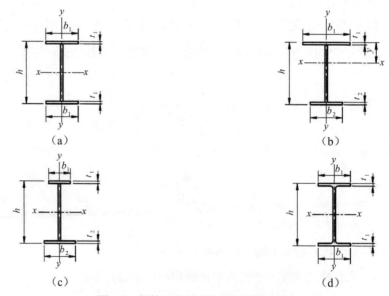

（a）　　　　　　　　　　　（b）

（c）　　　　　　　　　　　（d）

图 5-4　焊接工字形和轧制 H 型钢截面

等截面焊接工字形和轧制 H 型钢简支梁的整体稳定系数 φ_b 按照式（5-15）计算：

$$\varphi_b = \beta_b \frac{4320}{\lambda_y^2} \cdot \frac{Ah}{W_x} \left[\sqrt{1 + \left(\frac{\lambda_y t_1}{4.4h} \right)^2} + \eta_b \right] \frac{235}{f_y} \qquad (5\text{-}15)$$

式中，β_b——梁整体稳定的等效临界弯矩系数，按表 5-2 查取。

λ_y——梁在侧向支承点间对截面弱轴 $y-y$ 的长细比，$\lambda_y = l_1 / i_y$，l_1 为梁受压翼缘的自由长度，i_y 为梁毛截面对 y 轴的截面回转半径。

A——梁的毛截面面积。

h，t_1——梁截面的全高和受压翼缘厚度。

η_b——截面不对称影响系数，对双轴对称截面[图 5-4（a）、（d）]，$\eta_b = 0$，对单轴对称工字形截面[图 5-4（b）、（c）]，加强受压翼缘时，$\eta_b = 0.8(2a_b - 1)$，加强受拉翼缘时，$\eta_b = 2a_b - 1$，$a_b = I_1 / (I_1 + I_2)$，式中 I_1 和 I_2 分别为受压翼缘和受拉翼缘对 y 轴的惯性矩。

当按照式（5-15）算得的 φ_b 值大于 0.6 时，应用式（5-14）计算的 φ_b' 代替 φ_b 值。

式（5-15）也适用于等截面铆接（或高强度螺栓连接）简支梁，其受压翼缘厚度 t_1 包括翼缘角钢厚度在内。

表 5-2　H 型钢和等截面工字形简支梁的系数 β_b

项次	侧向支承	载　荷		$\xi \leqslant 2.0$	$\xi > 2.0$	适用范围
1	跨中无侧向支承	均布载荷作用在	上翼缘	$0.69 + 0.13\xi$	0.95	图 5-4（a）、（b）和（d）的截面
2			下翼缘	$1.73 - 0.20\xi$	1.33	
3		集中载荷作用在	上翼缘	$0.73 + 0.18\xi$	1.09	
4			下翼缘	$2.23 - 0.28\xi$	1.67	
5	跨度中点有一个侧向支承点	均布载荷作用在	上翼缘	1.15		图 5-4 中的所有截面
6			下翼缘	1.40		
7		集中载荷作用在截面高度上任意位置		1.75		
8	跨中有不少于两个等距离侧向支承点	任意载荷作用在	上翼缘	1.20		
9			下翼缘	1.40		
10	梁端有弯矩，但跨中无载荷作用			$1.75 - 1.05\left(\dfrac{M_2}{M_1}\right) + 0.3\left(\dfrac{M_2}{M_1}\right)^2$，但不大于 2.3		

注：1. ξ 为参数，$\xi = l_1 t_1 / (b_1 h)$。

2. M_1，M_2 为梁的端弯矩，使梁产生同向曲率时 M_1 和 M_2 取同号，产生反向曲率时取异号，$|M_1| > |M_2|$。

3. 表中项次 3，4 和 7 的集中载荷是指一个或少数几个集中载荷位于跨中央附近的情况，对其他情况的集中载荷，应按照表中项次 1，2，5，6 内的数值采用。

4. 表中项次 8，9，当集中载荷作用在侧向支承点处时，取 $\beta_b = 1.20$。

5. 载荷作用在上翼缘系指载荷作用点在翼缘表面，方向指向截面形心；载荷作用在下翼缘系指载荷作用点在翼缘表面，方向背向截面形心。

6. 对 $\alpha_b > 0.8$ 的加强受压翼缘工字形截面，下列情况的 β_b 值应乘以相应的系数：

项次 1：当 $\xi \leqslant 1.0$ 时，乘以 0.95；

项次 3：当 $\xi \leqslant 0.5$ 时，乘以 0.90；当 $0.5 < \xi \leqslant 1.0$ 时，乘以 0.95。

② 轧制工字钢简支梁。

轧制工字钢简支梁的整体稳定系数 φ_b 应由表 5-3 查取，当所得的 φ_b 值大于 0.6 时，应用式（5-14）计算的 φ_b' 代替 φ_b 值。

表 5-3　轧制普通工字钢简支梁的 φ_b

项次	载荷情况			工字钢型号	自由长度 l_1 m								
					2	3	4	5	6	7	8	9	10
1	跨中无侧向支承点的梁	集中载荷作用于	上翼缘	10~20	2.00	1.30	0.99	0.80	0.68	0.58	0.53	0.48	0.43
				22~32	2.40	1.48	1.09	0.86	0.72	0.62	0.54	0.49	0.45
				36~63	2.80	1.60	1.07	0.83	0.68	0.56	0.50	0.45	0.40
2			下翼缘	10~20	3.10	1.95	1.34	1.01	0.82	0.69	0.63	0.57	0.52
				22~40	5.50	2.80	1.84	1.37	1.07	0.86	0.73	0.64	0.56
				45~63	7.30	3.60	2.30	1.62	1.20	0.96	0.80	0.69	0.60
3		均布载荷作用于	上翼缘	10~20	1.70	1.12	0.84	0.68	0.57	0.50	0.45	0.41	0.37
				22~40	2.10	1.30	0.93	0.73	0.60	0.51	0.45	0.40	0.36
				45~63	2.60	1.45	0.97	0.73	0.59	0.50	0.44	0.38	0.35
4			下翼缘	10~20	2.50	1.55	1.08	0.83	0.68	0.56	0.52	0.47	0.42
				22~40	4.00	2.20	1.45	1.10	0.85	0.70	0.60	0.52	0.46
				45~63	5.60	2.80	1.80	1.25	0.95	0.78	0.65	0.55	0.49
5	跨中有侧向支承点的梁（不论载荷作用点在截面高度上的位置）			10~20	2.20	1.39	1.01	0.79	0.66	0.57	0.52	0.47	0.42
				22~40	3.00	1.80	1.24	0.96	0.76	0.65	0.56	0.49	0.43
				45~63	4.00	2.20	1.38	1.01	0.80	0.66	0.56	0.49	0.43

注：1. 同表 5-2 的注 3，5。

2. 表中的 φ_b 适用于 Q235 钢。对其他钢号，表中数值乘以 $235/f_y$。

③ 轧制槽钢简支梁。

轧制槽钢简支梁的整体稳定系数，不论载荷的形式和载荷作用点在截面高度上的位置，均可按照式（5-16）计算。

$$\varphi_b = \frac{570bt}{l_1 h} \cdot \frac{235}{f_y} \qquad (5\text{-}16)$$

式中，h，b，t ——槽钢截面的高度、翼缘宽度和平均厚度。

④ 双轴对称工字形等截面（含 H 型钢）悬臂梁。

双轴对称工字形等截面（含 H 型钢）悬臂梁的整体稳定系数，可按照公式（5-15）计算，但式中系数 β_b 应由表 5-4 查得，$\lambda_y = l_1 / i_y$（l_1 为悬臂梁的悬伸长度）。当求得的 φ_b 值大于 0.6 时，应用式（5-14）计算的 φ_b' 代替 φ_b 值。

表 5-4　双轴对称工字形等截面（含 H 型钢）悬臂梁的系数 β_b

项次	载荷形式		$0.60 \leqslant \xi \leqslant 1.24$	$1.24 < \xi \leqslant 1.96$	$1.96 < \xi \leqslant 3.10$
1	自由端一个集中载荷作用在	上翼缘	$0.21 + 0.67\xi$	$0.72 + 0.26\xi$	$1.17 + 0.03\xi$
2		下翼缘	$2.94 - 0.65\xi$	$2.64 - 0.40\xi$	$2.15 - 0.15\xi$
3	均布载荷作用在上翼缘		$0.62 + 0.82\xi$	$1.25 + 0.31\xi$	$1.66 + 0.10\xi$

注：1. 本表是按照支承端为固定的情况确定的，当用于由邻跨延伸出来的伸臂梁时，应在构造上采取措施加强支承处的抗扭力。

2. 表中 ξ 见表 5-2 注 1。

⑤ 受弯构件整体稳定系数的近似计算。

均匀弯曲的受弯构件，当 $\lambda_y \leqslant 120\sqrt{235/f_y}$ 时，其整体稳定系数 φ_b 可按照下列近似公

式计算。

工字形截面（含 H 型钢）：

双轴对称时

$$\varphi_{b} = 1.07 - \frac{\lambda_{y}^{2}}{44000} \cdot \frac{f_{y}}{235} \qquad (5\text{-}17a)$$

单轴对称时

$$\varphi_{b} = 1.07 - \frac{W_{x}}{(2a_{b} + 0.1)Ah} \cdot \frac{\lambda_{y}^{2}}{14000} \cdot \frac{f_{y}}{235} \qquad (5\text{-}17b)$$

T 形截面（弯矩作用在对称轴平面，绕 x 轴）：

弯矩使翼缘受压时：

双角钢 T 形截面

$$\varphi_{b} = 1 - 0.0017\lambda_{y}\sqrt{f_{y}/235} \qquad (5\text{-}18a)$$

剖分 T 型钢和两板组合 T 形截面

$$\varphi_{b} = 1 - 0.0022\lambda_{y}\sqrt{f_{y}/235} \qquad (5\text{-}18b)$$

弯矩使翼缘受拉且腹板宽厚比不大于 $18\sqrt{235/f_{y}}$ 时：

$$\varphi_{b} = 1 - 0.0005\lambda_{y}\sqrt{f_{y}/235} \qquad (5\text{-}19)$$

按照式（5-17）~式（5-19）算得的 φ_{b} 值大于 0.6 时，不需要用式（5-14）计算的 φ_{b}' 代替 φ_{b} 值；当按式（5-17）算得的 φ_{b} 值大于 1.0 时，取 $\varphi_{b} = 1.0$。

对于用来减小梁受压翼缘自由长度的侧向支承点，应能承受足够的侧向力，其所承受的侧向力 F 应按照式（5-20）计算：

$$F = \frac{A_{f}f}{85}\sqrt{\frac{f_{y}}{235}} \qquad (5\text{-}20)$$

式中，A_{f} ——梁的受压翼缘截面面积。

【例题 5-1】 图 5-5 所示的跨度为 12 m 的简支梁，在受压翼缘的中点和两端均有侧向支承，截面为单轴对称焊接工字形，截面尺寸如图所示，材料为 Q235，梁自重为 $q = 1.1\ \text{kN/m}$，在集中载荷标准值 $P = 130\ \text{kN}$ 作用下，试校核梁的整体稳定性。

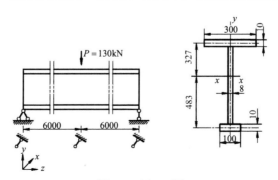

图 5-5　例 5-1 图

【解 1】许用应力法

（1）判断是否需要稳定性校核

梁的跨内有支承，不需要验算整体稳定性校核的最大 l/b_1 数值为 $16\sqrt{235/\sigma_s}$ =16。

该结构自由计算长度与梁宽比 $l/b_1 = 6000/300 = 20$（大于 16），所以必须进行整体稳定性校核。

（2）载荷效应

$$M = \frac{1}{4}Pl + \frac{1}{8}ql^2 = \frac{1}{4}\times130\times12 + \frac{1}{8}\times1.1\times12^2 = 409.8 \text{ kN/m}$$

（3）许用应力

查表 2-2，得 $t \leqslant 16$ mm 时，$\sigma_s = 235 \text{ N/mm}^2$。

由于没有考虑风载荷，按照载荷组合 A 考虑，取安全系数 $n = 1.48$。

$$[\sigma] = \frac{\sigma_s}{n} = \frac{235}{1.48} = 158.8 \text{ N/mm}^2$$

（4）校核整体稳定性

受压翼缘的惯性矩

$$I_{y1} = \frac{1}{12}\times1\times30^3 = 2250 \text{ cm}^4$$

全截面对弱轴的惯性矩

$$I_y = \frac{1}{12}\times1\times30^3 + \frac{1}{12}\times1\times10^3 + \frac{1}{12}\times(48.3+32.7-1)\times0.8^3 = 2336.75 \text{ cm}^4$$

$$m = \frac{I_{y1}}{I_y} = \frac{2250}{2336.75} = 0.963$$

截面属于单轴对称，$k = 0.8$；跨中有一个侧向支承 $\beta_b = 1.75$。

$$I_x = \frac{1}{12}\times30\times1^3 + 30\times1\times32.7^2 + \frac{1}{12}\times10\times1^3 + 10\times1\times48.3^2 + \frac{1}{12}\times1\times$$
$$80^3 + 80\times1\times(40.5-32.7)^2 = 102944.8 \text{ cm}^4$$

$$W_x = \frac{I_x}{32.7+0.5} = \frac{102944.8}{33.2} = 3100.7 \text{cm}^3 = 3100700 \text{ mm}^3$$

$$A = 30\times1 + 10\times1 + 0.8\times80 = 104 \text{cm}^2 = 10400 \text{ mm}^2$$

$$r_y = \sqrt{\frac{I_y}{A}} = \sqrt{\frac{2336.75}{104}} = 4.74 \text{ cm}$$

$$\lambda_y = \frac{l}{r_y} = \frac{600}{4.74} = 126.6$$

$$\varphi_b = \beta_b \frac{4320}{\lambda_y^2} \times \frac{Ah}{W_x}\left[k(2m-1) + \sqrt{1 + \left(\frac{\lambda_y t}{4.4h}\right)^2}\right]\frac{235}{\sigma_s}$$

$$\varphi_b = 1.75 \times \frac{4320}{126.6^2} \times \frac{10400 \times 820}{3100700} \times \left[0.8 \times (2 \times 0.963 - 1) + \sqrt{1 + \left(\frac{126.6 \times 10}{4.4 \times 820} \right)^2} \right] \frac{235}{235}$$

$$= 2.335 > 0.8$$

查表 5-3 并由插入法得

$$\varphi_b' = 0.968 + \frac{0.973 - 0.968}{2.40 - 2.20} \times (2.35 - 2.20) = 0.97$$

$$\sigma = \frac{M}{\varphi_b' W_x} = \frac{409.8 \times 10^6}{0.97 \times 3100700} = 136.3 \text{ N/mm}^2 < [\sigma] = 158.8 \text{ N/mm}^2$$

所以该梁整体稳定性满足要求。

【解 2】极限状态法

（1）判断是否需要稳定性计算

同【解 1】。

（2）载荷效应

集中载荷 P 应考虑可变载荷分项系数 γ_Q，取 $\gamma_Q = 1.4$，自重载荷应考虑永久载荷分项系数 γ_G，取 $\gamma_G = 1.2$，则有

$$M_x = \frac{1}{4}(\gamma_Q P)l + \frac{1}{8}(\gamma_G q)l^2 = \frac{1}{4} \times (1.4 \times 130) \times 12 + \frac{1}{8} \times (1.2 \times 1.1) \times 12^2 = 569.76 \text{ kN/m}$$

（3）钢材的强度设计值 f

因 $t \leqslant 16 \text{ mm}$，故 $f = 215 \text{ N/mm}^2$。

（4）校核整体稳定性

受压翼缘的惯性矩

$$I_{y1} = \frac{1}{12} \times 1 \times 30^3 = 2250 \text{ cm}^4$$

受拉翼缘的惯性矩

$$I_{y2} = \frac{1}{12} \times 1 \times 10^3 = 83.33 \text{ cm}^4$$

$$a_b = \frac{I_{y1}}{I_{y1} + I_{y2}} = \frac{2250}{2250 + 83.33} = 0.964$$

$$\eta_b = 0.8(2a_b - 1) = 0.8 \times (2 \times 0.964 - 1) = 0.743$$

查表 5-2 得：跨中有一个侧向支承 $\beta_b = 1.75$。

$$I_x = \frac{1}{12} \times 30 \times 1^3 + 30 \times 1 \times 32.7^2 + \frac{1}{12} \times 10 \times 1^3 + 10 \times 1 \times 48.3^2 + \frac{1}{12} \times 1 \times 80^3 +$$

$$80 \times 1 \times (40.5 - 32.7)^2 = 102944.8 \text{ cm}^4$$

$$W_x = \frac{I_x}{32.7 + 0.5} = \frac{102944.8}{33.2} = 3100.7 \text{cm}^3 = 3100700 \text{ mm}^3$$

$$A = 30 \times 1 + 10 \times 1 + 0.8 \times 80 = 104 \text{cm}^2 = 10400 \text{ mm}^2$$

$$h = 483 + 327 + 10 = 820 \text{ mm}$$

$$I_y = I_{y1} + I_{y2} = 2250 + 83.33 = 2333.33 \text{ cm}^4$$

$$i_y = \sqrt{\frac{I_y}{A}} = \sqrt{\frac{2333.33}{104}} = 4.737 \text{ cm}$$

$$\lambda_y = \frac{l}{r_y} = \frac{600}{4.737} = 126.66$$

$$\varphi_b = \beta_b \frac{4320}{\lambda_y^2} \cdot \frac{Ah}{W_x} \left[\sqrt{1 + \left(\frac{\lambda_y t_1}{4.4h} \right)^2} + \eta_b \right] \frac{235}{f_y}$$

$$= 1.75 \times \frac{4320}{126.66^2} \times \frac{10400 \times 820}{3100700} \times \left[0.743 + \sqrt{1 + \left(\frac{126.66 \times 10}{4.4 \times 820} \right)^2} \right] \times \frac{235}{235}$$

$$= 2.337 > 0.6$$

则

$$\varphi_b' = 1.07 - \frac{0.282}{\varphi_b} = 1.07 - \frac{0.282}{2.337} = 0.949$$

$$\sigma = \frac{M_x}{\varphi_b' W_x} = \frac{569.76 \times 10^6}{0.949 \times 3100700} = 193.6 \text{ N/mm}^2 < f = 215 \text{ N/mm}^2$$

梁的整体稳定性满足要求。

综上，由于本例题中梁的跨度较小，不涉及非线性问题，故两种解法结论相同。

5.4 焊接梁的局部稳定和腹板加劲肋的设计

在焊接组合梁中，为了获得经济的截面尺寸，常常采用宽而薄的翼缘板和高而薄的腹板。但是如果宽（高）厚比过大，在载荷作用下，梁腹板的受压区域和受压翼缘就可能偏离其正常板面的位置，在侧向形成波状鼓曲的现象，如图 5-6 所示。这种现象称为板件丧失局部稳定。梁的受压翼缘或腹板的受压区域在丧失了局部稳定后，就削弱了梁的截面，改变了梁的工作性能，使梁的强度和整体稳定性降低，刚度减小，很可能导致破坏。

梁的局部稳定的设计要求是：局部失稳不先于强度破坏发生。

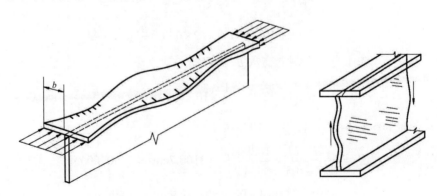

图 5-6 梁的局部失稳

5.4.1 翼缘板的局部稳定

为保证梁的整体稳定性，翼缘板的宽度取大些为好。但翼缘板的宽厚比过大，板件会发生局部屈曲，将导致梁丧失继续承载的能力。因此，常采用限制翼缘宽厚比的办法，来防止翼缘板的局部失稳。

工字形截面梁的受压翼缘可视为三边简支、一边自由、受均匀压应力作用的薄板，而箱形截面梁在两腹板之间的受压翼缘可视为四边简支的均匀受压薄板。按照局部稳定的设计要求，受压翼缘的临界应力不大于屈服点，即 $\sigma'_{cr} \leqslant f_y$，规范给出了梁受压翼缘的宽厚比限值。

工字形截面梁的自由外伸翼缘的宽厚比应满足[图 5-7（a）]

$$\frac{b}{t} \leqslant 15\sqrt{\frac{235}{f_y}} \tag{5-21}$$

式中，b ——工字形截面梁的受压翼缘外伸宽度；

t ——工字形截面梁的受压翼缘厚度。

箱形截面梁两腹板之间受压翼缘的宽厚比应满足[图 5-7（b）]

$$\frac{b_0}{t} \leqslant 40\sqrt{\frac{235}{f_y}} \tag{5-22}$$

式中，b_0 ——箱形截面梁两腹板之间的受压翼缘宽度；

t ——箱形截面梁两腹板之间的受压翼缘厚度。

当箱形截面梁受压翼缘板设有纵向加劲肋时，式（5-22）中的 b_0 取为腹板与纵向加劲肋之间的翼缘板无支承宽度。

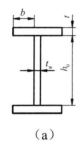 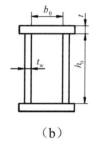

（a） （b）

图 5-7 组合梁截面形式

5.4.2 腹板的局部稳定与加劲肋配置

工字形截面梁和箱形截面梁的腹板可视为两边受翼缘板嵌固的四边简支薄板，在弯曲应力、剪切应力、局部压应力作用下，都可能发生局部失稳。因此，在确定腹板的高厚比 h_0/t_w 时，需要考虑腹板在上述各种应力作用下的临界应力。

与翼缘板不同的是，梁的腹板一般不采用增加板厚来保证局部稳定。腹板常设计得高而薄，为了提高局部稳定性，常采用构造措施，即设置加劲肋来予以加强，如图 5-8 所示。因此，腹板的设计思想是"高薄腹板+加劲肋"。加劲肋主要有横向加劲肋、纵向加劲肋、短加劲肋和支承加劲肋等几种，设计中按照不同情况采用。

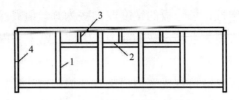

图 5-8　梁的加劲肋示例

1—横向加劲肋；2—纵向加劲肋
3—短加劲肋；4—支承加劲肋

梁腹板的高厚比及加劲肋的配置按照下列要求进行。

（A）当 $h_0/t_w \leqslant 80\sqrt{235/f_y}$ 时，对有局部压应力（$\sigma_c \neq 0$）的梁，应按照构造配置横向加劲肋（$a \leqslant 2h_0$，a 为两个横向加劲肋之间的距离），见图 5-9（a）；对无局部压应力（$\sigma_c = 0$）的梁，可不配置横向加劲肋。

（B）当 $80\sqrt{235/f_y} < h_0/t_w \leqslant 170\sqrt{235/f_y}$ 时，应按照计算配置横向加劲肋。

（C）当 $h_0/t_w > 170\sqrt{235/f_y}$（受压翼缘扭转受到约束，如连有刚性铺板、制动板或焊有钢轨）或 $h_0/t_w > 150\sqrt{235/f_y}$（其他情况）或按照计算需要时，除了配置横向加劲肋外，还应在弯曲应力较大区格的受压区增加配置纵向加劲肋[图 5-9（b）]。对于局部压应力很大的梁，必要时还应在受压区配置短加劲肋[图 5-9（c）]。

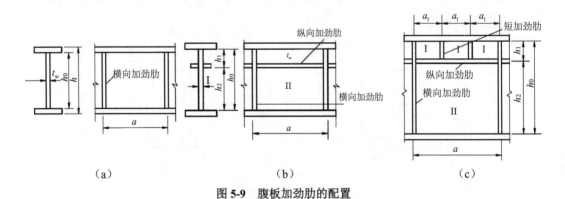

（a）　　　　　　　　　　（b）　　　　　　　　　　（c）

图 5-9　腹板加劲肋的配置

任何情况下，h_0/t_w 均不应超过 250。

此处 h_0 为腹板计算高度，对焊接梁，h_0 等于腹板高度 h_w；对铆接梁，为腹板与上、下翼缘连接铆钉的最近距离；对单轴对称梁，当确定是否要配置纵向加劲肋时，h_0 应取腹板受压区高度 h_c 的 2 倍。

（D）梁的支座处和上翼缘受较大固定集中载荷处，应设置支承加劲肋。

为避免焊接后的不对称残余变形并减少制造工作量，焊接吊车梁应尽量避免设置纵向加劲肋，尤其是短加劲肋。

5.4.3 腹板的局部稳定计算

梁的加劲肋和翼缘使腹板分为若干四边支承的矩形板区格。这些区格一般受弯曲正应力、剪应力，以及局部压应力。在弯曲正应力单独作用下，腹板的失稳形式如图 5-10（a）所示，凸凹波形的中心靠近其压应力合力的作用线。在剪应力单独作用下，腹板在 45° 方向产生主应力，主拉应力和主压应力在数值上都等于剪应力。在主压应力作用下，腹板失稳形式如图 5-10（b）所示，为大约 45° 方向倾斜的凸凹波形。在局部压应力单独作用下，腹板的失稳形式如图 5-10（c）所示，产生一个靠近横向压应力作用边缘的鼓曲面。

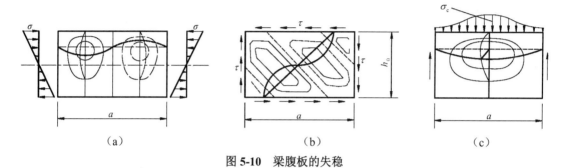

图 5-10　梁腹板的失稳

横向加劲肋主要防止由剪应力和局部压应力可能引起的腹板失稳，纵向加劲肋主要防止由弯曲压应力可能引起的腹板失稳，短加劲肋主要防止由局部压应力可能引起的腹板失稳。计算时，先布置加劲肋，再计算各区格板的平均作用应力和相应的临界应力，使其满足稳定条件。如不满足（不足或太富裕），再调整加劲肋间距，重新计算。以下介绍各种加劲肋配置时的腹板稳定计算方法。

（1）仅配置横向加劲肋的腹板［图 5-9（a）］

腹板在两个横向加劲肋之间的区格，同时受弯曲正应力 σ、剪应力 τ、局部压应力 σ_c 共同作用，各区格的局部稳定验算公式为

$$\left(\frac{\sigma}{\sigma_{cr}}\right)^2 + \left(\frac{\tau}{\tau_{cr}}\right)^2 + \frac{\sigma_c}{\sigma_{c,cr}} \leqslant 1 \qquad (5\text{-}23)$$

式中，σ——所计算腹板区格内，由平均弯矩产生的腹板计算高度边缘的弯曲压应力；

　　　τ——所计算腹板区格内，由平均剪力产生的腹板平均剪应力，$\tau = V/(h_w t_w)$；

　　　σ_c——腹板边缘的局部压应力，应按照式（5-4）计算，此处取 $\psi = 1.0$。

σ_{cr}, $\sigma_{c,cr}$——σ, σ_c 单独作用下板的临界应力，计算方法如下。

　　　τ_{cr}——τ 单独作用下板的临界应力，计算方法如下。

① σ_{cr} 的计算。

当 $\lambda_b \leqslant 0.85$ 时

$$\sigma_{cr} = f \qquad (5\text{-}24a)$$

当 $0.85 < \lambda_b \leqslant 1.25$ 时

$$\sigma_{cr} = \left[1 - 0.75\left(\lambda_b - 0.85\right)\right]f \qquad (5\text{-}24b)$$

当 $\lambda_b > 1.25$ 时

$$\sigma_{cr} = 1.1f / \lambda_b^2 \qquad (5\text{-}24c)$$

式中，λ_b ——用于腹板受弯计算时的通用高厚比。

当梁受压翼缘扭转受到约束时

$$\lambda_b = \frac{2\,h_c / t_w}{177} \sqrt{\frac{f_y}{235}} \qquad （5\text{-}24d）$$

当梁受压翼缘扭转未受约束时

$$\lambda_b = \frac{2\,h_c / t_w}{153} \sqrt{\frac{f_y}{235}} \qquad （5\text{-}24e）$$

式中，h_c ——梁腹板弯曲受压区高度，对双轴对称截面 $2h_c = h_0$。

② τ_{cr} 的计算。

当 $\lambda_s \leqslant 0.8$ 时

$$\tau_{cr} = f_v \qquad (5\text{-}25a)$$

当 $0.8 < \lambda_s \leqslant 1.2$ 时

$$\tau_{cr} = \left[1 - 0.59\left(\lambda_s - 0.8\right)\right]f_v \qquad (5\text{-}25b)$$

当 $\lambda_s > 1.2$ 时

$$\tau_{cr} = f_{vy} / \lambda_s^2 = 1.1 f_v / \lambda_s^2 \qquad （5\text{-}25c）$$

式中，λ_s ——用于腹板受剪计算时的通用高厚比。

当 $a/h_0 \leqslant 1.0$ 时

$$\lambda_s = \frac{h_0 / t_w}{41\sqrt{4 + 5.34\left(h_0/a\right)^2}} \cdot \sqrt{\frac{f_y}{235}} \qquad （5\text{-}25d）$$

当 $a/h_0 > 1.0$ 时

$$\lambda_s = \frac{h_0 / t_w}{41\sqrt{5.34 + 4\left(h_0/a\right)^2}} \cdot \sqrt{\frac{f_y}{235}} \qquad （5\text{-}25e）$$

③ $\sigma_{c,cr}$ 的计算。

当 $\lambda_c \leqslant 0.9$ 时

$$\sigma_{c,cr} = f \qquad （5\text{-}26a）$$

当 $0.9 < \lambda_c \leqslant 1.2$ 时

$$\sigma_{c,cr} = \left[1 - 0.79\left(\lambda_c - 0.9\right)\right]f \qquad （5\text{-}26b）$$

当 $\lambda_c > 1.2$ 时

$$\sigma_{c,cr} = 1.1 f / \lambda_c^2 \tag{5-26c}$$

式中，λ_c——用于腹板受局部压力计算时的通用高厚比。

当 $0.5 \leqslant a/h_0 \leqslant 1.5$ 时

$$\lambda_c = \frac{h_0/t_w}{28\sqrt{10.9 + 13.4(1.83 - a/h_0)^3}} \cdot \sqrt{\frac{f_y}{235}} \tag{5-26d}$$

当 $1.5 < a/h_0 \leqslant 2$ 时

$$\lambda_c = \frac{h_0/t_w}{28\sqrt{18.9 - 5a/h_0}} \cdot \sqrt{\frac{f_y}{235}} \tag{5-26e}$$

（2）同时用横向加劲肋和纵向加劲肋加强的腹板［图5-9（b）、（c）］

这种情况下，纵向加劲肋将腹板分隔成区格 I 和 II，应分别计算这两个区格腹板的局部稳定性（图5-11）。

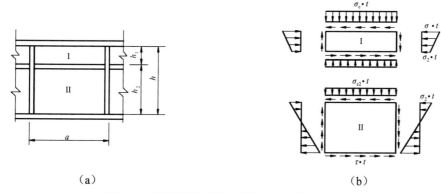

（a）　　　　　　　　　　　　（b）

图5-11　同时用横向肋和纵向肋加强的梁腹板

① 受压翼缘与纵向加劲肋之间高度为 h_1 的区格。

$$\frac{\sigma}{\sigma_{cr1}} + \left(\frac{\tau}{\tau_{cr1}}\right)^2 + \left(\frac{\sigma_c}{\sigma_{c,cr1}}\right)^2 \leqslant 1 \tag{5-27}$$

式中，σ_{cr1}，τ_{cr1}，$\sigma_{c,cr1}$ 分别按照下列方法计算。

● σ_{cr1} 按照式（5-24）计算，但式中的 λ_b 改用下列 λ_{b1} 代替。

当梁受压翼缘扭转受到约束时

$$\lambda_{b1} = \frac{h_1/t_w}{75}\sqrt{\frac{f_y}{235}} \tag{5-28a}$$

当梁受压翼缘扭转未受约束时

$$\lambda_{b1} = \frac{h_1/t_w}{64}\sqrt{\frac{f_y}{235}} \tag{5-28b}$$

式中，h_1——纵向加劲肋至腹板计算高度受压翼缘边缘的距离。

● τ_{cr1} 按照式（5-25）计算，但式中 h_0 改为 h_1。

● $\sigma_{c,cr1}$ 按照式（5-26）计算，但式中的 λ_c 改用下列 λ_{c1} 代替。

当梁受压翼缘扭转受到约束时

$$\lambda_{c1} = \frac{h_1/t_w}{56} \sqrt{\frac{f_y}{235}} \qquad (5\text{-}29a)$$

当梁受压翼缘扭转未受约束时

$$\lambda_{c1} = \frac{h_1/t_w}{40} \sqrt{\frac{f_y}{235}} \qquad (5\text{-}29b)$$

② 受拉翼缘与纵向加劲肋之间的区格（高度为 h_2）。

$$\left(\frac{\sigma_2}{\sigma_{cr2}}\right)^2 + \left(\frac{\tau}{\tau_{cr2}}\right)^2 + \frac{\sigma_{c2}}{\sigma_{c,cr2}} \leqslant 1 \qquad (5\text{-}30)$$

式中，σ_2 ——所计算区格内，由平均弯矩产生的腹板在纵向加劲肋处的弯曲压应力；

τ ——所计算区格内，由平均剪力产生的腹板平均剪应力，$\tau = V/(h_w t_w)$；

σ_{c2} ——腹板在纵向加劲肋处的横向压应力，取 $\sigma_{c2} = 0.3\sigma_c$；

σ_{cr2} —— σ_2 单独作用下板的临界应力，计算方法如下。

τ_{cr2} —— τ 单独作用下板的临界应力，计算方法如下。

$\sigma_{c,cr2}$ —— σ_{c2} 单独作用下板的临界应力，计算方法如下。

● σ_{cr2} 按照式（5-24）计算，但式中的 λ_b 改用下列 λ_{b2} 代替。

$$\lambda_{b2} = \frac{h_2/t_w}{194} \sqrt{\frac{f_y}{235}} \qquad (5\text{-}31)$$

● τ_{cr2} 按照式（5-25）计算，但式中 h_0 改为 h_2（$h_2 = h - h_1$）。

● $\sigma_{c,cr2}$ 按照式（5-26）计算，但式中 h_0 改为 h_2。当 $a/h_2 > 2$ 时，取 $a/h_2 = 2$。

（3）在受压翼缘与纵向加劲肋之间设有短加劲肋的区格[图 5-9（c）]

区格内腹板的局部稳定性按照式（5-27）计算。该式中的 σ_{cr1} 仍按照式（5-24）中说明进行计算；τ_{cr1} 按照式（5-25）计算，但将 h_0 和 a 分别改为 h_1 和 a_1（a_1 为短加劲肋间距）；$\sigma_{c,cr1}$ 按照式（5-26）计算，但式中的 λ_c 改用下列 λ_{c1} 代替。

对 $a_1/h_1 \leqslant 1.2$ 的区格：

当梁受压翼缘扭转受到约束时

$$\lambda_{c1} = \frac{a_1/t_w}{87} \cdot \sqrt{\frac{f_y}{235}} \qquad (5\text{-}32a)$$

当梁受压翼缘扭转未受约束时

$$\lambda_{c1} = \frac{a_1/t_w}{73} \cdot \sqrt{\frac{f_y}{235}} \qquad (5\text{-}32b)$$

对 $a_1/h_1 > 1.2$ 的区格：式（5-32）右侧应乘以 $1/\sqrt{0.4+0.5a_1/h_1}$ 。

5.4.4 加劲肋的构造设计

加劲肋宜在腹板两侧成对配置（图 5-12），也可单侧配置，但支承加劲肋、重级工作制吊车梁的加劲肋不应单侧配置。

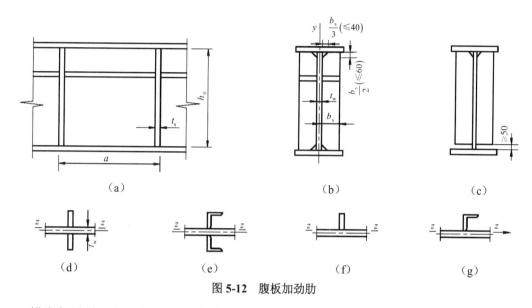

图 5-12 腹板加劲肋

横向加劲肋的最小间距 $a_{\min}$ 应为 $0.5h_0$ ，最大间距 $a_{\max}$ 应为 $2h_0$ （对无局部压应力即 $\sigma_c=0$ 的梁，当 $h_0/t_w \leqslant 100$ 时，可采用 $2.5h_0$ ）。纵向加劲肋至腹板计算高度受压翼缘的距离应在 $h_c/2.5 \sim h_c/2$ 范围内。

在腹板两侧成对配置的钢板横向加劲肋，其截面尺寸应符合下列公式要求：

外伸宽度

$$b_s \geqslant \frac{h_0}{30} + 40(\text{mm}) \tag{5-33}$$

厚度

$$t_s \geqslant \frac{b_s}{15} \tag{5-34}$$

在腹板一侧配置的钢板横向加劲肋，其外伸宽度应大于按照式（5-33）算得的 1.2 倍，厚度不应小于其外伸宽度的 1/15。

同时用横向加劲肋和纵向加劲肋加强的腹板，横向加劲肋和纵向加劲肋相交处，应切断纵肋而使横肋保持连续。横向加劲肋的截面尺寸除应符合外伸宽度和厚度的规定外，其截面惯性矩 I_z （对 $z-z$ 轴，图 5-12）应符合式（5-35）要求：

$$I_z \geqslant 3h_0 t_w^3 \tag{5-35}$$

纵向加劲肋的截面惯性矩 I_y ，应符合下列公式的要求：

当 $a/h_0 \leqslant 0.85$ 时

$$I_y \geqslant 1.5 h_0 t_w^3 \qquad (5\text{-}36\text{a})$$

当 $a/h_0 > 0.85$ 时

$$I_y \geqslant \left(2.5 - 0.45\frac{a}{h_0}\right)\left(\frac{a}{h_0}\right)^2 \cdot h_0 t_w^3 \qquad (5\text{-}36\text{b})$$

计算加劲肋截面惯性矩时，成对配置的，应按照梁腹板中心线为轴线计算；一侧配置的，应按照与加劲肋相连的腹板边缘为轴线计算。

用型钢（H 型钢、工字钢、槽钢、肢尖焊于腹板的角钢）做成的加劲肋，其截面惯性矩不得小于相应钢板加劲肋的惯性矩。

短加劲肋的最小间距为 $0.75h_1$，外伸宽度应取横向加劲肋外伸宽度的 0.7~1.0 倍，厚度不应小于短加劲肋外伸宽度的 1/15。

为了避免三向焊缝交叉，减小焊接应力和焊接变形，加劲肋与翼缘板相接处应切成斜角。一般斜角宽约 $b_s/3$（$\leqslant$40mm）、高约 $b_s/2$（$\leqslant$60mm），此处 b_s 为加劲肋的宽度［图 5-12（b）］。对直接承受动力载荷的梁（如吊车梁），中间横向加劲肋下端不宜与受拉翼缘焊接，否则将降低受拉翼缘的疲劳强度。一般在距受拉翼缘不少于 50 mm 处断开［图 5-12（c）］。所以，对此类梁的中间加劲肋，切角尺寸的规定仅适用于与受压翼缘相连接处。

支承加劲肋是指承受固定集中载荷或支座反力的横向加劲肋，其作用是将集中载荷转化为梁腹板的剪力，使力线平顺。为此，支承加劲肋端部应切角并刨平，并紧密顶住翼缘板（图 5-13）。

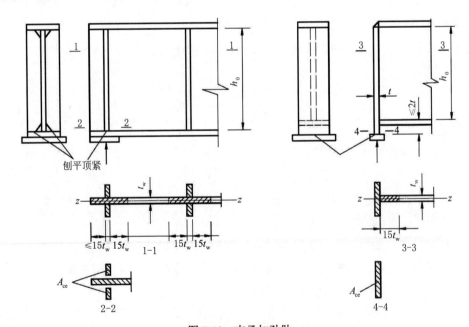

图 5-13　支承加劲肋

5.4.5 支承加劲肋的计算

支承加劲肋应在腹板两侧成对设置，并进行整体稳定和端面承压计算，其截面尺寸往往要比中间的横向加劲肋尺寸大。

（1）稳定性计算

按照承受梁支座反力或固定集中载荷的轴心压杆计算其在腹板平面外的稳定性。此受压压杆的截面面积包括加劲肋面积和加劲肋每侧 $15t_w\sqrt{235/f_y}$ 范围内的腹板面积（图 5-13 中阴影部分），计算长度取 h_0。

（2）端面承压计算

当梁的支承加劲肋的端部为刨平顶紧时，应按照其所承受的支座反力或固定集中载荷计算其端面承压应力。计算公式为

$$\sigma_{ce} = \frac{F}{A_{ce}} \leqslant f_{ce} \tag{5-37}$$

式中，F——集中载荷或支座反力；

A_{ce}——端面承压面积；

f_{ce}——钢材端面承压强度设计值。

（3）突缘支座的计算

当突缘支座的伸出长度不大于端加劲肋厚度的 2 倍时，可用端面承压的强度设计值 f_{ce} 进行计算。否则，应将伸出部分作为轴心压杆来验算其强度和稳定性。

（4）连接焊缝计算

支承加劲肋与腹板的连接焊缝，应按照承受全部集中力或支反力进行计算。计算时假定应力沿焊缝长度均匀分布。

5.5 型钢梁的设计计算

型钢梁设计一般应满足强度、刚度和整体稳定的要求。型钢梁腹板和翼缘的宽厚比都不大，局部稳定有保证，不需进行验算。

型钢梁的设计内容和步骤主要如下。

（1）按照强度条件确定梁截面所需的净截面抗弯系数 W_{nx}：

$$W_{nx} = \frac{M_x}{\gamma_x f} \tag{5-38}$$

式中，M_x——梁的最大弯矩；

γ_x——塑性发展系数，塑性设计时 $\gamma_x=1.05$，弹性设计时 $\gamma_x=1.0$；

f——钢材的抗弯强度设计值。

双向弯曲时，确定 W_{nx} 的式（5-38）中，分母 γ_x 前可乘以 0.8，以考虑 M_y 的影响。

（2）确定型钢截面形式和型钢号

型钢梁中应用较多的是普通工字钢和 H 型钢。可依据算得的 W_{nx} 查普通工字钢或 H 型钢的型钢表（附录二），选用合适的截面形式和型钢号。

（3）验算梁的强度

型钢确定后，应计入所选型钢梁的实际自重，重新计算梁的最大弯矩和最大剪力，再按照以下内容进行验算。

① 弯曲正应力验算。

对单向弯曲，按照式（5-1）验算；对双向弯曲，按照式（5-2）验算。

② 剪应力验算。

按照式（5-3）验算。也可以近似计算，即忽略翼缘板的抵抗作用，计算公式为

$$\tau = \frac{V}{h_w t_w} \leqslant f_v \tag{5-39}$$

式中，h_w，t_w ——梁腹板的高度和厚度。

③ 局部压应力验算。

当梁上翼缘受沿腹板平面作用的集中载荷，且该载荷处又未设置支承加劲肋时，应按照式（5-4）验算腹板计算高度上边缘的局部承压强度。

若验算不满足，对于固定集中载荷可设置支承加劲肋，对于移动集中载荷则需重新设计腹板的截面。

在梁的支座处，当不设置支承加劲肋时，也应按照公式（5-4）计算腹板计算高度下边缘的局部压应力，但此时取 $\psi=1$。

对于翼缘上承受均布载荷的梁，腹板边缘局部压力一般不大，不需验算局部压应力。

（4）验算梁的刚度

梁的刚度验算实际上就是对梁的挠度进行判别，按照式（5-7）进行验算。

对有动态刚度要求的设备（如起重机），其满载自振频率应满足式（5-40）：

$$f \geqslant [f] \tag{5-40}$$

式中，f ——（起重机等）满载自振频率的近似计算值；

$[f]$ ——（起重机等）满载自振频率的最小许用值，对桥式起重机 $[f]=1.4 \sim 2\,\text{Hz}$。

式（5-40）中的 f 一般是梁的净挠度的函数，式（5-40）取等号，可求出梁相应于动态刚度的许用挠度值，则梁的实际挠度值应不大于此许用挠度值。

（5）验算梁的整体稳定性

当梁不满足"可不计算梁的整体稳定性"条件时，应按照式（5-12）或式（5-13）验算梁的整体稳定性。

5.6 焊接组合梁的设计计算

工程机械钢结构常用焊接组合梁，其截面形式多为工字形和箱形。焊接组合梁的截面设计主要包括选择截面和确定截面尺寸。对于跨度较大的梁还需要进行变截面设计。常用

的设计方法一般是根据结构承载能力的两个极限状态，兼顾经济性，使用已有的经验公式，初步进行截面设计。也可以用类比设计的方法，即通过了解并掌握类似的截面设计工程案例，类比设计出结构所需的截面形式和尺寸。当然，以上两种方法兼顾，也是不错的设计思想。现以焊接工字形梁（图5-14）的常用设计方法为例，说明截面设计计算的主要步骤。

5.6.1 焊接组合梁的截面设计

（1）截面高度 h 的确定

确定梁的截面高度应考虑机械总体布置、刚度条件和经济条件。

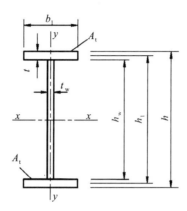

图 5-14 焊接梁截面

① 许用最大高度 $h_{\max}$。

许用最大高度 $h_{\max}$ 应根据机械总体布置和空间尺寸确定。

② 许用最小高度 $h_{\min}$。

许用最小高度 $h_{\min}$ 应根据刚度条件确定。梁的挠度大小与截面高度有关，刚度条件要求梁的挠度 v 不大于许用挠度 $[v]$。跨度为 l、均布载荷作用下的简支梁，由刚度条件限定的最小高度 $h_{\min}$ 表达式为

$$h_{\min} \geqslant \frac{5fl^2}{31.2E[v]} \qquad (5\text{-}41)$$

可见，梁的许用挠度要求越严格，梁所需截面高度越大。

③ 经济高度 h_e。

经济高度 h_e 应根据经济条件确定。一般来说，梁的高度大，腹板用钢量增多，而翼缘板用钢量相对减小；梁的高度小，则情况相反。最经济的截面高度应使梁的总用钢量为最小。设计中可依据经验公式（5-42）确定经济高度 h_e。

$$h_e = 7 \times \sqrt[3]{W_x} - 30 \, (\text{cm}) \qquad (5\text{-}42)$$

式中，W_x——梁所需要的截面抵抗矩，cm^3，$W_x = M_x / (\gamma_x f)$；

M_x——梁的最大弯矩；

γ_x——截面的塑性发展系数；

f——钢材的抗弯强度设计值。

综合考虑以上三个要求，梁的实际截面高度 h 一般应满足：$h_{min} \leqslant h \leqslant h_{max}$ 且 $h \approx h_e$。

（2）腹板尺寸的确定

腹板尺寸包括腹板高度 h_w 和腹板厚度 t_w。

腹板高度 h_w 与梁高 h 比较接近，因为翼缘板的厚度 t 相对于梁的高度较小。因此，当梁的截面高度 h 初步确定后，梁的腹板高度 h_w 可取稍小于梁高 h 的值，并尽可能考虑钢板的规格尺寸，将腹板高度 h_w 取为 10 mm 的倍数。

腹板厚度 t_w 的增加对梁截面的惯性矩影响不显著，但会使整个梁的用钢量明显增加。同时，腹板主要承受剪力，但剪力并不大，承受的弯矩也很小。因此，腹板厚度应尽可能取得小一些，以减轻梁的自重，而腹板的局部稳定性可以通过设置加劲肋来保证。腹板厚度 t_w 可用经验公式（5-43）估算：

$$t_w = \frac{\sqrt{h_w}}{11} \tag{5-43}$$

式中的 h_w 应以 cm 计。

最终确定的腹板厚度应符合钢板的现有规格要求，并不小于 6 mm。

（3）翼缘板尺寸的确定

翼缘板尺寸包括翼缘宽度 b_1 和厚度 t。

一般来说，翼缘宽度不应太小，太小对梁的整体稳定性不利。但也不能太大，太大又会影响翼缘板的局部稳定性。因此，翼缘宽度的确定应综合考虑整体和局部稳定性的要求。

翼缘板的厚度应相对厚一些，否则不容易满足翼缘板的局部稳定性。但翼缘板太厚，将不容易保证板材的力学性能和焊接质量。

通常，翼缘板尺寸可以根据需要的截面抵抗矩和腹板截面尺寸计算确定。工字形梁的截面抵抗矩为

$$W_x = \frac{I_x}{h/2} = \left[\frac{1}{12} t_w h_w^3 + 2 b_1 t \left(\frac{h_1}{2} \right)^2 \right] / (h/2) = \frac{t_w h_w^3}{6h} + b_1 t \frac{h_1^2}{h} \tag{5-44}$$

初选截面时可取 $h \approx h_1 \approx h_w$，则式（5-44）可以写为

$$W_x = \frac{t_w h_w^2}{6} + b_1 t h_w \tag{5-45}$$

于是可得

$$b_1 t = \frac{W_x}{h_w} - \frac{t_w h_w}{6} \tag{5-46}$$

一般地，工字形梁常取翼缘宽度 b_1 在以下范围内：

$$\frac{h}{6} < b_1 < \frac{h}{2.5} \tag{5-47}$$

对箱形截面梁，两腹板之间的宽度 b_0 应控制在 $b_0 \le h/3$ 范围内。

这样，就可根据使用要求先初定翼缘板宽度 b_1，再求厚度 t。当宽度 b_1 和厚度 t 初步选出后，还应验算是否满足翼缘板的局部稳定要求，即梁受压翼缘的外伸宽度 b 与板厚的比值 b/t 不应超过 $15\sqrt{235/f_y}$。

最终确定的翼缘宽度和厚度应符合钢板的现有规格要求，其中翼缘宽度宜取为 10 mm 的倍数，厚度以 2 mm 为间隔。

（4）截面验算

根据初步确定的截面尺寸，进行梁的截面验算，包括强度、刚度、整体稳定和局部稳定四个方面。

5.6.2 焊接组合梁的变截面设计

从梁的截面选择可知，截面尺寸是按照梁的最大弯矩设计的。从强度观点看，除最大弯矩所在截面外，其他截面尺寸显然过大，因为无论在移动集中载荷或固定载荷作用下，梁的弯矩总是沿着梁长度而改变。例如，对受均匀载荷的简支梁，其跨中弯矩最大，向梁的两端弯矩逐渐递减。可见，梁大部分截面未能充分发挥材料作用。为了减轻结构自重，节省钢材，可以根据强度条件将梁设计成变截面梁。最理想的梁，其截面是随弯矩而变化的，即将截面抗弯系数按照抛物线图形变化，做成下翼缘为曲线的鱼腹式等强度梁。但实际上，梁同时还受剪力作用，并且做成曲线形状很费工时。因此，通常采用如下两种改变截面尺寸的方法：一是改变梁高，即改变腹板高度；二是改变翼缘尺寸。无论哪种方法都应该避免截面出现突变而引起应力集中，尽量使截面平缓过渡。

（1）改变梁的高度

改变梁的高度是通过改变腹板高度来实现的，常采用梯形梁（图 5-15）。

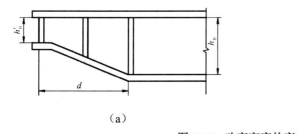 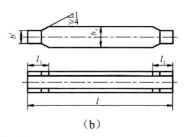

（a）　　　　　　　　　　　　　　　（b）

图 5-15 改变高度的变截面梁

设梁的跨度为从梁高的变化起点至梁端的距离 d，可按照经济效果确定。对均布载荷简支梁有

$$d = \left(\frac{1}{8} \sim \frac{1}{4}\right)l \tag{5-48}$$

对同时承受移动集中载荷 P 和均布载荷 q 的简支梁（如桥式起重机主梁）有

$$d = \frac{2(ql+P) \pm \sqrt{4(ql+P)^2 - 3q\left(\dfrac{ql}{2}+P\right)l}}{6q} \qquad (5\text{-}49)$$

式（5-49）可解得两个 d 值，其中一个不符合实际情况，可舍去，另一个 d 值即为腹板高度变更位置。一般可取离支座 $l/6$ 处为腹板高度变更位置。

梁高改变后，其支承处的腹板高度 h_0' 应满足抗剪强度的要求，且不宜小于跨中高度的一半，常取 $h_0' = h_0/2$。

（2）改变梁的宽度

无论改变翼缘宽度还是改变厚度，都能实现梁的变截面，其中改变厚度的方法很少采用，这是因为如果梁的上翼缘改变厚度，则无法在梁的上表面铺设轨道。对称地改变宽度，一次可节省钢材 10%~12%，改变两次，只能节约 3%~4%。由于变更两次的经济效果不明显，反而带来制造麻烦，故通常只对称地改变一次翼缘宽度（图 5-15）。

对受均布载荷 q 的简支梁，变截面点的位置为

$$l_1 = \frac{l}{6}$$

对同时承受移动集中载荷 P 和均布载荷 q 的简支梁，变截面点的位置为

$$l_1 = \frac{2(ql+P) \pm \sqrt{4(ql+P)^2 - 3pl(ql+2P)}}{6q} \qquad (5\text{-}50)$$

同样，式（5-50）的计算结果需舍去一个不符合实际情况的 l_1 值。

确定了翼缘宽度变更位置后，再根据该处梁的弯矩算出所需要的翼缘宽度 b_1。为了减少应力集中，必须将翼缘板上由截面改变位置以不大于 1:4 的斜角向弯矩较小侧过渡，并与宽度 b_1 的窄板相连接。

（3）变截面梁的验算

梁截面改变处由于截面减小，需对强度进行验算，其中还应包括对腹板边缘的折算应力的验算。梁的刚度一般因截面改变影响不大，可近似地按等截面梁计算挠度，如需要也可采用近似公式。

对受均布载荷的简支梁，跨中挠度应满足

$$v = \frac{5ql^4}{384EI}(1+K\alpha) \leqslant [v] \qquad (5\text{-}51)$$

$$\alpha = \frac{I-I'}{I} \qquad (5\text{-}52)$$

式中，I，I'——梁跨中和支承端的惯性矩；

$\quad\quad K$——系数，查表 5-5。

对集中载荷作用于跨中的简支梁，其跨中挠度可按照等截面梁计算后，再乘以

$(1+K\alpha)$，K 值见表 5-5。

表 5-5 系数 K

截面改变方式	改变腹板高度				改变翼缘宽度		
截面改变处到支承端的距离	$l/6$	$l/5$	$l/4$	$l/2$	$l/6$	$l/5$	$l/4$
$0.5l_1 = l$ 值	0.0054	0.0094	0.0175	0.120	0.0519	0.0870	0.1625

变截面梁整体稳定性一般由构造措施保证。如需验算，可近似按照等截面梁计算。计算截面取跨中的截面，稳定系数 φ_b 应乘以降低系数。对于跨中无侧向支承的简支梁，当改变梁高时，降低系数取 0.9~0.95；当改变翼缘宽度时，降低系数取 0.8~0.85。

对变截面简支梁（变截面位置在距离支座两端 $l/6$ 处）

$$v = \frac{M_k l^2}{10 E I_x}\left(1 + \frac{3}{25}\frac{I_x - I_{x1}}{I_x}\right) \leqslant [v] \tag{5-53}$$

式中，M_k ——载荷标准值产生的最大弯矩；

$\quad\quad I_x$ ——跨中毛截面惯性矩；

$\quad\quad I_{x1}$ ——支座附近毛截面惯性矩。

5.7 梁的构造设计

焊接组合梁在设计和验算后，需要进行构造设计。主要包括翼缘与腹板的连接设计、梁的拼接设计、梁与梁的连接设计等。

5.7.1 翼缘与腹板的连接

为了使焊接组合梁的翼缘和腹板形成一个整体，翼缘与腹板必须用焊缝连接。梁横向弯曲时，由于翼缘与腹板有相互错动的趋势，焊缝将受到水平方向的剪力，翼缘与腹板间将产生水平剪应力（图 5-16）。

当翼缘与腹板用角焊缝连接时，角焊缝有效截面上承受的剪应力 τ_f 不应超过角焊缝强度设计值 f_f^w，即

$$\tau_f = \frac{V S_1}{1.4 h_f I_x} \leqslant f_f^w \tag{5-54}$$

需要的焊脚尺寸为

$$h_f \geqslant \frac{V S_1}{1.4 I_x f_f^w} \tag{5-55}$$

式中，V ——梁计算截面的剪力，考虑到焊缝沿梁全长分布，一般取梁中最大剪力；

$\quad\quad S_1$ ——翼缘板梁中和轴的面积矩；

$\quad\quad I_x$ ——梁绕 x 轴的毛截面惯性矩；

$\quad\quad f_f^w$ ——角焊缝的强度设计值。

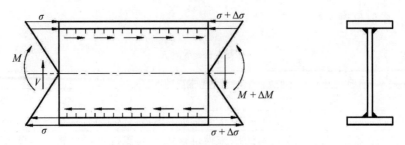

图 5-16　翼缘焊缝的水平剪力

对于直接承受移动集中载荷的梁，翼缘与腹板之间的连接焊缝，除承受沿焊缝长度方向的剪应力 τ_f 外，还要承受由移动集中载荷引起的局部应力。因此，受有局部压应力的翼缘与腹板之间的连接焊缝应按照式（5-56）计算焊脚尺寸：

$$h_f \geqslant \frac{1}{1.4 f_f^w} \sqrt{\left(\frac{\psi F}{l_z}\right)^2 + \left(\frac{V S_1}{I_x}\right)^2} \tag{5-56}$$

式中，F，ψ，l_z 各符号的意义同式（5-4）。

5.7.2　梁的拼接

梁在制造、安装或运输时，受到钢板尺寸规格、吊装能力或装车条件等限制，需要进行工厂拼接和工地拼接。将钢材接长一般是在工厂中进行的，称为工厂拼接；将梁分段运输，然后在工地拼装连接，称为工地拼接。

梁的拼接原则如下。

（A）翼缘拼接和腹板拼接通常采用对接焊缝[图 5-17（a）]，腹板拼接处应设在剪力较小处，翼缘拼接处要避免在梁的弯矩较大的跨中 1/3 范围内。对接焊缝中，可采用正缝拼接或斜缝拼接。施焊时宜加引弧板，并采用一级或二级焊缝[按照《钢结构工程施工质量验收规范》（GB 50205—2001）的规定]，以保证焊缝与母材接近等强度。

（B）梁的翼缘和腹板的拼接位置最好错开 200 mm 以上，并避免与横向加劲肋位置重合（图 5-18），应至少相距 $10 t_w$（t_w 为腹板厚度），以防止焊缝的交叉和过分集中。

（C）当无法采用对接焊缝时，可用拼接板拼接[图 5-17（b）]。拼接板的厚度常与被拼接板的厚度相同。由于几何尺寸变化，易产生较大的应力集中，而且费料费工，故不适用于受动力载荷的梁。

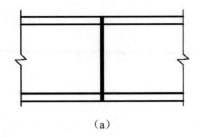

（a）

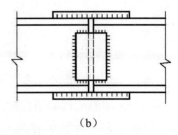

（b）

图 5-17　型钢梁的拼接

（D）梁的工地拼接应使翼缘和腹板基本上在同一截面处断开，以便分段运输。高大型梁在工地施焊时，应将上、下翼缘的拼接边缘均做成向上的 V 形坡口，以便俯焊（图 5-19）。有时将翼缘和腹板的接头略错开一些[图 5-19（b）]，这样受力情况好，但运输时应对突出部分加以保护，以免碰损。图 5-19 中，将翼缘焊缝留一段不在工厂施焊，是为了减少焊缝残余应力。图中注明的数字是工地施焊的适宜顺序。

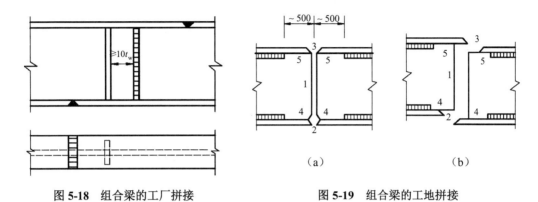

图 5-18 组合梁的工厂拼接　　　　图 5-19 组合梁的工地拼接

（E）考虑到现场施焊条件较差，焊缝质量难于保证，对重要或受动力载荷的大型梁的工地拼接宜采用高强度螺栓连接。

5.7.3 梁与梁的连接

工程机械钢结构中，梁与梁相连接的结构也常采用。梁与梁的连接主要有平接、叠接等构造，其中平接应用最多。平接是相互连接的两个梁（一般相互垂直）的顶面相平或略高略低。平接构造相对复杂，但可降低结构高度，故在实际工程中应用较广泛。叠接是将一个梁直接叠放在另一个梁的上面，用螺栓或焊缝连接，结构高度大，使用受到限制。

平接时，为了提高连接处的刚度，可采用搭接板或角板连接。焊接组合梁的连接中，连接板可以嵌在梁的翼缘板中，这样梁的表面平整，受力合理。

5.8 桁架

5.8.1 桁架的构造和应用

桁架是格构式受弯构件的简称，是由杆件构成的能承受横向弯曲的格子形构件。

桁架的杆件主要承受轴心力，个别杆件可能还受弯矩作用。通常桁架由三角形单元组合成为整体结构，是几何不变系统（图 5-20）。由矩形单元组合而成的桁架，要保证桁架承载而几何不变，则需要做成能够承担弯矩的刚性节点，这样的杆件截面尺寸较大，工作时要同时受到弯矩和轴心力的作用，这种结构称为空腹桁架。由三角形单元构成的桁架是最常见的结构，空腹桁架使用较少。

桁架的杆件分为弦杆和腹杆两类，杆件交汇的连接点称为节点，节点间的区间叫节间。通常把轻型桁架的节点视为铰接点，而把空腹桁架的节点视为刚节点。

桁架种类较多，主要分为轻型和重型两类。轻型桁架的杆件多为等截面的单腹式杆，用一个节点板或不用节点板连接；重型桁架的杆件多为双腹式杆，需用两个节点板连接，各节间的弦杆截面常不相等。轻型桁架应用较多，重型桁架一般适用于大跨度结构。

按照桁架的支承情况，可分为简支桁架、悬臂桁架和多跨连续桁架等，应用较多的是简支桁架。

桁架是工程机械钢结构中一种主要结构形式，与梁结构相比，桁架的优点是省材料、重量轻、刚度大，制造时容易控制变形。当跨度大而额定载荷小时，采用桁架比较经济。但桁架杆件多、备料难、组装费工。

桁架广泛应用于工程机械中，起重机中常采用简支桁架和刚架式桁架，如塔式起重机的起重臂和塔身等结构。

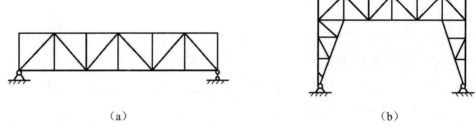

（a）   （b）

图 5-20　简支桁架和刚架式桁架

5.8.2　桁架的外形与腹杆系统

（1）桁架的外形

桁架的外形主要根据其用途和受力情况而定。桁架外形最好与其所受的弯矩图相适应，这可使各处的弦杆内力大致相等，以便采用等截面弦杆，从而充分利用材料。

如图 5-20 所示平行弦桁架，其优点是节点和腹杆形式相同，可以使制造简化；缺点是弦杆在各节间受力不等，采用等截面弦杆时材料不能充分利用，当采用变截面弦杆时又使构造复杂化。因此，承受载荷较小的轻型桁架中常用平行弦桁架。

下弦或上弦为折线形的桁架（图 5-21），外形接近于弯矩图形状，比较经济。其中，图 5-21（a）所示结构多用于桥式起重机和装卸桥，图 5-21（b）和 5-21（c）所示结构多用于塔式或臂架起重机的起重臂，变幅小车可沿直线形的下弦或上弦杆的轨道运行。

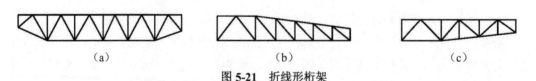

（a）   （b）   （c）

图 5-21　折线形桁架

三角形桁架（图 5-22）适用于塔式起重机和悬臂式起重机的臂架结构，也常作为输送机的支架。

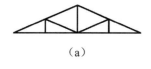 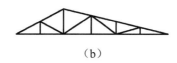

（a） （b） （c）

图 5-22 三角形桁架

（2）桁架的腹杆系统

桁架腹杆主要承受节间的剪力，腹杆的布置应使杆件受力合理、结构简单、制造方便，并尽量使腹杆和节点数目最少、形状尺寸相同，以节省材料和方便施工。

斜腹杆的倾角对内力影响很大，一般应在 35°～55° 之间，以 45° 最为合理。考虑到压杆稳定承载力低于强度承载力，设计上应尽可能使长杆受拉，短杆受压。

常用的腹杆系统有三角形、斜杆式、再分式、十字形、菱形、K 形和无斜杆式腹杆。

三角形腹杆系统是最常用的一种承受垂直载荷的结构形式，可分为不带竖杆和带竖杆两种[图 5-23（a）、（b）]，前者节点数目较少，腹杆总长度小，但弦杆节间长度大，适用于受力较小的桁架；后者可承受较大载荷，适用于弦杆上有移动载荷的情况，此时采用竖杆来减小弦杆节间长度是合理的。

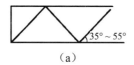 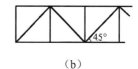

（a） （b）

图 5-23 三角形腹杆系统

斜杆式腹杆系统（图 5-24）多用于斜腹杆受拉力的桁架，如悬臂式桁架。这种系统使长斜杆受拉，短竖杆受压，节点尺寸相同，是一种合理而经济的结构。

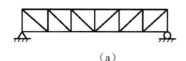 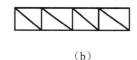

（a） （b）

图 5-24 斜杆式腹杆系统

再分式腹杆系统（图 5-25）常用于大跨度桁架。由于跨度大，桁架高度也随之增大，此时若采用三角形腹杆系统，上弦杆的节间长度就比较大，当弦杆承受移动载荷时将会产生很大的局部弯曲。为减少此不利影响，宜采用再分式腹杆系统，以减小弦杆的节间长度。但再分式腹杆系统使节点增多，构造复杂，制造费工，因而应用较少。

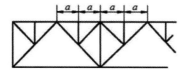

图 5-25 再分式腹杆系统

十字形、菱形、K 形（半斜杆式）和无斜杆式腹杆系统如图 5-26 所示。前两种系统适用于桁架高度大而节间长度约等于高度的情形，K 形系统适用于节间长度小于桁架高度的情形。这些腹杆系统刚度较大，杆件较多，制造费工，常用于双向受载的结构，如抗风水平桁架等。菱形腹杆系统可用于上、下弦杆均受移动载荷的结构，但为保证其几何不变，系统内应设一附加杆件 S[图 5-26（b）]。无斜杆式腹杆系统即空腹腹杆系统，其杆件最少，但节点承受弯矩，构造复杂，刚度差，可用作承载结构或水平联系结构。

图 5-26　十字形、菱形、K 形腹杆和无斜杆腹杆系统

5.8.3　桁架的主要参数

桁架的主要参数是指桁架的跨度 L、高度 H、节间数目、节间长度和重量。

桁架的跨度（长度）取决于使用要求和结构的总体方案。通常，桥式起重机桁架跨度取为支承结构上轨道的间距，臂式桁架取为两支承铰点间距等。

桁架高度是指桁架弦杆轴线之间的最大间距。桁架高度与强度、刚度和重量有关，强度条件比较容易满足，通常桁架高度由刚度条件决定。

按照刚度条件决定的桁架高度是最小高度，桁架的理想高度是按照桁架重量最轻的条件确定的。桁架总重量由弦杆重量和腹杆重量构成，但这两个重量随着桁架高度的改变向相反方向变化，即桁架高度增加时，弦杆的重量会减轻，但腹杆重量增大，因此，桁架重量是桁架高度的函数。研究发现，当弦杆重量约等于腹杆重量时就可以求得理想高度。

桁架的实际高度一般介于最小高度和理想高度之间。对桥式起重机可取 $h = \left(\dfrac{1}{15} \sim \dfrac{1}{12} \right) L$，对大跨度装卸桥可取 $h = \left(\dfrac{1}{14} \sim \dfrac{1}{8} \right) L$。

当整体桁架运输时，桁架高度不得超过运输净空界限，一般不超过 3.4 m，必要时可按照最大界限运输或分散装运。

桁架高度确定后，节间尺寸由划分的节间数量和斜腹杆的倾斜角确定。节间数量最好是偶数且对称于跨中央。为使桁架重量最轻且制造简单，斜腹杆的最优倾角在三角形腹杆系统中为45°，在斜杆式腹杆系统中为35°。通常情况下，按照构造合理和重量轻的要求，将斜腹杆的倾角取为45°，这样在平行弦桁架或折线形桁架中，节间长度就等于桁架高度，通常节间长度可在 1.5~3m 范围内选取，大跨度桁架的节间长度可达5~8 m。一般桁架高度和节间长度均为杆件轴线的几何尺寸，这些杆件轴线构成了桁架的几何图形。

5.8.4　桁架的内力分析

（1）内力分析假定

当桁架的形式和主要参数确定后，就可根据外载荷进行桁架杆件的内力分析。

工程上的桁架为了施工方便，节点都做成刚节点。从实际构造看，桁架属于复杂的超静定结构，进行精确的内力计算十分复杂。但理论计算和试验研究表明，当杆件的长度与其截面高度之比大于 10 时，由节点刚性引起的弯曲应力和剪应力的折算应力只占总应力的 5%以下，可以忽略不计。所以，进行桁架内力计算时，通常作如下假定。

（A）桁架轴线都是直线，且汇交于各节点，忽略杆件有初始挠度和受力偏心的影响；

（B）桁架节点为光滑的铰接点，铰的中心就是各杆轴线的交点，忽略由于节点刚性而引起的附加弯矩的影响；

（C）所有的外力都作用在节点上，即杆件不承受横向力。

符合上述假设的桁架称为理想桁架，理想桁架的杆只受轴心力，称为主内力。由于实际结构与假设不符而产生的附加内力称为次内力。对于一般的桁架，次内力可以略去不计。如果横向载荷作用于节间，可按照静力等效的原则把载荷分配到该节间相邻的两节点上，按照节点载荷来计算桁架各杆的主内力，再求该杆所受到的局部弯曲内力，最后利用叠加原理可获得杆件的总内力。

（2）杆件轴向内力的确定

对于固定载荷作用下的静定结构，当只需要计算桁架中某些杆件的内力时，采用截面法比较方便；当需要计算桁架全部杆件的内力时，采用图解法比较方便；对于移动载荷作用下的静定桁架，需要用桁架杆件内力影响线来确定各杆最大内力；对超静定桁架，可用力法分析计算内力。

单片的平面桁架一般是空间结构的一部分，在进行杆件内力分析时，常将空间结构分解成独立的平面桁架并承担各自的载荷，忽略各平面桁架之间的相互联系和影响，从而使计算大为简化。对于复杂的结构，特别是不能分解成单片平面桁架的空间结构，可用有限元方法求解，一般采用梁单元建立有限元力学模型，对于刚节点、节间载荷等非理想桁架因素所引起的内力问题，均可迎刃而解。

当桁架在多种载荷作用下，为了求得桁架各杆中最不利的计算内力，可列表对其进行组合。这里应该注意的是，除应按照全跨满载进行内力分析以外，还要按照半跨载荷进行分析，以考虑桁架中部某些斜杆受力发生变化而可能不安全的情况，找出杆件的最不利内力。

当桁架上有移动载荷，如小车轮压作用时，杆件内力需用影响线法找出最不利载荷位置后决定。对于三角形腹杆体系的平面桁架，杆件最大内力的载荷最不利位置是已知的，这时可不画影响线，而直接将移动载荷置于确定位置上，这样计算相应杆件的最大内力较为方便。

（3）弦杆的局部弯曲

当桁架的弦杆（上弦或下弦）在节间作用有集中载荷或移动载荷（小车轮压）作用时，弦杆除了受轴心力外，还受局部的弯曲作用。

对受节间静载荷作用的弦杆，局部弯矩应按照支承在弹性支座上的多跨连续梁考虑，也可近似地取端节间的正弯矩 $M_1 = 0.8M_0$、中部节间正弯矩和节点负弯矩 $M_1 = 0.6M_0$ 进行计算，M_0 是将节间内弦杆视作简支梁算出的最大弯矩。

直接受移动载荷作用的弦杆，为了承受弯矩，截面要选得大些，截面高度往往达到节间长度 l 的 1/4。为充分利用材料，这种弦杆尽量做成连续的，属于梁-杆结构。弦杆的节点不再是铰接点而认为是杆外的铰支座，这样的弦杆相当于支承在弹性支座上的多跨连续梁，属于桁构式结构。如果按照精确方法计算，可取弦杆节点弯矩作为多余未知力。或者采用近似方法计算，先假定节点均为铰接，用影响线法求解全部杆件内力，然后按照连续梁计算弦杆的局部弯矩，此做法可得到比较满意的结果，也简化了计算。

弦杆局部弯矩的计算假定为：

（A）作为连续梁的弦杆是等截面的。

（B）连续梁有无限多个等跨度。

（C）连续梁支承于刚性的杆外铰支座上，各支座位于同一水平线上，忽略桁架挠曲所产生的各节点的弹性位移差。

说明：由于连续梁的整体弯曲（支座非刚性）必然引起附加应力，其值可使弦杆原应力增大 25% 左右，为考虑其影响，可对最后计算结果进行修正，以简化计算工作。

（D）腹杆对节间支座无约束作用，即不考虑所产生的附加力矩的影响。

弦杆的局部弯曲力矩可用无限多等跨连续梁的影响线来决定。

当两个移动载荷在同一节间内或分别位于相邻节间时，弦杆的局部弯矩取决于 b/l，并按照式（5-57）和式（5-58）计算：

节间弯矩

$$M_j = \alpha Pl \tag{5-57}$$

节点弯矩

$$M_d = -\beta Pl \tag{5-58}$$

式中，P ——移动载荷的较大值；

l ——节间长度；

b ——移动载荷之间的距离；

α，β ——与 b/l 有关的弯矩影响线竖距系数，由表 5-6 查取。

当载荷在同一节间内时，将使节间弯矩最大。如果只有一个移动载荷位于节间中央，而另一载荷在相邻节间以外，则弦杆的局部弯矩近似为：

节间弯矩

$$M_j = \frac{Pl}{6} \tag{5-59}$$

节点弯矩

$$M_d = -\frac{Pl}{12} \tag{5-60}$$

空腹桁架是超静定结构，各杆件除受轴心力外还受很大的端弯矩作用，计算时把节点看作刚节点，用力法求解比较复杂。近似计算可采用弯矩分配法和反弯点法。

在各种载荷下求解杆件内力后，应根据桁架的载荷组合情况，找出杆件的最不利组合内力，进行杆件截面的选择和验算。

表 5-6 两个集中转压作用时的 α，β 值

b/l	α	β	注
0.1	0.30	0.17	两个集中轮压在同一节间内
0.2	0.25	0.16	
0.3	0.22	0.15	
0.4	0.21	0.14	
0.5	0.17	0.16	
0.6	0.16	0.17	一个集中轮压在所计算的节间中央，而另一个轮压在相邻节间
0.7	0.15	0.17	
0.8	0.14	0.17	
0.9	0.14	0.17	
1.0	0.14	0.16	
1.1	0.15	0.15	
1.2	0.15	0.14	
1.3	0.16	0.12	
1.4	0.16	0.10	
1.5	0.17	0.08	

5.8.5 桁架杆件的计算长度

在设计桁架杆件时，需先确定杆件的计算长度。杆件的计算长度与结构形式、构造和受力情况有关。只有确定了计算长度，才能按照稳定性选择压杆截面和进行杆件的刚度验算。杆件的计算长度按照杆件发生变形所处的两个平面确定，即桁架平面内和桁架平面外两种计算长度。

（1）杆件在桁架平面内的计算长度

如果桁架节点是理想的铰接，则杆件的计算长度等于节点中心间距（杆件几何长度）。实际上，桁架节点是用节点板连接各杆端部构成的，节点板在桁架平面内有一定刚度，属于弹性固定，各杆件两端都弹性嵌固在节点板上。当压杆屈曲时，杆端发生转动，带动节点板一起转动，节点板又带动其他杆件发生弯曲转动，杆件的刚性将阻止节点板转动，从而限制压杆的屈曲变形和杆端转动。因此，节点板对压杆端部具有一定的嵌固作用。

在同一节点上有压杆也有拉杆，拉杆有拉直作用，对节点转动的阻力较大。因此，节点上的拉杆越多，节点对压杆的嵌固程度就越大，此时压杆对节点的转动几乎不起阻止作用。

桁架压杆的计算长度为

$$l_0 = \mu_1 l \tag{5-61}$$

式中，μ_1——长度系数；

l——杆件几何长度。

腹杆的刚度比弦杆小很多，弦杆受力比腹杆大得多，节点对弦杆的嵌固较弱，节点接近于铰点。所以，桁架的受压和受拉弦杆的计算长度取为节点间的几何长度 $l_0 = l$，桁架的

支承腹杆（斜杆和竖杆）的计算长度也取为节点间距。

受压腹杆在上弦节点的嵌固接近于弹性节点，在拉杆较多的下弦节点嵌固较大，接近于固定端。因此，受压腹杆的计算长度近似取为 $l_0 = 0.8l$，受拉腹杆的计算长度与受压腹杆相同。

（2）杆件在桁架平面外的计算长度

平面桁架是不能独立工作的，必须有侧向支承或构成空间结构，才能保持桁架稳定工作。侧向支承可能是水平桁架的节点或其他结构的支承点。

在桁架平面外受相等轴向内力的弦杆只能在两支承点之间发生屈曲，其计算长度应取为相邻两个侧向支承点的间距 l_1（图 5-27）。

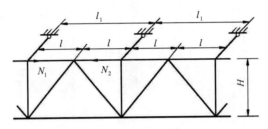

图 5-27　桁架杆件计算长度

当受压弦杆在桁架平面外的支承点间距 l_1 大于弦杆的节间长度 l，而且该段内相邻节间弦杆内力不相等（$N_1 > N_2$）时，其计算长度要比 l_1 小，计算公式为

$$l_0 = l_1\left(0.75 + 0.25\frac{N_2}{N_1}\right) \qquad (5\text{-}62)$$

式中，N_1——计算节间弦杆的较大压力，计算时取正值；

N_2——计算节间弦杆的较小压力或拉力，计算时压力取正值，拉力取负值。

受拉弦杆在桁架平面外的计算长度可取为 l_1。

腹杆在桁架平面外的计算长度取为杆件几何长度。

简单腹杆系统的桁架杆件计算长度 l_0 见表 5-7。

表 5-7　桁架杆件的计算长度 l_0

杆件屈曲方向	弦杆	腹板	
		支承斜杆和竖杆	其他腹杆
在桁架平面内	l	l	$0.8l$
在桁架平面外	l_1	l	l
斜平面	—	l	$0.9l$

注：1. l 为构件的几何长度（节点间距），l_1 为桁架弦杆侧向支承点之间的距离；

2. 斜平面系指与桁架平面斜交的平面，适用于构件两主轴均不在桁架平面内的单角钢腹杆和双角钢十字形截面腹杆；

3. 无节点板的腹杆计算长度在任意平面内均取其等于几何长度。

再分式腹杆和 K 形腹杆系统的桁架弦杆在两个平面的计算长度按照与前面相同的方法确定。腹杆在桁架平面　内的计算长度取为节点间距 l；在桁架平面外，受压主斜杆的

计算长度按照 $l_0 = \mu_1 l$ 计算，受拉主斜杆的计算长度取为该杆的几何长度 l_1 [图 5-28（a）、（b）]。

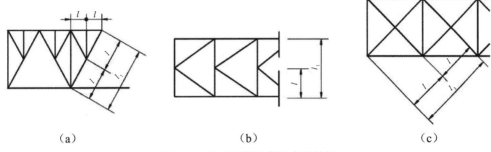

（a）　　　　　　　　（b）　　　　　　　　（c）

图 5-28　确定杆件计算长度的简图

十字形腹杆系统桁架的弦杆计算长度同前面的规定。腹杆在桁架平面内的计算长度可取为弦杆节点至腹杆交叉点的间距 l [图 5-28（c）]，在桁架平面外，其计算长度取决于另一杆（支持杆）的受力情况和交叉点的构造，见表 5-8。

表 5-8　十字形腹杆在桁架平面外的计算长度

交叉点的构造	压杆			拉杆
	另一支持杆的受力情况			
	受拉力	不受力	受压力	任何情况
两交叉杆均不中断	$0.5l_1 = l$	$0.7l_1$	l_1	l_1
支持杆在交叉点中断并以节点板相连	$0.7l_1$	l_1	l_1	

注：l 为桁架弦杆节点到交叉点的距离，l_1 为杆件几何长度（桁架节点中心距离，交叉点不作为节点参考）。

桁架的杆件都应具有一定的刚度，即杆件的长细比应控制在一定的范围内，桁架杆件的许用长细比由表 4-3 查取。

5.8.6　桁架杆件的截面设计

（1）杆件的截面形式

桁架杆件的截面形式依其工作性质而不同，截面尺寸可根据杆件受力情况来确定。

桁架杆件所选用的截面应在节点处连接方便，同时也应便于和桁架平面外的结构连接。作为桁架外框的弦杆应具有较大的侧向刚度，以防止在运输和安装时发生侧向弯曲。对于受轴心力的腹杆应尽量使两主轴方向的稳定性相等，以便节约钢材。一般轻型桁架常采用双角钢或钢板组成的 T 字形截面，而重型桁架常采用 Π 形或工字形截面。

① 受压弦杆。

对于载荷仅作用在节点上的桁架，受压弦杆即为轴心压杆，按照两主轴等稳定条件设计截面，一般可采用两个不等肢角钢以短肢相连接组成 T 形截面；对于受轴心压力和弯矩的压弯弦杆，常采用两个不等肢角钢以长肢相连接组成 T 形截面或用钢板组成工字形截面；对于重型桁架，弦杆内力大，单腹式截面往往不能满足要求，常采用双腹式 Π 形截面。受压弦杆的截面形式见图 5-29。

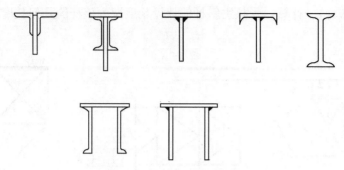

图 5-29　受压弦杆的截面形式

② 受拉弦杆。

拉杆没有稳定性要求，在截面形式的选择上相对简单。受拉弦杆的截面形式常常随受压弦杆的截面形式而定，以便与腹杆统一连接。在一般桁架中，多采用由双角钢组成的 T 形截面或由钢板焊接而成的 T 形截面。管形截面用于轴向受力构件较合适，而且风载荷小，但不宜用于受弯构件。如果构件受力较小，也可以采用单角钢截面。当受拉弦杆上作用有移动载荷时，常采用工字形截面。重型桁架的受拉弦杆，可采用双腹式倒 Π 形截面。另外，当双腹式截面作为下弦杆时，应在水平板上开排水孔。受拉弦杆的截面形式见图 5-30。

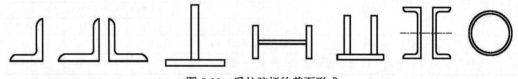

图 5-30　受拉弦杆的截面形式

③ 腹杆。

腹杆均为轴心受力杆件，常采用等肢双角钢组成的 T 形截面，这种截面连接方便，刚性又好，应用普遍。由等肢双角钢组成的十字形截面腹杆，可满足等稳定条件。管形截面对任意方向的惯性矩均相等，风载荷小，抗腐蚀能力好，省材料，应用也很普遍。为了便于与弦杆连接，重型桁架的腹杆也做成双腹式截面。腹杆的截面形式见图 5-31。

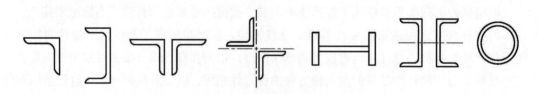

图 5-31　腹杆的截面形式

（2）截面设计的一般要求

（A）为便于备料和制造，在同一桁架中所用型钢的规格不应超过五种。

（B）应优先采用肢宽壁薄的型钢，以增加杆件的回转半径和刚度，提高压杆的稳定性，减轻自重。

（C）桁架杆件所用的角钢型号不得小于∟$50 \times 50 \times 5$，钢板厚不应小于5 mm，钢管壁厚不应小于4 mm。

（D）为便于制造，轻型桁架的弦杆一般均制成等截面连续杆，重型桁架可制成变截面杆。但弦杆受轮压时，考虑到铺设轨道的方便，应尽量用等截面弦杆。

（E）用两根型钢（角钢或槽钢）组成的杆件，为保证两型钢共同工作，需在杆长的适当位置用垫板将两型钢连缀起来（图5-32）。垫板宽度要求：按照构造要求确定，一般可取$60 \sim 100$ mm。垫板的高度要求：对T形截面应伸出角钢肢背和肢尖各$10 \sim 15$ mm，对十字形截面应从截面两侧各缩进$10 \sim 15$ mm，以便焊接。垫板间距l_z（即型钢连缀长度）要求：对压杆，取$l_z \leqslant 40r$；对拉杆，取$l_z \leqslant 80r$。这里，r为单根型钢对与垫板平行的形心轴的回转半径，当用双角钢组成十字形截面时，r为单根角钢对1-1轴的回转半径。

对单独运送的杆件，其杆长范围内至少应有两块垫板。

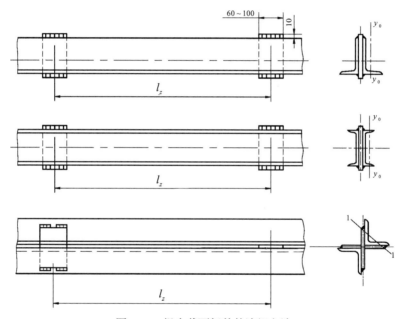

图5-32 组合截面杆件的连缀方法

桁架杆件的验算分别按照轴心受拉杆件、拉弯杆件、轴心受压杆件和压弯杆件进行。前两种杆件主要是对杆件的强度进行验算，所取截面面积应为除去孔洞后的净截面面积；后两种杆件除应进行强度校核外，还必须验算稳定性，稳定性验算中应取杆件的毛截面进行计算。

5.8.7 桁架节点设计

杆件截面选定以后，就可根据杆件内力、连接方法和节点构造要求设计节点。节点有焊接和铆接或螺栓连接两种，轻型桁架多做成焊接节点。节点设计一般与绘制桁架施工图同时进行，各杆件在节点处用节点板汇集连接起来，按照杆件的相互位置和连接布置来决定节点板尺寸。通常，由两型钢组成的杆件，节点板夹在杆件型钢之间（图5-33），其他杆件的节点板布置需依据弦杆的截面形式而定。

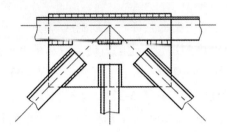

图 5-33 桁架节点板构造

节点设计的一般要求如下。

（A）尽量使杆件的重心线与桁架杆件的轴线相重合，以免杆件偏心受力。

（B）节点中腹杆与弦杆、腹杆与腹杆之间应留有一定距离的间隙 a，以避免焊缝过分密集。在承受静力载荷或间接承受动力载荷的桁架中，$a \geqslant 15 \sim 20$ mm；在直接承受动力载荷的桁架中，$a \geqslant 30 \sim 40$ mm。

（C）弦杆、腹板角钢端部的切断通常应垂直于杆件的轴线，如图 5-34（a）所示；有时也可将角钢一肢斜切成如图 5-34（b）、（c）的形式以减小节点板尺寸，但图 5-34（d）所示的切割形式是不允许的。

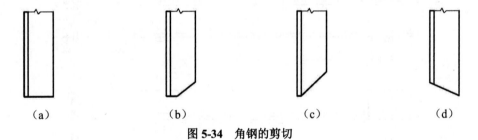

图 5-34 角钢的剪切

（D）节点板尺寸尽量缩小，斜腹杆上的焊缝要紧凑。节点板形状应简单规整，最好有两条边平行，其外形不应有凹角，以防止应力集中。

（E）节点板边缘与杆件轴线间的夹角 α 不宜小于15°，以保证杆件受力在节点板上逐渐扩展传递。

（F）节点板的厚度由腹杆最大内力决定，并在整个桁架中采用相同的板厚。节点板的厚度由表 5-9 选取。

表 5-9 节点板的厚度

腹杆内力 N /kN	板厚/mm	腹杆内力 N /kN	板厚/mm
$N \leqslant 100$	6	$300 < N \leqslant 400$	12~14
$100 < N \leqslant 200$	8	$400 < N$	14~20
$200 < N \leqslant 300$	10~12		

（G）腹杆和弦杆与节点板的连接焊缝和铆钉或螺栓的布置应使其重心与杆件轴线重合。焊接桁架杆端多用两侧焊缝或三面围焊缝连接；夹在两型钢之间的节点板可以伸出型钢面10～15 mm或凹进5～10 mm，以便施焊。

（H）同一桁架中焊脚尺寸不宜多于三种，且满足焊缝的构造设计要求。常用焊脚尺寸为6,8,10 mm。

为确定杆件连接的焊缝尺寸和铆钉或螺栓的数目与布置、节点板的尺寸大小等，应当进行节点计算。无论是焊接节点，还是铆接或螺栓节点，其计算都是在杆件内力分析后进行的。实际设计计算时，可近似认为桁架平面内的节点是铰点，忽略附加弯曲应力的影响。但对于重要的大型桁架，当杆件长度与截面高度之比大于10时，则应考虑次应力的影响。

【例题5-2】 设计一承受静力的焊接简支梁，其计算简图如图5-35所示，其中永久载荷85 kN（标准值），载荷分项系数为1.2；可变载荷110 kN（标准值），载荷分项系数为1.4，均布载荷 q 为梁的自重。梁的许用挠度 $[v] = \dfrac{l}{500}$。梁的最大可能高度 $h_{max} = 1.2$ m。材料：钢材为Q345，焊条为E50系列型，手工焊，沿跨度可布置三个侧向支承点。

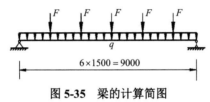

图5-35 梁的计算简图

【解】 根据所选钢材型号Q345，由表1-1及表3-1查得材料的强度设计值如下：

Q345钢材：$f = 310$ N/mm^2，$f_v = 180$ N/mm^2，$f_{ce} = 400$ N/mm^2；

角焊缝：$f_f^w = 200$ N/mm^2。

集中载荷的设计值

$$F_d = 1.2 \times 85 + 1.4 \times 110 = 256 \text{ kN}$$

集中载荷的标准值

$$F_k = 85 + 110 = 195 \text{ kN}$$

（1）截面选择

根据结构力学计算方法，由集中载荷引起的内力为

$$M_{max} = \frac{5}{2} F_d \times 4.5 - F_d \times 3 - F_d \times 1.5 = \frac{5}{2} \times 256 \times 4.5 - 256 \times 3 - 256 \times 1.5 = 1728 \text{ kN} \cdot \text{m}$$

$$V_{max} = \frac{5}{2} F_d = \frac{5}{2} \times 256 = 640 \text{ kN} \cdot \text{m}$$

需要的抵抗矩

$$W_x^u = \frac{M_{max}}{f} = \frac{1728 \times 10^6}{310} = 5574.19 \times 10^3 \text{ mm}^3$$

计算梁的经济高度

$$h_e = 7 \times \sqrt[3]{W_x^u} - 30 \text{ (cm)} = 7 \times \sqrt[3]{5574.19 \times 10^3} - 300 = 941.2 \text{ mm}$$

梁的最小高度（近似按照均布载荷）：

$$h_{min} = \frac{10fl^2}{48 \times 1.3E[v]} - \frac{10 \times 310 \times 9000^2}{48 \times 1.3 \times 206 \times 10^3 \times \frac{9000}{500}} = 1085 \text{ mm}$$

根据题目要求，梁的最大高度：

$$h_{max} = 1.2 \text{ m} = 1200 \text{ mm}$$

取梁的截面高度 $h = 1132 \text{ mm}$，计算腹板厚度：

$$t_w = \frac{\sqrt{h}}{11} = \frac{\sqrt{113.2}}{11} = 0.97 \text{ cm} = 9.7 \text{ mm}$$

取 $t_w = 10 \text{ mm}$，$h_0 = 1100 \text{ mm}$，翼缘尺寸：

$$b_1 t = \frac{W_x^u}{h_w} - \frac{t_w h_w}{6} = \frac{5574.19 \times 10^3}{1100} - \frac{10 \times 1100}{6} = 3234.11 \text{ mm}^2$$

按照 $\frac{h}{2.5} > b_1 > \frac{h}{6}$，取 $b_1 = 300 \text{ mm}$，$t = 16 \text{ mm}$，则

$$b_1 t = 300 \times 16 = 4800 \text{ mm}^2 \geqslant 3234.11 \text{ mm}^2$$

所选梁的截面尺寸如图 5-36 所示。

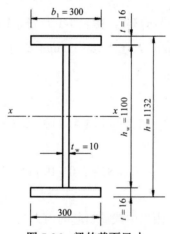

图 5-36　梁的截面尺寸

（2）强度验算

根据梁的截面积计算单位长度梁的自重：

$$g = A\rho = (2 \times 30 \times 1.6 + 110 \times 1.0) \times 10^{-4} \times 7.85 \times 9.81 = 1.59 \text{ kN/m}$$

取自重载荷分项系数 1.2，并考虑加劲肋等重量的构造系数 1.2，因此梁的自重的设计值为

$$q = 1.2 \times 1.2 \times 1.59 = 2.3 \text{ kN/m}$$

梁的最大弯矩位于跨中：

$$M_{\max} = 1728 + \frac{1}{8} \times 2.3 \times 9^2 = 1751 \text{ kN} \cdot \text{m}$$

梁的最大剪力位于支座处：

$$V_{\max} = 640 + \frac{1}{2} \times 2.3 \times 9 = 650.35 \text{ kN}$$

截面特性：

$$I_{nx} = \frac{1}{12} \times 1.0 \times 110^3 + 2 \times 30 \times 1.6 \times \left(\frac{1132-16}{2 \times 10}\right)^2 = 409826.11 \text{ cm}^4$$

$$W_{nx} = \frac{I_{nx}}{113.2/2} = \frac{409826.11}{56.6} = 7240.74 \text{ cm}^3$$

梁所受最大应力：

$$\sigma_x = \frac{M_{\max}}{\gamma_x W_{nx}} = \frac{1751 \times 10^6}{1.05 \times 7240.74 \times 10^3} = 230.31 \text{ N/mm}^2 < f = 310 \text{ N/mm}^2$$

梁的强度满足要求。

（3）截面改变（图5-37）

为充分实现梁的整体能力，节约材料，可在内力较小位置进行截面改变，设截面变更位置为距支座 $x = \dfrac{l}{6} = \dfrac{9}{6} = 1.5 \text{ m}$。

变更处内力：

$$\begin{aligned}
M_1 &= \frac{5}{2} F_d \times 1.5 + \frac{1}{2} q \times 1.5 (l - 1.5) \\
&= \frac{5}{2} \times 256 \times 1.5 + \frac{1}{2} \times 2.3 \times 1.5 \times (9 - 1.5) = 972.9 \text{ kN} \cdot \text{m}
\end{aligned}$$

$$\begin{aligned}
V_1 &= \frac{5}{2} F_d + \frac{1}{2} ql - q \times 1.5 \\
&= \frac{5}{2} \times 256 + \frac{1}{2} \times 2.3 \times 9 - 2.3 \times 1.5 = 646.9 \text{ kN} \cdot \text{m}
\end{aligned}$$

需要的抵抗矩：

$$W_{1x}^u = \frac{M_1}{f} = \frac{972.9 \times 10^6}{310} = 3138.39 \times 10^3 \text{ mm}^3$$

翼缘尺寸：

$$b_1' t_1' = \frac{W_{1x}^u}{h_0} - \frac{1}{6} t_w h_0 = \frac{3138.39 \times 10^3}{1100} - \frac{1}{6} \times 10 \times 1100 = 1019.75 \text{ mm}^2$$

取 $b_1' = 160 \text{ mm}$，$t_1' = 16 \text{ mm}$：

$$b_1' t_1' = 160 \times 16 = 2560 \text{ mm}^2 > 1019.75 \text{ mm}^2$$

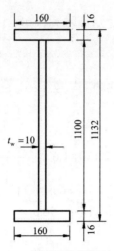

图 5-37　变更后的梁截面尺寸

截面变更处强度验算：

$$I_{1x} = \frac{1}{12} \times 1.0 \times 110^3 + 2 \times 16 \times 1.6 \times \left(\frac{1132 - 16}{2 \times 10}\right)^2 = 270335.03 \text{ cm}^4$$

$$W_{1x} = \frac{I_{1x}}{\dfrac{h}{2 \times 10}} = \frac{270335.03}{56.6} = 4776.24 \text{ cm}^3$$

$$\sigma_1 = \frac{M_1}{W_{1x}} = \frac{972.9 \times 10^6}{4776.24 \times 10^3} = 203.7 \text{ N/mm}^2 < f = 310 \text{ N/mm}^2$$

$$\sigma_1' = \sigma_1 \frac{h_0}{h} = 203.7 \times \frac{1100}{1132} = 197.94 \text{ N/mm}^2$$

翼缘板对梁中和轴的面积矩：

$$S_1 = 16 \times 1.6 \times \frac{110 + 1.6}{2} = 1428.48 \text{ cm}^3$$

$$\tau_1' = \frac{V_1 S_1}{I_{1x} t_w} = \frac{646.9 \times 1428.48 \times 10^6}{270335.03 \times 10^4 \times 10} = 34.18 \text{ N/mm}^2$$

$$\sigma_{zs} = \sqrt{\sigma_1'^2 + 3\tau_1'^2} = \sqrt{197.94^2 + 3 \times 34.18^2}$$
$$= 206.6 \text{ N/mm}^2 < \beta_1 f = 1.1 \times 310 = 341 \text{ N/mm}^2$$

支座处强度验算：

$$S = 16 \times 1.6 \times \frac{110 + 1.6}{2} + 1.0 \times \frac{110}{2} \times \frac{110}{4} = 2940.98 \text{ cm}^3$$

$$\tau = \frac{V_{max} S}{I_{1x} t_w} = \frac{650.35 \times 2940.98 \times 10^6}{270335.03 \times 10^4 \times 10} = 70.75 \text{ N/mm}^2 < f_v = 180 \text{ N/mm}^2$$

（4）整体稳定

根据题目要求，此梁沿着跨度可布置三个侧向支承点，取三个侧向支承点的布置如图 5-38 所示。

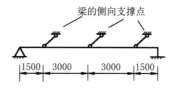

图5-38 梁的侧向支承点的布置简图

由表5-1查得跨中有侧向支承点的工字形截面简支梁不需计算整体稳定的最大$\dfrac{l}{b}$值为13。

梁的中间段

$$\frac{l}{b} = \frac{3000}{300} = 10 < 13$$

截面改变处

$$\frac{l_1}{b_1} = \frac{1500}{160} = 9.375 < 13$$

故此梁的整体稳定性有保证。

（5）局部稳定

翼缘板

$$\frac{b}{t} = \frac{(300-10)/2}{16} = 9.1 < 15\sqrt{\frac{235}{f_y}} = 12.4$$

翼缘板局部稳定性满足要求。

腹板

$$\frac{h_0}{t_w} = \frac{1100}{10} = 110 > 80\sqrt{\frac{235}{f_y}} = 66$$

故应配置横向加劲肋。

又

$$\frac{h_0}{t_w} = \frac{1100}{10} = 110 < 170\sqrt{\frac{235}{f_y}} = 140$$

故不必增加配置纵向加劲肋。

首先基于梁的支座处和上翼缘受较大集中载荷处应设置支承加劲肋的规定，对梁的两端支座处设置支承加劲肋。再根据如图5-39所示梁的内力简图，对梁进行横梁加劲肋的设置，布置如图5-40所示，已达到各区格无局部压应力的作用，减小腹板失稳的可能。

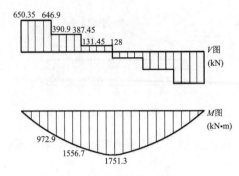

图 5-39　梁的内力简图

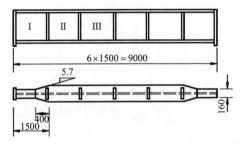

图 5-40　梁腹板的加劲肋配置简图

验算梁腹板区格的局部稳定：

区格 I 左端内力

$$V_{1l} = 650.35 \text{ kN} , \quad M_{1l} = 0$$

区格 I 右端内力

$$V_{1r} = 646.9 \text{ kN} , \quad M_{1r} = 972.9 \text{ kN} \cdot \text{m}$$

弯曲压应力

$$\sigma = \frac{M_{1l} h_0}{2 I_{1x}} = \frac{972.9 \times 10^6 \times 1100}{2 \times 270335.03 \times 10^4} = 197.94 \text{ N/mm}^2$$

平均剪应力

$$\tau = \frac{(V_{1l} + V_{1r})/2}{h_0 t_w} = \frac{(650.35 + 646.9) \times 10^3 / 2}{1100 \times 10} = 58.97 \text{ N/mm}^2$$

设梁受压翼缘扭转未受到约束，则腹板受弯计算通用高厚比

$$\lambda_b = \frac{2 h_c / t_w}{153} \sqrt{\frac{f_y}{235}} = \frac{h_0 / t_w}{153} \sqrt{\frac{f_y}{235}} = \frac{1100/10}{153} \sqrt{\frac{345}{235}} = 0.87 > 0.85$$

$$\sigma_{cr} = \left[1 - 0.75 (\lambda_b - 0.85) \right] f = \left[1 - 0.75 (0.87 - 0.85) \right] \times 310 = 305 \text{ N/mm}^2$$

根据 $\dfrac{a}{h_0} = \dfrac{1500}{1100} = 1.36 > 1.0$，腹板受剪计算通用高厚比

$$\lambda_s = \frac{h_0 / t_w}{41 \sqrt{5.34 + 4 (h_0/a)^2}} \sqrt{\frac{f_y}{235}} = \frac{1100/10}{41 \sqrt{5.34 + 4 (1100/1500)^2}} \sqrt{\frac{345}{235}} = 1.19$$

因 $0.8 < \lambda_s \leqslant 1.2$,

故

$$\tau_{cr} = \left[1 - 0.59\left(\lambda_s - 0.8\right)\right]f_v = \left[1 - 0.59\left(1.19 - 0.8\right)\right] \times 180 = 138.6 \text{ N/mm}^2$$

综上

$$\left(\frac{\sigma}{\sigma_{cr}}\right)^2 + \left(\frac{\tau}{\tau_{cr}}\right)^2 = \left(\frac{197.94}{305}\right)^2 + \left(\frac{58.97}{138.6}\right)^2 = 0.6 < 1.0$$

故区格 I 局部稳定性满足要求。

区格 II 左端内力

$$V_{21} = 390.9 \text{ kN} , \quad M_{21} = 972.9 \text{ kN} \cdot \text{m}$$

区格 II 右端内力

$$V_{2r} = 387.45 \text{ kN} , \quad M_{2r} = 1556.7 \text{ kN} \cdot \text{m}$$

弯曲压应力

$$\sigma = \frac{\left(\dfrac{M_{21} + M_{2r}}{2}\right)h_0}{2I_{nx}} = \frac{\left(\dfrac{972.9 + 1556.7}{2}\right) \times 10^6 \times 1100}{2 \times 409826.11 \times 10^4} = 169.74 \text{ N/mm}^2$$

平均剪应力

$$\tau = \frac{\left(V_{21} + V_{2r}\right)/2}{h_0 t_w} = \frac{\left(390.9 + 387.45\right) \times 10^3 / 2}{1100 \times 10} = 35.38 \text{ N/mm}^2$$

所以

$$\left(\frac{\sigma}{\sigma_{cr}}\right)^2 + \left(\frac{\tau}{\tau_{cr}}\right)^2 = \left(\frac{169.74}{305}\right)^2 + \left(\frac{35.38}{138.6}\right)^2 = 0.37 < 1.0$$

故区格 II 局部稳定性满足要求。

区格 III 左端内力

$$V_{31} = 131.45 \text{ kN} , \quad M_{31} = 1556.7 \text{ kN} \cdot \text{m}$$

区格 III 右端内力

$$V_{3r} = 128 \text{ kN} , \quad M_{3r} = 1751.3 \text{ kN} \cdot \text{m}$$

弯曲压应力

$$\sigma = \frac{\left(\dfrac{M_{31} + M_{3r}}{2}\right)h_0}{2I_{nx}} = \frac{\left(\dfrac{1556.7 + 1751.3}{2}\right) \times 10^6 \times 1100}{2 \times 409826.11 \times 10^4} = 221.97 \text{ N/mm}^2$$

平均剪应力

$$\tau = \frac{\left(V_{21} + V_{2r}\right)/2}{h_0 t_w} = \frac{\left(131.45 + 128\right) \times 10^3 / 2}{1100 \times 10} = 11.79 \text{ N/mm}^2$$

所以

$$\left(\frac{\sigma}{\sigma_{\text{cr}}}\right)^2 + \left(\frac{\tau}{\tau_{\text{cr}}}\right)^2 = \left(\frac{221.97}{305}\right)^2 + \left(\frac{11.79}{138.6}\right)^2 = 0.54 < 1.0$$

故区格 III 局部稳定性满足要求。

因此横向加劲肋的设置满足要求。

（6）刚度校核

将梁近似看作等截面梁进行刚度校核：

$$\frac{v}{l} = \frac{11}{114} \cdot \frac{F_{\text{k}} l^2}{EI_x} + \frac{5}{384} \cdot \frac{q_{\text{k}} l^3}{EI_x}$$

$$= \frac{11}{144} \times \frac{195 \times 10^3 \times 9000^2}{206 \times 10^3 \times 409826.11 \times 10^4} + \frac{5}{384} \times \frac{\dfrac{2.3}{1.2} \times 9000^3}{206 \times 10^3 \times 409826.11 \times 10^4}$$

$$= \frac{1}{689} < \frac{[v]}{l} = \frac{1}{500}$$

梁的刚度满足要求。

（7）加劲肋的构造设计（图 5-41）

横向加劲肋采用在腹板两侧成对布置的钢板，其尺寸计算如下。

横向加劲肋外伸宽度

$$b_{\text{s}} \geqslant \frac{h_0}{30} + 40 = \frac{1100}{30} + 40 = 76.7 \text{ mm}$$

取 $b_{\text{s}} = 80 \text{ mm}$。

横向加劲肋厚度

$$t_{\text{s}} \geqslant \frac{b_{\text{s}}}{15} = \frac{80}{15} = 5.33 \text{ mm}$$

取 $t_{\text{s}} = 6 \text{ mm}$。

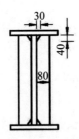

图 5-41 横向加劲肋的构造

梁的支座采用突缘支座形式，支座处加劲肋采用 $160 \text{ mm} \times 16 \text{ mm}$，计算如下。

支座处加劲肋下端刨平顶紧，端面承压力验算：

支座反力

$$R = \frac{5}{2} F_{\text{d}} + \frac{1}{2} ql = \frac{5}{2} \times 256 + \frac{1}{2} \times 2.3 \times 9 = 650 \text{ kN}$$

$$\sigma_{ce} = \frac{R}{A_{ce}} = \frac{650 \times 10^3}{160 \times 16} = 253.9 \text{ N/mm}^2 < f_{ce} = 400 \text{ N/mm}^2$$

腹板平面外的稳定验算：

$$A = 160 \times 16 + 150 \times 10 = 4060 \text{ mm}^2$$

$$I = \frac{1}{12} \times 16 \times 160^3 + \frac{1}{12} \times 150 \times 10^3 = 547.38 \times 10^4 \text{ mm}^4$$

$$i = \sqrt{\frac{I}{A}} = \sqrt{\frac{547.38 \times 10^4}{4060}} = 36.7$$

$$\lambda = \frac{1100}{36.7} = 29.97$$

$$\lambda\sqrt{\frac{f_y}{235}} = 29.97 \times \sqrt{\frac{345}{235}} = 36.31$$

查附录三可得：$\varphi = 0.863$（c 类）

$$\frac{R}{\varphi A} = \frac{650 \times 10^3}{0.863 \times 4060} = 185.51 \text{ N/mm}^2 < f = 310 \text{ N/mm}^2$$

支座处加劲肋与腹板采用直角角焊缝，其焊脚尺寸为

$$h_f \geqslant \frac{V_{max}}{2 \times 0.7 h_0 f_f^w} = \frac{650.35 \times 10^3}{2 \times 0.7 \times 1100 \times 200} = 2.1 \text{ mm}$$

采用 $h_f = 6$ mm。

加劲肋的构造如图 5-42 所示。

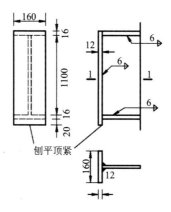

图 5-42 加劲肋的构造

翼缘与腹板的连接焊缝计算：

$$h_f' \geqslant \frac{V_{max} S_1}{2 \times 0.7 I_{1x} f_f^w} = \frac{650.35 \times 10^3 \times 1428.48 \times 10^3}{2 \times 0.7 \times 270335.03 \times 10^4 \times 200} = 1.23 \text{ mm}$$

采用直角角焊缝，取 $h_f' = 6$ mm。

5.9 工程实例——擦窗机箱形截面起重臂分析计算

擦窗机作为起重机械中发展较晚的设备，在近几年的使用日益广泛。其中伸缩臂式擦窗机适用范围广泛。擦窗机的起重臂截面形式通常为箱形截面，无变幅机构的擦窗机的起重臂可看作在主平面内受弯的实腹构件。

试验算如图 1-4 所示某 2+1 节伸缩臂擦窗机（2 个伸缩臂+1 节基臂）的第二节伸缩臂是否满足要求。材料：钢材 Q345B，焊条 E50 系列型，手工焊。与第一节伸缩臂之间的支点分别位于第二节伸缩臂尾端和第一节伸缩臂的头端，其受力简图如图 5-43 所示。将伸缩臂截面近似看作空心矩形，高为 600 mm，宽为 300 mm，厚为 6 mm，如图 5-44 所示。在臂头端所受载荷 F 包括：起升额定载荷 $G_1 = 250$ kg，起升平台重量 $G_2 = 600$ kg，羊角臂头重量 $G_3 = 700$ kg，钢丝绳重量 $G_4 = 150$ kg；第二节伸缩臂自重 $G = 820$ kg；臂头端距离前支点距离 $L_1 = 6$ m，臂身重心到前支点距离 $L_2 = 2.5$ m，前支点到后支点距离 $L_3 = 2.5$ m。

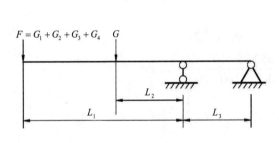

图 5-43 二节伸缩臂受力简图　　　图 5-44 二节伸缩臂截面尺寸

（1）截面几何特性

箱形臂毛截面惯性矩

$$I_x = \frac{BH^3 - bh^3}{12} = \frac{300 \times 600^3 - (300 - 6 \times 2) \times (600 - 6 \times 2)^3}{12} = 520860672 \text{ mm}^4$$

箱形臂净截面模量 W_{nx}

$$W_{nx} = \frac{BH^3 - bh^3}{6H} = \frac{300 \times 600^3 - (300 - 6 \times 2) \times (600 - 6 \times 2)^3}{6 \times 600} = 1736202.24 \text{ mm}^3$$

箱形臂截面面积矩 S

$$S = Bt\left(\frac{H}{2} - \frac{t}{2}\right) + 2\frac{(H - 2 \times t)}{2}t\frac{(H - 2 \times t)}{4}$$

$$= 300 \times 6 \times \left(\frac{600}{2} - \frac{6}{2}\right) + 2 \times \frac{(600 - 2 \times 6)}{2} \times 6 \times \frac{(600 - 2 \times 6)}{4}$$

$$= 1053216 \ \text{mm}^3$$

（2）箱形臂所受最大弯矩

$$M_{max} = (G_1 + G_2 + G_3 + G_4) \times L_1 + G \times L_2$$

$$= (250 + 600 + 700 + 150) \times 10 \times 6 + 820 \times 10 \times 2.5$$

$$= 122500 \ \text{N} \cdot \text{m}$$

支座处最大剪力

$$V_{max} = \frac{(G_1 + G_2 + G_3 + G_4) \times L_1 + G \times L_2}{L_3}$$

$$= \frac{(250 + 600 + 700 + 150) \times 10 \times 6 + 820 \times 10 \times 2.5}{2.5}$$

$$= 49000 \ \text{N}$$

（3）最大弯曲正应力

$$\sigma_{max} = \frac{M_{max}}{\gamma_x W_{nx}} = \frac{122500 \times 10^3}{1.05 \times 1736202.24} = 67.2 \ \text{N/mm}^2 < f = 310 \ \text{N/mm}^2$$

支座处最大切应力

$$\tau_{max} = \frac{V_{max} S}{I_x t_w} = \frac{49000 \times 1053216}{520860672 \times 6 \times 2} = 8.25678004 \ \text{N/mm}^2 < f_v = 180 \ \text{N/mm}^2$$

所以二节伸缩臂根据许用应力法校核强度，安全。

（4）整体稳定性验算

伸缩臂屈服强度 $f_y = 345 \ \text{N/mm}^2$，根据《钢结构设计规范》（GB 50017—2003）计算擦窗机伸缩臂的稳定性。当梁的载荷增大到某一数值时，梁会突然出现很大的侧向弯曲和扭转，丧失继续承载的能力，这时只要外荷稍微再增加一些，梁的变形就急剧增加并导致破坏。

在验算第二节伸缩臂整体稳定性时，根据箱形截面高度 H 与两腹板的间距 B 之比 $H/B = 600/300 = 2 < 6$，并且受压翼缘的自由长度 L_1 同其宽度 B 之比 $L_1/B = 6000/300 = 20 < 95(235/f_y) = 95 \times (235/345) = 64.71$，故整体稳定性有保证。

（5）局部稳定性验算

梁在载荷作用下，腹板的受压区域和受压翼缘可能偏离其正常板面的位置，在侧向形成波状鼓曲的现象，故需验算伸缩臂的局部稳定性。

翼缘板的局部稳定性：

箱形截面梁受压翼缘在两腹板之间的无支承宽度 b_0 与其厚度 t 之比

$$\frac{b_0}{t} = \frac{300 - 2 \times 6}{6} = 48 > 40\sqrt{\frac{235}{f_y}} = 40\sqrt{\frac{235}{345}} = 33.01$$

腹板的局部稳定性

$$\frac{h_0}{t_w} = \frac{(H - 2 \times t)}{t} = \frac{(600 - 2 \times 6)}{6} = 98 > 80\sqrt{\frac{235}{f_y}} = 80 \times \sqrt{\frac{235}{345}} = 66.03$$

但是

$$\frac{h_0}{t_w} = \frac{(H - 2 \times t)}{t} = \frac{(600 - 2 \times 6)}{6} = 98 < 150\sqrt{\frac{235}{f_y}} = 150 \times \sqrt{\frac{235}{345}} = 123.80$$

假定受压翼缘扭转未受约束，故二节臂局部稳定性不满足要求，翼缘板需加大板厚或内侧贴板来提高局部稳定性，腹板需要设置筋板或加劲肋来提高局部稳定性。

习　题

5-1　在哪些情况下可以不用计算梁的整体稳定性？

5-2　梁的整体稳定系数 φ_b 的物理意义是什么？如何判断其工作阶段？

5-3　梁的强度计算和刚度计算内容是什么？计算时，各应使用什么载荷值？

5-4　说明型钢梁的一般设计过程。

5-5　焊接简支梁工字形截面（图 5-45），梁的跨度为 9 m，钢材为 Q345。

　　（1）分析梁的腹板和翼缘的局部稳定；

　　（2）若腹板和翼缘局部稳定不能保证，应分别采取什么构造措施？

　　（3）若已知：$W_x = 5143 \text{ cm}^3$，$M_x = 1380 \text{ kN} \cdot \text{m}$，$\varphi_b = 1.07$，$\varphi_b' = 0.78$，$f = 315 \text{ N/mm}^2$，验算其整体稳定性。若整体稳定性不足，请给出合理措施。

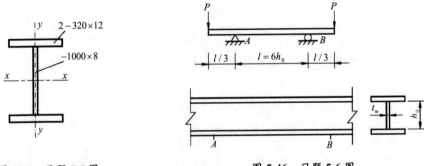

图 5-45　习题 5-5 图　　　　　　图 5-46　习题 5-6 图

5-6　一工字形组合截面钢梁，其尺寸和受力如图 5-46 所示。已知其腹板的高厚比 $\frac{h_0}{t_w} \geq 170\sqrt{\frac{235}{f_y}}$，为保证腹板的局部稳定，请在支座 A，B 处及其之间梁段内布置加劲肋。

第6章 拉弯和压弯构件

学习要求

① 熟悉拉弯和压弯构件的受力特点、失效形式、截面类型及应用；

② 掌握拉弯和压弯构件的强度、刚度计算；

③ 掌握实腹式压弯构件的整体稳定和局部稳定计算方法，会计算实腹式压弯结构的整体稳定性和局部稳定性，并能够根据计算结果，分析给出合理的构造措施；

④ 了解格构式压弯构件的整体稳定计算特点，会计算格构式压弯结构的整体稳定性；

⑤ 能够依据《钢结构设计规范》（GB 50017—2003）和《起重机设计规范》（GB/T 3811—2008），完成工程机械钢结构中典型压弯构件的设计计算和分析。

重点：实腹式压弯构件整体稳定的计算，格构式压弯结构整体稳定性的计算特点。

难点：单轴对称和双轴对称实腹式压弯构件整体稳定计算、压弯构件的构造设计。

6.1 概述

在轴向力 N 与弯矩 M 共同作用下的构件，根据轴向力 N 的不同可分为拉弯构件和压弯构件。形成弯矩的原因很多，如轴向力不通过截面形心而产生端弯矩（称为偏心受拉构件和偏心受压构件），或作用在构件上的横向载荷而产生横向弯曲等，见图6-1。

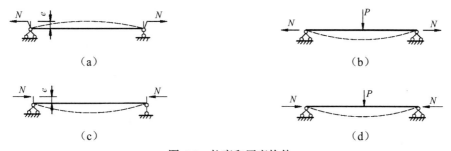

（a）

（b）

（c）

（d）

图6-1 拉弯和压弯构件

压弯构件在工程机械钢结构中应用广泛，例如起重机起重臂、塔机的塔身、装载机的动臂、擦窗机立柱、施工升降机导轨架等都属于此类构件。相对而言，拉弯构件的应用较少。

6.1.1 拉弯和压弯构件的截面形式

按照组成方式，截面可分为型钢截面、钢板焊接组合截面、型钢与型钢或型钢与钢板的组合截面等；按照几何特征，可分为开口截面和闭口截面；按照对称轴不同，可分为双轴对称和单轴对称截面；按照截面组成是否连续，又可分为实腹式截面和格构式截面。

拉弯构件截面通常采用与轴心拉杆相同的截面形式。压弯构件承受弯矩不大或正负弯矩（不在同一时间发生）的绝对值较接近时，可采用双轴对称的截面形式，但当构件承受的单方向的弯矩较大或正负弯矩相差较大时，除采用截面高度较大的双轴对称截面外，还应合理采用单轴对称截面，以获得较好的经济效果。单轴对称截面包括实腹式[图 6-2（a）]和格构式[图 6-2（b）]两种，均在受压较大的一侧分布更多的材料。

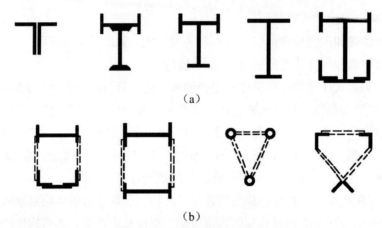

（a）

（b）

图 6-2 压弯构件的单轴对称截面

6.1.2 压弯构件的破坏形式

压弯构件整体破坏的形式有强度破坏和失稳破坏两种情况。

强度破坏主要是由于构件端弯矩很大，或者由于构件截面局部的严重削弱，因强度不足而发生强度破坏。

失稳破坏主要有两种：一是在一个对称轴平面内作用有弯矩的压弯构件，如果在非弯矩作用方向有足够支承以防止构件发生侧移或扭转，则构件只会在弯矩作用平面内发生弯曲失稳破坏，变形形式仍为弯矩作用平面内的弯曲变形；二是如果压弯构件缺乏足够的侧向支承，则有可能发生弯扭失稳破坏，此时除在弯矩作用方向存在弯曲变形外，垂直于弯矩作用的方向会突然产生弯曲变形，同时截面绕轴线发生扭转，即产生侧向弯曲和扭转。承受双向弯矩作用的压弯构件总是产生弯扭失稳破坏。

由于组成压弯构件的板件有一部分受压，和轴心受压构件、受弯构件一样，也存在局部屈曲问题；若构件中板件发生屈曲，将会导致压弯构件提前发生整体失稳破坏。

6.2 拉弯和压弯构件强度计算

6.2.1 强度计算

（1）单向偏心受力构件

单向偏心受力构件是指同时受到轴心力 N 和单向弯矩 M_x 作用的构件，其强度条件为

$$\frac{N}{A_n} \pm \frac{M_x}{\gamma_x W_{nx}} \leqslant f \tag{6-1}$$

式中，N ——轴心力；

　　　M_x ——绕 x 轴的计算弯矩；

A_n ——截面净截面面积；

W_{nx} ——构件计算截面对主轴 $x-x$ 的净截面抗弯系数；

γ_x ——截面塑性发展系数，对于弹性设计，$\gamma_x = 1.0$。

f ——钢材的抗拉、抗弯强度设计值。

（2）双向偏心受力构件

双向偏心受力构件是指同时受到轴心力 N 和双向弯矩 M_x，M_y 作用的构件，其强度条件为

$$\frac{N}{A_n} \pm \frac{M_x}{\gamma_x W_{nx}} \pm \frac{M_y}{\gamma_y W_{ny}} \leqslant f \qquad (6\text{-}2)$$

式中，M_x，M_y——绕 x 轴、y 轴的计算弯矩，对偏心受压构件，当构件的长细比 $\lambda > 100$ 时，必须考虑压力对构件产生非线性变形的影响；

W_{nx}，W_{ny}——构件计算截面对主轴 $x-x$，$y-y$ 的净截面抗弯系数；

γ_x，γ_y——截面塑性发展系数，对于弹性设计和疲劳计算，取 $\gamma_x = \gamma_y = 1.0$。

6.2.2 刚度计算

压弯构件中，由于存在附加弯矩，引起附加挠度，进而再次产生附加弯矩，故压弯构件的轴向力与挠度之间存在着非线性关系。虽然构件处于弹性工作范围，但叠加原理已不再使用，需要采用非线性（二阶）理论计算。故拉弯和压弯构件的刚度验算不是计算挠度，而是与轴心受力构件相同，以构件的长细比 λ 来衡量构件的刚度。其刚度条件为

$$\lambda \leqslant [\lambda] \qquad (6\text{-}3)$$

式中，λ——构件的最大长细比；

$[\lambda]$——构件的许用长细比，见表 4-1。

【例题 6-1】 某承受静力载荷的拉弯构件，承受轴心拉力设计值 $N = 230 \text{ kN}$，弯矩设计值 $M_x = 35 \text{ kN} \cdot \text{m}$。杆长 $l = 3.5 \text{ m}$，两端铰接，截面无削弱，钢材为 Q235，$[\lambda] = 200$。试选择如图 6-3 所示的工字钢拉杆的截面尺寸。

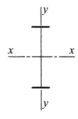

图 6-3 例题 6-1 图

【解】 选用 I20a，查得截面面积 $A = 35.578 \text{ cm}^2$，$W_x = 237 \text{ cm}^3$，$i_y = 2.12 \text{ cm}$，取 $\gamma_x = 1.0$。

（1）构件截面强度验算

因截面无削弱，故净截面几何特性与毛截面几何特性相同。

$$\frac{N}{A_n} + \frac{M_x}{\gamma_x W_{nx}} = \frac{230 \times 10^3}{35.578 \times 10^2} + \frac{35 \times 10^6}{1.0 \times 237 \times 10^3} = 212.3 \text{ N/mm}^2 < f = 215 \text{ N/mm}^2$$

满足要求。

（2）刚度验算

对 $y - y$ 轴，$l_{0y} = 350$ cm，$i_y = 2.12$ cm。

长细比

$$\lambda_y = \frac{l_{0y}}{i_y} = \frac{350}{2.12} = 165.1 < [\lambda] = 200$$

满足要求。

6.3 偏心受压构件的整体稳定性

偏心受压构件可分为单向偏心受压构件和双向偏心受压构件。

构件在偏心压力作用下，弯曲变形随载荷同时出现，其整体稳定性的破坏存在两种可能性：一是构件在弯矩作用平面内发生挠曲并持续发展，当挠曲达到一定数值时，构件就会在弯矩作用平面内发生弯曲失稳；二是构件在弯矩作用平面外发生挠曲，并伴随着扭转，直至出现弯扭失稳状态，这就是构件在弯矩作用平面外的弯扭失稳。

6.3.1 弯矩作用平面内的弯曲失稳特点

两端铰接的偏心受压构件在两端相同数值的偏心力作用下，挠度和偏心力之间呈现出非线性关系，如图 6-4 所示。在载荷不大时，挠度随载荷的增大而持续增加，曲线是上升的，构件处于稳定平衡状态，直至截面边缘的最大压应力达到屈服点（A 点）。当外力继续增大时，由于钢材是弹性材料，构件内屈服区域也将逐渐扩大，造成挠度加速增加，此时构件仍处于稳定平衡状态，直至到达曲线的最高点（B 点）。当过了 B 点，曲线开始下降，即使外力不再增加，构件挠度也急剧增大并很快被压溃，故 B 点之后的下降段为不稳定平衡状态。构件从稳定平衡状态转变到不稳定平衡状态的转折点（B 点）称为失稳的临界点。对应临界点的载荷 N_B 称为偏心受压构件的弹塑性临界载荷。

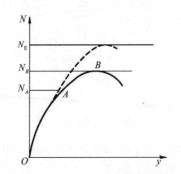

图 6-4　偏心受压构件载荷变形曲线

由此可见，偏心受压构件的稳定问题与轴心受压构件的稳定问题性质是不同的。轴心受压构件的平衡有直线平衡和弹性弯曲平衡两种状态，即稳定形式有了改变，出现分支点，且构件完全处于弹性范围内工作。而偏心受压构件的平衡曲线是连续的、渐变的，不发生分支现象。构件先处于弹性范围内工作，超过屈服点后，截面部分纤维进入塑性状态。为了区别这两类不同的稳定问题，把轴心受压构件的失稳问题称为第一类稳定问题（分支点失稳问题），而把偏心受压构件的失稳问题称为第二类稳定问题（极值点失稳问题）。

6.3.2 弯矩作用平面外的弯扭失稳特点

实腹式偏心受压构件在垂直于弯矩作用平面上并无弯矩，但若弯矩作用平面外的抗侧向弯曲和扭转的屈曲能力小，就可能造成截面上部分纤维进入塑性，使截面的弹性区域范围减小，从而降低构件在弯矩作用平面外的临界载荷，可能发生绕弱轴的弯扭屈曲（与轴心压杆相似），或者发生侧向弯扭屈曲（与梁相似）。

6.4 实腹式压弯构件的整体稳定计算

工程机械钢结构壁厚相对较薄，一般不考虑截面的塑性发展（即采用弹性设计），也就是说结构的受力和变形要控制在弹性范围内。由此可得偏心受压构件（压弯构件）的整体稳定性计算的两个条件：一是构件最大受力截面的边缘纤维不发生屈曲破坏；二是构件不发生弹性范围内的整体弯扭屈曲。

压弯构件上既有轴心压力作用，又有弯矩作用。当弯矩仅作用在截面的一个主轴平面内时，称为单向压弯构件。实腹式单向压弯构件在主轴平面内的弯矩作用下，一开始即出现弯曲变形，其整体稳定的丧失根据构件的抗扭能力和侧向支承，可以是平面内的弯曲失稳或者是平面外的弯扭失稳两种情况。当弯矩作用在两个主轴平面内时，称为双向压弯构件。实腹式双向压弯构件由于在两个主轴平面内均有弯矩作用，构件一开始即出现沿两个主轴方向的弯曲变形和扭转变形，最终必然发生弯扭失稳破坏。

压弯构件除了要计算强度和刚度外，还需验算构件的整体稳定性和局部稳定性。

6.4.1 实腹式单向压弯构件平面内的整体稳定计算

压弯构件的整体稳定性计算是在轴心受压构件计算的基础上进行的。由于存在弯矩，必然要引起构件变形，产生一定的挠度。该挠度与压力必然会产生二次弯矩，显然二次弯矩随轴向力和弯矩大小的变化而变化，有时其影响较大，不可忽略，必须对其予以修正。

《钢结构设计规范》（GB 50017—2003）和《起重机设计规范》（GB/T 3811—2008）对压弯构件的整体稳定性计算方法略有不同，本书依据《钢结构设计规范》，重点介绍压弯构件的整体稳定性计算方法。《起重机设计规范》关于压弯构件的整体稳定性计算见附录四，详细内容见《起重机设计规范》相关条款。

《钢结构设计规范》中，实腹式压弯构件在弯矩作用平面内的稳定计算公式为

$$\frac{N}{\varphi_x A} + \frac{\beta_{mx} M_x}{\gamma_x W_{1x}\left(1 - 0.8\dfrac{N}{N'_{Ex}}\right)} \leqslant f \tag{6-4}$$

式中，N——作用在构件上的轴心压力；

$\quad\quad N'_{Ex}$——考虑了抗力分项系数的对 $x-x$ 轴的欧拉临界力，$N'_{Ex} = \pi^2 EA\big/\left(1.1\lambda_x^2\right)$；

$\quad\quad \varphi_x$——弯矩作用平面内的轴心受压构件稳定系数；

$\quad\quad M_x$——构件计算截面绕 $x-x$ 轴的弯矩；

$\quad\quad W_{1x}$——在弯矩作用平面内对较大受压纤维的毛截面抗弯系数；

$\quad\quad \beta_{mx}$——等效弯矩系数，$\beta_{mx} \leqslant 1$，具体取值按照下列规定。

（1）框架柱和两端支承的构件

（A）无横向载荷作用时：$\beta_{mx} = 0.65 + 0.35\dfrac{M_2}{M_1}$，$M_1$ 和 M_2 为端弯矩，使构件产生同向曲率（无反弯点）时取同号；使构件产生反向曲率（有反弯点）时取异号，$|M_1| \geqslant |M_2|$。

（B）端弯矩和横向载荷同时作用时：使构件产生同向曲率时，$\beta_{mx} = 1.0$；使构件产生反向曲率时，$\beta_{mx} = 0.85$。

（C）无端弯矩但有横向载荷作用时：$\beta_{mx} = 1.0$。

（2）悬臂构件和分析内力时未考虑二阶效应的无支承纯框架和弱支承框架柱，$\beta_{mx} = 1.0$

需要注意的是，对于单轴对称截面的压弯构件，当弯矩作用于对称轴的平面内且使较大翼缘受压时，构件可能在受拉一侧产生塑性区。因此，除按照式（6-4）进行平面内稳定的验算外，还应按照式（6-5）进行附加验算：

$$\left| \frac{N}{A} - \frac{\beta_{mx} M_x}{\gamma_x W_{2x}\left(1 - 1.25\dfrac{N}{N'_{Ex}}\right)} \right| \leqslant f \tag{6-5}$$

式中，W_{2x}——受拉一侧最外纤维毛截面抗弯系数。

6.4.2 实腹式单向压弯构件平面外的稳定计算

当压弯构件的抗扭刚度和其弯矩作用平面外的抗弯刚度较小，而侧向又没有足够支承以阻止其发生侧向位移和扭转时，构件在弯矩作用平面内失稳破坏之前，可能向弯矩作用平面外侧弯并扭转，发生弯扭屈曲而破坏。

钢结构设计规范中，实腹式压弯构件在弯矩作用平面外的稳定计算公式为

$$\frac{N}{\varphi_y A} + \eta\frac{\beta_{tx} M_x}{\varphi_b W_{1x}} \leqslant f \tag{6-6}$$

式中，φ_y ——弯矩作用平面外的轴心受压构件稳定系数。

φ_b ——均匀弯曲的受弯构件整体稳定系数。其中工字形（含 H 型钢）和 T 形截面的非悬臂构件可按照相关公式计算，对闭口截面 $\varphi_b=1.0$。

M_x ——构件计算截面绕 $x-x$ 轴的弯矩。

η ——截面影响系数，闭口截面：$\eta=0.7$；其他截面：$\eta=1.0$。

β_{tx} ——等效弯矩系数，$\beta_{tx}\leqslant 1$，具体取值按下列规定。

（1）在弯矩作用平面外有支承的构件，应根据两相邻支承点间构件段内的载荷和内力情况确定

（A）无横向载荷作用时：$\beta_{tx}=0.65+0.35\dfrac{M_2}{M_1}$，$M_1$ 和 M_2 在弯矩作用平面内的端弯矩，使构件产生同向曲率时取同号；使构件产生反向曲率时取异号，$|M_1|\geqslant|M_2|$。

（B）端弯矩和横向载荷同时作用时：使构件产生同向曲率时，$\beta_{tx}=1.0$；使构件产生反向曲率时，$\beta_{tx}=0.85$。

（C）无端弯矩但有横向载荷作用时：$\beta_{tx}=1.0$。

（2）弯矩作用平面外为悬臂的构件，$\beta_{tx}=1.0$

6.4.3 实腹式双向压弯构件的整体稳定计算

双向压弯构件是指弯矩作用在两个主平面内的压弯构件，其失稳属空间失稳形式。

弯矩作用在两个主平面内的双轴对称实腹式工字形（含 H 形）和箱形（闭口）截面的压弯构件（图 6-5），其整体稳定性应按照下列公式计算：

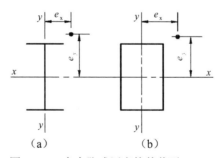

图 6-5 双向实腹式压弯构件截面

$$\frac{N}{\varphi_x A}+\frac{\beta_{mx}M_x}{\gamma_x W_x\left(1-0.8\dfrac{N}{N'_{Ex}}\right)}+\eta\frac{\beta_{ty}M_y}{\varphi_{by}W_y}\leqslant f \tag{6-7}$$

$$\frac{N}{\varphi_y A}+\frac{\beta_{my}M_y}{\gamma_y W_y\left(1-0.8\dfrac{N}{N'_{Ey}}\right)}+\eta\frac{\beta_{tx}M_x}{\varphi_{bx}W_x}\leqslant f \tag{6-8}$$

式中，φ_x，φ_y——对强轴 $x-x$ 和弱轴 $y-y$ 的轴心受压构件稳定系数；

φ_{bx}，φ_{by}——均匀弯曲的受弯构件整体稳定性系数，按照相关公式计算，若为闭口截面，则直接取 $\varphi_{bx}=\varphi_{by}=1.0$；

M_x，M_y——构件计算截面绕 $x-x$ 轴（强轴）、$y-y$ 轴（弱轴）的弯矩；

N'_{Ex}，N'_{Ey}——考虑了抗力分项系数的对 $x-x$ 轴、$y-y$ 轴的欧拉临界力，$N'_{Ex}=\pi^2 EA/\left(1.1\lambda_x^2\right)$，$N'_{Ey}=\pi^2 EA/\left(1.1\lambda_y^2\right)$；

W_x，W_y——对 $x-x$ 轴（强轴）和 $y-y$ 轴（弱轴）的毛截面抗弯系数；

β_{mx}，β_{my}——等效弯矩系数，按照弯矩作用平面内稳定计算的有关规定采用；

β_{tx}，β_{ty}——等效弯矩系数，按照弯矩作用平面外稳定计算的有关规定采用。

6.5 实腹式压弯构件的局部稳定

实腹式压弯构件的翼缘和腹板都受到压力的作用。当压应力达到一定值时，有可能发生板件的失稳，对构件而言就是局部失稳。构件的板件失稳可能促使构件提前破坏。

实腹式压弯构件局部稳定的设计要求：板件的局部失稳不先于构件的整体失稳和强度破坏发生。对于腹板，一般要求局部失稳不先于强度破坏；对于翼缘，一般要求局部失稳不先于整体失稳。同轴心受压构件一样，也是以限制板件的高（宽）厚比来保证其局部稳定。

6.5.1 腹板的稳定计算

压弯构件腹板的屈曲是在剪应力和非均匀压应力联合作用下发生的（图 6-6）。对于工字形及 H 形截面压弯构件的腹板而言，承受线性变化压应力和均匀剪应力的共同作用。

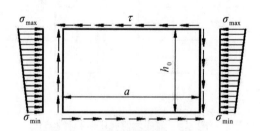

图 6-6　压弯构件腹板应力状态

按照实腹式压弯构件局部稳定的设计要求，剪应力和线性变化压应力联合作用下的弹性屈曲应力 $\sigma_{cr}^{\sigma,\tau}$ 不小于屈服点 f_y，即 $\sigma_{cr}^{\sigma,\tau}\geqslant f_y$，可得工字形及 H 形截面压弯构件保证其腹板局部稳定的高厚比。

当 $0\leqslant\alpha_0\leqslant1.6$ 时，

$$\frac{h_0}{t_w} \le (16\alpha_0 + 0.5\lambda + 25)\sqrt{\frac{235}{f_y}} \qquad (6-9)$$

当 $1.6 \le \alpha_0 \le 2.0$ 时，

$$\frac{h_0}{t_w} \le (48\alpha_0 + 0.5\lambda - 26.2)\sqrt{\frac{235}{f_y}} \qquad (6-10)$$

式中，α_0——应力梯度，$\alpha_0 = \dfrac{\sigma_{max} - \sigma_{min}}{\sigma_{max}}$，$\sigma_{max}$ 为腹板计算高度边缘的最大压应力，计算时不考虑构件的稳定系数和截面塑性发展系数；σ_{min} 为腹板计算高度另一边缘相应的应力，压应力取正值，拉应力取负值。

λ——构件在弯矩作用平面内的长细比，当 $\lambda < 30$ 时，取 $\lambda = 30$；当 $\lambda > 100$ 时，取 $\lambda = 100$。

对于箱形截面压弯构件的腹板，计算方法与工字形、H 形截面相同，但考虑其腹板边缘的嵌固程度比工字形、H 形截面弱，且两块腹板的受力情况也可能不完全一致，故箱形截面压弯构件的腹板高厚比限值取为工字形、H 形截面压弯构件腹板高厚比限值的 0.8 倍，即腹板的高厚比 h_0/t_w 不应超过式（6-9）和式（6-10）右侧值的 0.8 倍，当此值小于 $40\sqrt{235/f_y}$ 时，取 $40\sqrt{235/f_y}$。

T 形截面的压弯构件，腹板的局部稳定高厚比限制分两种情况考虑：第一，弯矩使腹板自由边受拉，此时腹板高厚比限值与轴心受压构件的腹板高厚比限值一致，见式（4-16）和式（4-17）。第二，弯矩使腹板自由边受压，则：当 $\alpha_0 \le 1.0$ 时，腹板高厚比不应超过 $15\sqrt{235/f_y}$；当 $\alpha_0 > 1.0$ 时，腹板高厚比不应超过 $18\sqrt{235/f_y}$。

当腹板的局部稳定不满足要求时，可以采取的有效措施与轴心压杆的局部稳定措施相同，见 4.3.4，不再赘述。

6.5.2 翼缘的稳定计算

按照实腹式压弯构件局部稳定的设计要求，即受压最大翼缘与构件等稳定，可得工字形和 H 形截面压弯构件翼缘板的自由外伸宽度 b 与厚度 t 之比的限值为

$$\frac{b}{t} \le 15\sqrt{\frac{235}{f_y}} \qquad (6-11)$$

【例题 6-2】 某焊接工字形截面的压弯构件如图 6-7 所示，翼缘为火焰切割边，钢材采用 Q235，长度为 10 m，杆的两端为铰接，在构件中点处有一侧向支承以保证不发生弯扭屈曲。构件承受轴心压力设计值 $N = 800$ kN，在构件中点侧向支承处有一横向集中载荷 $P = 150$ kN。验算构件的稳定性。

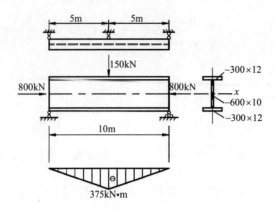

图 6-7   工字形截面压弯构件

【解】

（1）计算截面的几何特性

$$A = 2 \times 30 \times 1.2 + 60 \times 1.0 = 132 \text{ cm}^2$$

$$I_x = 2 \times 30 \times 1.2 \times \left(\frac{80+1.2}{2}\right)^2 + \frac{1}{12} \times 1 \times 60^3 = 85417.9 \text{ cm}^4$$

$$i_x = \sqrt{\frac{I_x}{A}} = \sqrt{\frac{85417.9}{132}} = 25.4 \text{ cm}$$

$$W_{1x} = \frac{2I_x}{h} = \frac{2 \times 85417.9}{80+1.2\times2} = 2737.8 \text{ cm}^3$$

$$I_y = 2 \times \frac{1}{12} \times 1.2 \times 30^3 + \frac{1}{12} \times 60 \times 1.0^3 = 5405 \text{ cm}^4$$

$$i_y = \sqrt{\frac{I_y}{A}} = \sqrt{\frac{5405}{132}} = 6.40 \text{ cm}$$

（2）弯矩作用平面内的整体稳定验算（对 $x-x$ 轴）

长细比

$$\lambda_x = \frac{l_{0x}}{i_x} = \frac{1000}{25.4} = 39.3$$

由附录三查得，$\varphi_x = 0.902$（b 类截面）。

对受弯轴（对 $x-x$ 轴）的欧拉临界力

$$N_{Ex} = \frac{\pi^2 EA}{\lambda_x^2} = \frac{\pi^2 \times 2.06 \times 10^5 \times 132 \times 10^2}{39.3^2} = 17366652.4 \text{ N} \approx 17367 \text{ kN}$$

因构件无端弯矩且跨中仅有一个横向载荷作用，所以等效弯矩系数 $\beta_{mx} = 1.0$；

$$M_x = \frac{P}{4}l = \frac{1}{4} \times 150 \times 10 = 375 \text{ kN} \cdot \text{m}$$

$$N'_{Ex} = \frac{N_{Ex}}{1.1} = \frac{17367}{1.1} = 15787.9 \text{ kN}$$

$$\frac{N}{\varphi_x A} + \frac{\beta_{mx} M_x}{\gamma_x W_{1x} \left(1 - 0.8 \dfrac{N}{N'_{Ex}}\right)} = \frac{800 \times 10^3}{0.902 \times 132 \times 10^2} + \frac{1.0 \times 375 \times 10^6}{1 \times 2737.8 \times 10^3 \times \left(1 - 0.8 \times \dfrac{800}{15787.9}\right)}$$

$$= 203 \ N/mm^2 < f = 215 \ N/mm^2$$

满足要求。

（3）弯矩作用平面外的整体稳定验算（对 $y - y$ 轴）

长细比

$$\lambda_y = \frac{l_{0y}}{i_y} = \frac{500}{6.40} = 78.14 < [\lambda] = 150$$

查得 $\varphi_y = 0.701$ （b 类截面）。

杆段的一端弯矩为 $375 \ kN \cdot m$，另一端弯矩为 0，故等效弯矩系数

$$\beta_{tx} = 0.65 + 0.35 \frac{M_2}{M_1} = 0.65 + 0.35 \frac{0}{375} = 0.65$$

又整体稳定系数

$$\varphi_b = 1.07 - \frac{\lambda_y^2}{44000} \cdot \frac{f_y}{235} = 1.07 - \frac{78.14^2}{44000} \cdot \frac{235}{235} = 0.931$$

$$\frac{N}{\varphi_y A} + \eta \frac{\beta_{tx} M_x}{\varphi_b W_{1x}} = \frac{800 \times 10^3}{0.701 \times 132 \times 10^2} + 1.0 \times \frac{0.65 \times 375 \times 10^6}{0.931 \times 2737.8 \times 10^3}$$

$$= 182 \ N/mm^2 < f = 215 \ N/mm^2$$

满足要求。

（4）局部稳定验算

对于腹板

$$\sigma_{max} = \frac{N}{A} + \frac{M}{W} = \frac{N}{A} + \frac{M h_0}{2 I_x} = \frac{800}{132} + \frac{375 \times 10^2 \times 80}{2 \times 85417.9} = 23.6 \ kN/cm^2$$

$$\sigma_{min} = \frac{N}{A} - \frac{M}{W} = \frac{N}{A} - \frac{M h_0}{2 I_x} = \frac{800}{132} - \frac{375 \times 10^2 \times 80}{2 \times 85417.9} = -11.5 \ kN/cm^2$$

$$\alpha_0 = \frac{\sigma_{max} - \sigma_{min}}{\sigma_{max}} = \frac{23.6 - (-11.5)}{23.6} = 1.49 < 1.6$$

$$\frac{h_0}{t_w} = \frac{60}{1.0} = 60 < (16\alpha_0 + 0.5\lambda + 25)\sqrt{\frac{235}{f_y}} = (16 \times 1.49 + 0.5 \times 39.3 + 25) \times \sqrt{\frac{235}{235}} = 68.4$$

满足要求。

对于翼缘

$$\frac{b}{t} = \frac{(30 - 1.2)/2}{1.2} = 12 < 13\sqrt{\frac{235}{f_y}} = 13 \times \sqrt{\frac{235}{235}} = 13$$

满足要求。

【例题 6-3】 如图 6-8 所示偏心压杆，压力 $N=800$ kN（设计值）。静力载荷，偏心距 $e_1=150$ mm，$e_2=100$ mm。焊接 T 形截面，翼缘为焰切边。压力作用于对称轴平面内翼缘一侧。杆长 7 m，两端铰接，杆中央在侧向（垂直于对称轴平面）有一支点。钢材 Q235A。验算构件的弯矩作用平面内整体稳定。

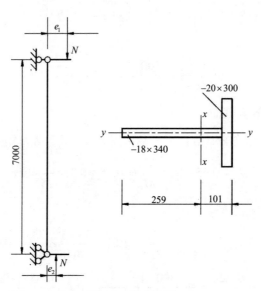

图 6-8 偏心压杆

【解】

（1）截面几何特性

$$A = 30 \times 2 + 34 \times 1.8 = 121.2 \text{ cm}^2$$

确定截面形心位置（对翼缘形心取矩）

$$y = \frac{34 \times 1.8 \times 18}{121.2} + 1 = 10.1 \text{ cm}$$

由图 6-8 可得

$$I_x = \frac{1}{12} \times 1.8 \times 34^3 + 34 \times 1.8 \times 8.9^2 + 30 \times 2 \times 9.1^2 = 15712 \text{ cm}^4$$

$$i_x = \sqrt{\frac{I_x}{A}} = \sqrt{\frac{15712}{121.2}} = 11.4 \text{ cm}$$

$$W_{n1x} = \frac{15712}{10.1} = 1556 \text{ cm}^3$$

$$W_{n2x} = \frac{I_x}{y_2} = \frac{15712}{25.9} = 607 \text{ cm}^3$$

（2）弯矩作用平面内的稳定性验算

$$\lambda_x = \frac{l_{0x}}{i_x} = \frac{700}{11.4} = 61.4 < [\lambda] = 150$$

满足要求。

翼缘为焰切边的焊接 T 形截面,对 x 轴和 y 轴均属 b 类截面,查附表三,得 $\varphi_x = 0.802$。

$$N'_{Ex} = \frac{\pi^2 \times 2.06 \times 10^5 \times 121.2 \times 10^2}{1.1 \times 61.4^2} = 5942103 \text{ N} \approx 5942 \text{ kN}$$

$\beta_{mx} = 0.6 + 0.4 \dfrac{M_2}{M_1} = 0.6 + 0.4 \times \dfrac{800 \times 10}{800 \times 15} = 0.867$($M_2$ 和 M_1 使构件产生同向曲率,故取同号)

M_x 取 M_1、M_2 中较大值,即 $M_x = 800 \times 150 \times 10^3 = 120 \times 10^6 \text{ N·mm}$。

$$\frac{N}{\varphi_x A} + \frac{\beta_{mx} M_x}{\gamma_x W_{1x}\left(1 - 0.8\dfrac{N}{N'_{Ex}}\right)} = \frac{800 \times 10^3}{0.802 \times 121.2 \times 10^2} + \frac{0.867 \times 120 \times 10^6}{1.05 \times 1556 \times 10^3\left(1 - 0.8 \times \dfrac{800 \times 10^3}{5942 \times 10^3}\right)}$$

$$= 153.7 \text{ N/mm}^2 < f = 215 \text{ N/mm}^2$$

满足要求。

（3）对单轴对称截面压弯构件,当弯矩作用在对称轴平面内且使较大翼缘受压时,有可能在受拉侧首先发展构件而使构件破坏。故还应按照式（6-5）验算受拉侧的应力。

$$\left| \frac{N}{A} - \frac{\beta_{mx} M_x}{\gamma_x W_{2x}\left(1 - 1.25\dfrac{N}{N'_{Ex}}\right)} \right| = \left| \frac{800 \times 10^3}{121.2 \times 10^2} - \frac{0.867 \times 120 \times 10^6}{1.05 \times 607 \times 10^3\left(1 - 1.25 \times \dfrac{800 \times 10^3}{5942 \times 10^3}\right)} \right|$$

$$= 130.3 \text{ N/mm}^2 < f = 215 \text{ N/mm}^2$$

满足要求。

【例题 6-4】 某汽车起重机吊臂的基本臂箱形截面尺寸如图 6-9 所示。已知由间接动力载荷设计值产生的内力组合为 $N = 350 \text{ kN}$,$M_x = 80 \text{ kN·m}$,$M_y = 60 \text{ kN·m}$；计算长度 $l_{0x} = 7.8 \text{ m}$,$l_{0y} = 12.4 \text{ m}$；钢材为 Q345 钢,截面无削弱。试验算该基本臂整体稳定性。

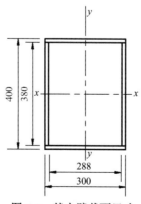

图 6-9 基本臂截面尺寸

【解】

（1）截面几何特性计算

$$A = 2 \times 0.6 \times 38 + 2 \times 1 \times 30 = 105.6 \text{ cm}^2$$

$$I_x = 2 \times \frac{1}{12} \times 0.6 \times 38^3 + 2 \times 30 \times 1 \times 19.5^2 = 28302.2 \text{ cm}^4$$

$$I_y = 2 \times \frac{1}{12} \times 1 \times 30^3 + 2 \times 38 \times 0.6 \times 14.7^2 = 14353.7 \text{ cm}^4$$

$$W_x = \frac{2I_x}{h} = \frac{2 \times 28302.2}{40} = 1415.11 \text{ cm}^3$$

$$W_y = \frac{2I_y}{b} = \frac{2 \times 14353.7}{30} = 956.9 \text{ cm}^3$$

$$i_x = \sqrt{\frac{I_x}{A}} = \sqrt{\frac{28302.2}{105.6}} = 16.4 \text{ cm}$$

$$i_y = \sqrt{\frac{I_y}{A}} = \sqrt{\frac{14353.7}{105.6}} = 11.7 \text{ cm}$$

（2）整体稳定性验算

长细比

$$\lambda_x = \frac{l_{0x}}{i_x} = \frac{780}{16.4} = 47.56 < [\lambda] = 150$$

$$\lambda_y = \frac{l_{0y}}{i_y} = \frac{1240}{11.7} = 105.98 < [\lambda] = 150$$

刚度满足要求。

由 λ_x=47.56 查附录三，得 $\varphi_x = 0.867$（b 类截面）；

由 λ_y=105.98 查附录三，得 $\varphi_y = 0.517$（b 类截面）。

欧拉临界力

$$N_{Ex} = \frac{\pi^2 EA}{\lambda_x^2} = \frac{\pi^2 \times 2.06 \times 10^5 \times 105.6 \times 10^2}{47.56^2} = 9491769 \text{ N} \approx 9491.8 \text{ kN}$$

$$N_{Ey} = \frac{\pi^2 EA}{\lambda_y^2} = \frac{\pi^2 \times 2.06 \times 10^5 \times 105.6 \times 10^2}{105.98^2} = 1911539 \text{ N} \approx 1911.5 \text{ kN}$$

因箱形截面为闭口截面，故整体稳定系数 $\varphi_{bx} = \varphi_{by} = 1.0$，截面影响系数 $\eta = 0.7$。

取截面塑性发展系数 $\gamma_x = \gamma_y = 1.0$。

另吊臂为悬臂箱形截面构件，故取等效弯矩系数 $\beta_{mx} = \beta_{my} = \beta_{tx} = \beta_{ty} = 1.0$；

$$N'_{Ex} = \frac{N_{Ex}}{1.1} = \frac{9491.8}{1.1} = 8628.9 \text{ kN}$$

$$N'_{Ey} = \frac{N_{Ey}}{1.1} = \frac{1911.5}{1.1} = 1737.7 \text{ kN}$$

$$\frac{N}{\varphi_x A} + \frac{\beta_{mx} M_x}{\gamma_x W_{1x}\left(1 - 0.8\dfrac{N}{N'_{Ex}}\right)} + \eta \frac{\beta_{ty} M_y}{\varphi_{by} W_{1y}}$$

$$= \frac{400\times10^3}{0.867\times105.6\times10^2} + \frac{1.0\times120\times10^6}{1\times1415.11\times10^3\times\left(1 - 0.8\dfrac{350\times10^3}{8628.9\times10^3}\right)} + 0.7\times\frac{1.0\times80\times10^6}{1.0\times959.9\times10^3}$$

$$= 189.67 \ \text{N/mm}^2 < f = 310 \ \text{N/mm}^2$$

满足要求。

$$\frac{N}{\varphi_y A} + \eta\frac{\beta_{tx} M_x}{\varphi_{bx} W_{1x}} + \frac{\beta_{my} M_y}{\gamma_y W_{1y}\left(1 - 0.8\dfrac{N}{N'_{Ey}}\right)}$$

$$= \frac{400\times10^3}{0.517\times105.6\times10^2} + 0.7\times\frac{1.0\times120\times10^6}{1.0\times1415.11\times10^3} + \frac{1.0\times80\times10^6}{1\times959.9\times10^3\times\left(1 - 0.8\times\dfrac{350\times10^3}{1737.7\times10^3}\right)}$$

$$= 231.98 \ \text{N/mm}^2 < f = 310 \ \text{N/mm}^2$$

满足要求。

（3）局部稳定验算

对于腹板

$$\sigma_{max} = \frac{N}{A} + \frac{M_x h_0}{2I_x} + \frac{M_y b}{2I_y} = \frac{400}{105.6} + \frac{120\times10^2\times38}{2\times28302.2} + \frac{80\times10^2\times30}{2\times14353.7} = 20.2 \ \text{kN/cm}^2$$

$$\sigma_{min} = \frac{N}{A} - \frac{M_x h_0}{2I_x} + \frac{M_y b}{2I_y} = \frac{400}{105.6} - \frac{120\times10^2\times38}{2\times28302.2} + \frac{80\times10^2\times30}{2\times14353.7} = 4.1 \ \text{kN/cm}^2$$

$$\alpha_0 = \frac{\sigma_{max} - \sigma_{min}}{\sigma_{max}} = \frac{20.2 - 4.1}{20.2} = 0.8 < 1.6$$

$$\frac{h_0}{t_w} = \frac{38}{0.6} = 63.3 > 0.8\left(16\alpha_0 + 0.5\lambda + 25\right)\sqrt{\frac{235}{f_y}} = 0.8\times(16\times0.8 + 0.5\times47.56 + 25)\times\sqrt{\frac{235}{345}} = 40.7$$

腹板高厚比不满足局部稳定要求，在腹板中部用成对设置的纵向加劲肋（小角钢）来加强板件稳定，减小腹板的计算高度。

$$\sigma_{max} = 20.2 \ \text{kN/cm}^2$$

$$\sigma_{min} = \frac{1}{2}\times(20.2 + 4.1) = 12.15 \ \text{kN/cm}^2$$

$$\alpha_0 = \frac{\sigma_{max} - \sigma_{min}}{\sigma_{max}} = \frac{20.2 - 12.15}{20.2} = 0.4 < 1.6$$

$$\frac{h_0}{t_w} = \frac{\dfrac{1}{2}\times38}{0.6} = 31.7 < 0.8\left(16\alpha_0 + 0.5\lambda + 25\right)\sqrt{\frac{235}{f_y}} = 0.8\times(16\times0.4 + 0.5\times47.56 + 25)\times\sqrt{\frac{235}{345}}$$

$$= 36.43$$

腹板局部稳定性满足要求。

对于翼缘板

$$\sigma_{\max} = \frac{N}{A} + \frac{M_x h}{2I_x} + \frac{M_y b_0}{2I_y} = \frac{400}{105.6} + \frac{120 \times 10^2 \times 40}{2 \times 28302.2} + \frac{80 \times 10^2 \times 28.8}{2 \times 14353.7} = 20.29 \ \mathrm{kN/cm^2}$$

$$\sigma_{\min} = \frac{N}{A} + \frac{M_x h}{2I_x} - \frac{M_y b_0}{2I_y} = \frac{400}{105.6} + \frac{120 \times 10^2 \times 40}{2 \times 28302.2} - \frac{80 \times 10^2 \times 28.8}{2 \times 14353.7} = 4.24 \ \mathrm{kN/cm^2}$$

$$\alpha_0 = \frac{\sigma_{\max} - \sigma_{\min}}{\sigma_{\max}} = \frac{20.29 - 4.24}{20.29} = 0.79 < 1.6$$

$$\frac{h_0}{t_{\mathrm{w}}} = \frac{28.8}{1} = 28.8 < 0.8\left(16\alpha_0 + 0.5\lambda + 25\right)\sqrt{\frac{235}{f_{\mathrm{y}}}} = 0.8 \times \left(16 \times 0.79 + 0.5 \times 105.98 + 25\right) \times \sqrt{\frac{235}{345}}$$
$$= 59.8$$

翼缘板局部稳定性满足要求。

（4）因截面无削弱，故强度可不必验算

6.6 格构式压弯构件的稳定计算

截面高度较大的压弯构件，采用格构式截面形式可以节省材料。格构式构件有双肢、三肢和四肢等形式，以单向压弯为主的情况下，多采用双肢截面形式；当构件中弯矩不大，可能出现正负号的弯矩，但两者绝对值又相差不大时，可采用对称截面的形式；当弯矩较大且弯矩符号不变，或正负号弯矩的绝对值相差较大时，可以采用不对称截面，并把较大的肢件放在较大弯矩产生压应力的一侧。格构式压弯构件由于截面高度较大且受较大的外剪力，故构件常用缀条连接，缀板连接较少采用。

6.6.1 格构式单向压弯构件的稳定计算

（1）弯矩作用平面内的稳定计算

① 弯矩作用在虚轴平面（绕实轴弯曲）。

对于单向压弯构件（图 6-10），当弯矩作用在虚轴（$x - x$ 轴）平面（即与构件缀材面相垂直的平面）时，如图 6-10（b）所示，构件绕实轴（$y - y$ 轴）产生弯曲失稳，受力性能与实腹式压弯构件完全相同。因此，用式（6-4）验算构件在弯矩作用平面内的稳定。

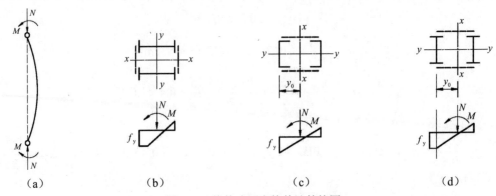

图 6-10　格构式压弯构件计算简图

② 弯矩作用在实轴平面（绕虚轴弯曲）。

当弯矩作用在实轴（$y-y$ 轴）平面（即与构件缀材面平行的平面）时，如图 6-10（c）、（d）所示，构件绕虚轴（$x-x$ 轴）产生弯曲失稳。格构式压弯构件对虚轴的弯曲失稳，以截面边缘纤维开始屈服为准则计算，即不考虑截面塑性发展。格构式单向压弯构件绕虚轴弯曲的整体稳定计算公式为

$$\frac{N}{\varphi_x A} + \frac{\beta_{mx} M_x}{W_{1x}\left(1 - \varphi_x \dfrac{N}{N'_{Ex}}\right)} \leqslant f \tag{6-12}$$

式中，W_{1x}——对较大受压纤维的毛截面抗弯系数，$W_{1x} = I_x/y_0$，y_0 取值说明：当距 x 轴最远的纤维属于肢件的腹板时，如图 6-10（c）所示截面，y_0 为由 x 轴到压力较大分肢腹板边缘的距离；当距 x 轴最远的纤维属于肢件翼缘的外伸部分时，如图 6-10（d）所示截面，y_0 为由 x 轴到压力较大分肢轴线的距离。

φ_x——由构件绕虚轴的换算长细比 λ_{0x} 确定的轴心压杆稳定系数，取 b 类截面。

N'_{Ex}——考虑了抗力分项系数的对 $x-x$ 轴的欧拉临界力，$N'_{Ex} = \pi^2 EA/\left(1.1\lambda_{0x}^2\right)$。

（2）弯矩作用平面外的稳定计算

仍然按照弯矩作用在虚轴平面和实轴平面两种情况分析。

对于弯矩作用在虚轴平面（绕实轴弯曲）的压弯构件，平面外整体稳定性计算和实腹式压弯构件相同，按照式（6-6）验算。但计算时系数 φ_x 应按换算长细比 λ_{0x} 确定，而系数 $\varphi_b = 1.0$。

对于弯矩作用在实轴平面（绕虚轴弯曲）的压弯构件，平面外整体稳定性可不计算，但应计算分肢的稳定性。分肢的轴心力应按照桁架的弦杆计算。对缀板柱的分肢还应考虑由剪力引起的局部弯矩。

（3）分肢稳定计算

当弯矩作用在实轴平面，绕虚轴弯曲时，格构式压弯构件除应按照式（6-12）验算弯矩作用平面内的整体稳定外，还要把构件看作一个平行弦桁架，像桁架弦杆一样计算分肢的稳定性。此时，分肢的轴线压力按照图 6-11 所示的计算简图确定。

分肢 1

$$N_1 = \frac{y_2 + e}{a} N \tag{6-13}$$

分肢 2

$$N_2 = N - N_1 \tag{6-14}$$

缀条式压弯构件的分肢，按照轴心压杆验算对其本身主轴的稳定性，其计算长度在缀条平面内取缀条节点间的距离，在缀条平面外则取构件侧向支承点之间的距离。

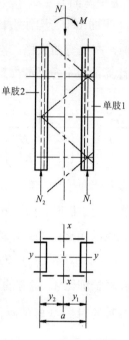

图 6-11　分肢计算简图

缀板式压弯构件的分肢，除作用有轴向压力外，还应考虑由剪力引起的局部弯矩 $M = V_1 l_1 / 2$（V_1 为分配到一个缀板面上的剪力，l_1 为两缀板中心间的距离），按照实腹式压弯构件验算其在局部弯矩作用下平面内外的稳定性。

对于由角钢为分肢件组成的缀条式压弯构件，此时分肢稳定应对其最小刚度轴 1-1 进行计算，如图 6-12 所示，计算长度取缀条节点之间的距离。

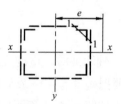

图 6-12　偏心位置

6.6.2　格构式双向压弯构件的稳定计算

（1）整体稳定计算

当弯矩分别作用在两个主平面内时，双肢格构式压弯构件（图 6-13）的整体稳定（对虚轴 $x-x$ 轴）计算公式为

$$\frac{N}{\varphi_x A} + \frac{\beta_{mx} M_x}{W_{1x}\left(1 - \varphi_x \dfrac{N}{N'_{Ex}}\right)} + \frac{\beta_{ty} M_y}{W_{1y}} \leqslant f \tag{6-15}$$

式中，W_{1y}——在 M_y 作用下，对较大受压纤维的毛截面抗弯系数。

双肢格构式压弯构件对实轴 $y - y$ 轴的整体稳定可通过分肢的稳定来保证。

对于由四个肢件（角钢）组成的缀条式双向格构式压弯构件（图 6-14），其两个主平面均需验算，计算公式为对虚轴 $x - x$ 轴的式（6-15）和对虚轴 $y - y$ 轴的式（6-16）。

$$\frac{N}{\varphi_y A} + \frac{\beta_{my} M_y}{W_{1y} \left(1 - \varphi_y \dfrac{N}{N'_{Ey}}\right)} + \frac{\beta_{tx} M_x}{W_{1x}} \leqslant f \tag{6-16}$$

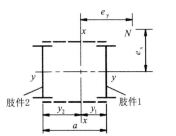

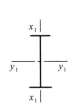

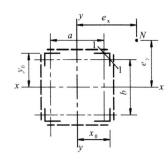

图 6-13 双肢格构式双向压弯构件   图 6-14 四肢格构式双向压弯构件

（2）分肢稳定计算

双肢格构式压弯构件对实轴（$y - y$ 轴）的稳定性是由分肢的稳定来保证的。对于缀条式压弯构件，分肢在轴心压力 N 和弯矩 M_x 作用下产生的轴心力分别为

分肢 1

$$N_1 = \frac{N \cdot y_2}{a} + \frac{M_x}{a} \tag{6-17}$$

分肢 2

$$N_2 = \frac{N \cdot y_1}{a} - \frac{M_x}{a} \tag{6-18}$$

分肢在弯矩 M_y 作用下是按照与分肢截面的惯性矩 I_1 和 I_2 成正比、与分肢至 x 轴的距离 y_1 和 y_2 成反比的关系，将 M_y 分配给两肢的，这样可以保持平衡和变形协调。此时有

$$\begin{cases} \dfrac{M_{y_1}}{I_1 y_2} = \dfrac{M_{y_2}}{I_2 y_1} \\ M_{y_1} + M_{y_2} = M_y \end{cases}$$

解方程组得

分肢 1

$$M_{y_1} = \frac{I_1}{I_1 + \dfrac{y_1}{y_2} I_2} M_y \tag{6-19}$$

分肢 2

$$M_{y_2} = \frac{I_2}{I_2 + \dfrac{y_2}{y_1} I_1} M_y \qquad （6-20）$$

式中，I_1，I_2——分肢 1、分肢 2 对 y 轴的惯性矩；

y_1，y_2——M_y 作用的主轴平面至分肢 1、分肢 2 轴线的距离。

以上推导适用于 M_y 作用在构件主平面时的情形，若 M_y 不是作用在构件的主轴平面而是作用在一个分肢的轴线平面内，则 M_y 应视为全部由该分肢承担。

由以上分析可知，双肢格构式双向压弯构件的两个分肢本身都是弯矩作用在一个对称平面内的实腹式压弯构件，分肢 1 的内力为 N_1，M_{y_1}，分肢 2 的内力为 N_2，M_{y_2}，它们的稳定性可按照单向实腹式压弯构件的平面内稳定和平面外稳定验算公式进行计算。

对于四个肢件（角钢）组成的缀条格构式双向压弯构件，分肢的稳定计算是将格构式构件视为桁架，在 N，M_x 和 M_y 作用下求出分肢件的最大轴心压力，然后按照轴心压杆公式验算其稳定。此时分肢件的最大轴心压力为

$$N_1 = \frac{N}{4} + \frac{M_y}{2b} + \frac{M_x}{2a} \qquad （6-21）$$

于是有

$$\frac{N_1}{\varphi A_1} \leqslant f \qquad （6-22）$$

式中，φ——根据分肢件 $\lambda = l_{01}/i_{\min}$ 查得的轴心压杆的稳定系数；

l_{01}——分肢件的计算长度，可取缀条节点之间的距离；

$i_{\min}$——分肢件（角钢）对最小刚度轴（1-1）的回转半径；

A_1——分肢件的截面积。

6.6.3 缀材的计算

格构式压弯构件的缀材（缀条或缀板），其内力取按照静力计算得到的实际剪力和按照式（4-24）计算得到的剪力中的较大值，其余计算部分与第 4 章格构式轴心压杆的缀材计算相同。

6.6.4 格构式压弯构件分肢的局部稳定和构造要求

格构式压弯构件分肢的局部稳定同实腹式柱，其构造要求与第 4 章格构式轴心受压构件的构造要求一致，不再赘述。

【例题 6-5】已知一格构式压弯构件截面如图 6-15 所示。计算长度 $l_{0x} = 24\text{ m}$，$l_{0y} = 8\text{ m}$；内力组合设计值 $N = 1800\text{ kN}$，偏心距 $e = 1.0\text{ m}$，材料为 Q235，截面无削弱，斜缀条与横缀条之间的夹角为 45°，试验算该截面和缀条是否安全。

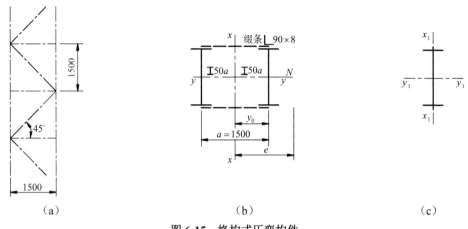

图 6-15 格构式压弯构件

【解】

（1）截面几何特性计算

查常用型钢表（附录二），工字钢 I50a 的截面特性：$A_1 = 119.3 \text{ cm}^2$，$I_{x1} = 1120 \text{ cm}^4$，$i_{x1} = 3.07 \text{ cm}$，$I_{y1} = 46500 \text{ cm}^4$，$i_{y1} = 19.7 \text{ cm}$；角钢 ∟$90 \times 8$ 的截面特性：$A_2 = 13.94 \text{ cm}^2$，$i_{\min} = 1.78 \text{ cm}$。

双肢几何特性

$$A = 2A_1 = 2 \times 119.3 = 238.6 \text{ cm}^2$$

$$I_x = 2\left[I_{x1} + A_1\left(\frac{a}{2}\right)^2\right] = 2\left[1120 + 119.3 \times \left(\frac{150}{2}\right)^2\right] = 1344365 \text{ cm}^4$$

$$i_x = \sqrt{\frac{I_x}{A}} = \sqrt{\frac{1344365}{238.6}} = 75 \text{ cm}$$

$$W_{1x} = \frac{I_x}{a/2} = \frac{1344365}{150/2} = 17924.9 \text{ cm}^3$$

$$\lambda_x = \frac{l_{0x}}{i_x} = \frac{2400}{75} = 32$$

缀条 ∟90×8，根据表 4-6 格构式构件换算长细比 λ_{0x} 计算公式

$$A_{1x} = 2 \times A_2 = 2 \times 13.94 = 27.88 \text{ cm}^2$$

$$\lambda_{0x} = \sqrt{\lambda_x^2 + 27\frac{A}{A_{1x}}} = \sqrt{32^2 + 27 \times \frac{238.6}{27.88}} = 35.4 < [\lambda] = 150$$

刚度满足要求。

（2）整体稳定验算

由 $\lambda_{0x} = 35.4$，查附录三得 $\varphi_x = 0.916$（b 类截面）。

对虚轴（$x-x$ 轴）的欧拉临界力

$$N_{Ex} = \frac{\pi^2 EA}{\lambda_{0x}^2} = \frac{\pi^2 \times 2.06 \times 10^5 \times 238.6 \times 10^2}{35.4^2} = 38710687.2 \text{ N} \approx 38711 \text{ kN}$$

因构件无端弯矩且跨中仅有一个横向载荷作用，所以等效弯矩系数 $\beta_{mx} = 1.0$

$$M_x = N \cdot e = 1800 \times 1.0 = 1800 \text{ kN} \cdot \text{m}$$

$$N'_{Ex} = \frac{N_{Ex}}{1.1} = \frac{38711}{1.1} = 35192 \text{ kN}$$

$$\frac{N}{\varphi_x A} + \frac{\beta_{mx} M_x}{W_{1x}\left(1 - \varphi_x \dfrac{N}{N'_{Ex}}\right)} = \frac{1800 \times 10^3}{0.916 \times 238.6 \times 10^2} + \frac{1.0 \times 1800 \times 10^6}{17924.9 \times 10^3 \times \left(1 - 0.916 \times \dfrac{1800}{35192}\right)}$$

$$= 187.7 \text{ N/mm}^2 < f = 215 \text{ N/mm}^2$$

虚轴整体稳定性满足要求。

（3）分肢稳定性验算

分肢轴心受力

$$N_1 = \frac{N}{2} + \frac{M_x}{a} = \frac{1800}{2} + \frac{1800}{1.5} = 2100 \text{ kN}$$

分肢件的计算长度取缀条节点之间的距离

$$l_{01} = 1.5 \text{ m}$$

$$\lambda_{y1} = \frac{l_{01}}{i_{min}} = \frac{150}{3.07} = 48.86$$

由 $\lambda_{y1} = 48.86$，查附录三得 $\varphi_y = 0.862$（b 类截面）。

$$\frac{N}{\varphi_y A_1} = \frac{2100 \times 10^3}{0.862 \times 119.3 \times 10^2} = 204.2 \text{ N/mm}^2 < f = 215 \text{ N/mm}^2$$

分肢稳定满足要求。

缀条计算：

缀条计算长度

$$l_0 = l_{01}/\cos 45° = 150/\cos 45° = 212 \text{ cm}$$

$$\lambda = \frac{l_0}{i_{min}} = \frac{212}{1.78} = 119 < [\lambda] = 150$$

由 $\lambda = 119$，查附录三得 $\varphi = 0.442$（b 类截面）。

最大剪力

$$V_1 = \frac{Af}{85}\sqrt{\frac{f_y}{235}} = \frac{238.6 \times 10^2 \times 215}{85}\sqrt{\frac{235}{235}} = 60351 \text{ N} = 60.35 \text{ kN}$$

斜缀条承受的轴心压力

$$N_1 = \frac{V_1}{n\cos 45°} = \frac{60.35}{2 \times \cos 45°} = 42.67 \text{ kN}$$

考虑到斜缀条采用单角钢，有偏心影响，计算稳定时乘以折减系数

$$\gamma = 0.60 + 0.0015\lambda = 0.60 + 0.0015 \times 119 = 0.78$$

$$\frac{N_1}{\varphi A_2} = \frac{42.64 \times 10^3}{0.442 \times 13.94 \times 10^2} = 69.2 \text{ N/mm}^2 < \gamma f = 0.78 \times 215 = 167.7 \text{ N/mm}^2$$

斜缀条稳定性满足要求。

6.7 工程实例——施工升降机标准节分析计算

施工升降机，如图6-16（a）所示，是用吊笼载人、载物沿导轨做上下运输的施工机械。其中标准节为组成导轨架的可以互换的构件。

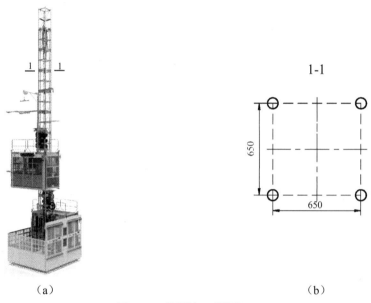

（a） （b）

图6-16 货用施工升降机

某SC200/200施工升降机，根据该机的使用工况，所受载荷包括：工作载荷、风载荷和自重载荷。依据《货用施工升降机 第1部分：运载装置可进人的升降机》（GB/T 10054.1—2014），确定最不利的载荷组合为：升降机超速运行且载荷沿吊笼宽度外偏1/6放置，风载荷沿平行于建筑物方向吹来。最不利工况为一个吊笼运行至上极限位置，另一个吊笼在底部的情况。

立柱标准节构造为：以4根$\phi76 \times 4$ mm无缝钢管（材料为Q235）为主肢，呈正方形截面650×650 mm布置，如图6-16（b）所示。以8根$\phi26.8 \times 2.5$ mm钢管（材料为Q235）及8根$\llcorner75 \times 50 \times 5$ mm角钢（上、下框架）和4根$\llcorner63 \times 40 \times 5$ mm角钢（中框架）为连缀件焊接而成。

已知驱动机构自重 $P_{驱} = 6590$ N ，吊笼自重 $P_{笼} = 10700$ N ，额定提升载重量 $P_{载} = 20000$ N ，作用在吊笼上的风载荷 $P_{风} = 1890$ N ，驱动机构重心到齿条简化中心距离 $L_{驱} = 170$ mm ，吊笼重心到齿条简化中心距离 $L_{笼} = 730$ mm ，载重重心到齿条简化中心距离

$L_{载}$=950 mm，齿条简化中心到同侧立柱管中心的距离 $L_1 = 56$ mm，作用在立柱标准节上的风载荷 $q = 90$ N/m，试校核该标准节的稳定性。

（1）几何特性计算

主肢截面积

$$A_0 = \pi \times \left(D^2 - d^2\right)/4$$

式中，A_0——主肢截面面积，mm^2；

   D——主肢钢管外径，mm；

   d——主肢钢管内径，mm。

由已知 $D = 76$ mm，$d = 68$ mm，可求得主肢截面积 A_0

$$A_0 = \pi \times \left(D^2 - d^2\right)/4 = \pi \times \left(76^2 - 68^2\right)/4 = 904.78\ mm^2$$

一根主肢截面惯性矩为

$$I_0 = \frac{\pi}{64}(D^4 - d^4)$$

式中，I_0——一根主肢对通过形心坐标轴的惯性矩，mm^4。

故

$$I_0 = \frac{\pi}{64}(D^4 - d^4) = \frac{\pi}{64}\left(76^4 - 68^4\right) = 588106.14\ mm^4$$

因为主柱截面为对称结构，所以主柱截面形心 (x_c, y_c) 位于主柱截面几何中心位置，为形心主柱标准节对形心轴 x 轴、y 轴的惯性矩

$$I_x = 4I_0 + 4\left(a/2\right)^2 A_0 = 4 \times 588106.14 + 4 \times \left(650/2\right)^2 \times 904.78 = 384621974.56\ mm^4$$

$$I_y = I_x = 384621974.56\ mm^4$$

立柱截面积

$$A = 4A_0 = 4 \times 904.78 = 3619.12\ mm^2$$

立柱截面积对形心轴的回转半径：

对形心 x 轴的回转半径

$$i_x = \sqrt{\frac{I_x}{A}}$$

对形心 y 轴的回转半径

$$i_y = \sqrt{\frac{I_y}{A}}$$

可得

$$i_x = i_y = 326\ mm$$

（2）载荷计算

作用于升降机的垂直载荷如图 6-17 所示。

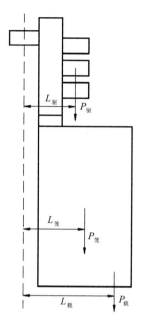

图 6-17 载荷示意图

驱动机构自重

$$P_{驱} = 6590 \text{ N}$$

吊笼自重

$$P_{笼} = 10700 \text{ N}$$

额定提升载重量

$$P_{载} = 20000 \text{ N}$$

考虑动载超载因素，取动载系数 K_1 为 1.2，超载系数 K_2 为 1.1。

则系统计算载荷

$$P = K_1 \cdot P_{驱} + K_1 \cdot P_{笼} + K_1 \cdot K_2 \cdot P_{额}$$

可得

$$P = 1.2 \times 6590 + 1.2 \times 10700 + 1.2 \times 1.1 \times 20000 = 47148 \text{ N}$$

驱动机构重心到齿条简化中心距离

$$L_{驱} = 170 \text{ mm}$$

吊笼重心到齿条简化中心距离

$$L_{笼} = 730 \text{ mm}$$

载重重心到齿条简化中心距离

$$L_{载} = 950 \text{ mm}$$

齿条简化中心到同侧立柱管中心的距离

$$L_1 = 56 \text{ mm}$$

同侧立柱管中心到标准节形心的距离

$$L_2 = 650/2 = 325 \text{ mm}$$

$$L = L_1 + L_2 = 56 + 325 = 381 \text{ mm}$$

载荷对立柱标准节形心产生的弯矩 M_x 为

$$\begin{aligned} M_x &= K_1 P_驱(L_驱 + L) + K_1 P_笼(L_笼 + L) + K_1 K_2 P_载(L_载 + L) \\ &= 1.2 \times 6590 \times (170 + 381) + 1.2 \times 10700 \times (730 + 381) + 1.2 \times 1.1 \times 20000 \times (950 + 381) \\ &= 53760948 \text{ N} \cdot \text{mm} \end{aligned}$$

可知，作用于立柱顶端的载荷有：

轴压力

$$N = P = 47148 \text{ N}$$

弯矩

$$M_x = 53760948 \text{ N} \cdot \text{mm}$$

（3）整体稳定性

当弯矩分别作用在两个主平面内时，导轨架作为四肢件格构式压弯构件，根据结构受力情况，可简化为多跨连续梁，并运用多跨连续梁的三弯矩方程求解结构内力及支反力。为此，将各支点用铰代替，为与原结构等效，用弯矩 M_0，M_1，M_2，…，M_{16} 作用于顶端以保持其平衡，如图 6-18 所示。

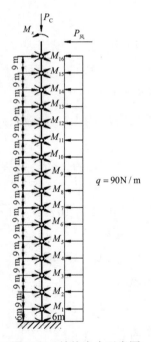

图 6-18 结构内力示意图

根据计算，最大弯矩和最大剪力均出现在最上端第 16 点处，对第 16 点取弯矩，如图 6-19 所示。

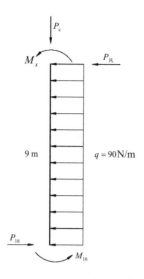

图6-19 最顶端标准节受力分析图

由平衡条件 $\sum M_{16} = 0$ 得

$$M_x + P_{风}l + \frac{1}{2}ql^2 + M_{16} = 0$$

可得

$$M_{16} = -(M_x + P_{风}l + \frac{1}{2}ql^2)$$

$$= -(53760948/1000 + 1890 \times 9 + \frac{1}{2} \times 90 \times 9^2)$$

$$= -74415.95 \text{ N·m}$$

校核立柱标准节整体稳定性，取 15 点之上的部分，已知该段长度 $l_0 = 18 \text{ m}$，计算长度

$$l_{0x} = \mu l_0$$

式中，μ——计算长度系数，取 $\mu = 1.2$。

$$l_{0x} = 1.2 \times 18 = 21.6 \text{ m}$$

长细比

$$\lambda_x = \frac{l_{0x}}{i_x} = \frac{21.6 \times 1000}{326} = 66.26$$

换算长细比

$$\lambda_{0x} = \sqrt{\lambda_x^2 + 40\frac{A}{A_{1x}}}$$

式中，A——标准节截面面积，$A = 3619.12 \text{ mm}^2$；

A_{1x}——标准节截面中垂直于 x 轴的各斜缀条的毛截面面积之和。

$$A_{1x} = 2 \times \pi \times (26.8^2 - 21.3^2)/4 = 415.55 \text{ mm}^2$$

$$\lambda_{0x} = \sqrt{{\lambda_x}^2 + 40\frac{A}{A_{1x}}} = \sqrt{66.26^2 + 40 \times \frac{3619.12}{415.55}} = 68.84 < [\lambda] = 150$$

所以刚度满足要求。

由 $\lambda_{nx} = 68.84$ （b 类截面）查附录三得 $\varphi_x = 0.758$：

$$N_{Ex} = \frac{\pi^2 EA}{\lambda_{0x}^2} = \frac{\pi^2 \times 206000 \times 3619.12}{68.84^2} = 1552702.41 \text{ N}$$

$$W_{1x} = \frac{I_x}{y_0} = \frac{384621974.56}{326} = 1179822 \text{ mm}^2$$

$$N'_{Ex} = \frac{N_{Ex}}{1.1} = \frac{1552702.41}{1.1} = 1411547.65 \text{ N}$$

计算整体稳定性：

$$\frac{N}{\varphi_x A} + \frac{\beta_{mx} M_x}{W_{1x}\left(1 - \varphi_x \dfrac{N}{N'_{Ex}}\right)} = \frac{47148}{0.758 \times 3619.12} + \frac{1.0 \times 53760948}{1179822 \times \left(1 - 0.758 \times \dfrac{47148}{1411547.65}\right)}$$

$$= 63.9 \text{ N/mm}^2 < f = 215 \text{ N/mm}^2$$

所以整体稳定性满足要求。

（4）分肢稳定性

计算单肢内力，在该截面上最大单肢轴压力

$$N_1 = \frac{P}{4} + \frac{M_x}{2a} = \frac{47148}{4} + \frac{53760948}{2 \times 650} = 53141.58 \text{ N}$$

单肢回转半径

$$i_1 = \sqrt{\frac{I_0}{A_0}} = \sqrt{\frac{588106.14}{904.78}} = 25.5 \text{ mm}$$

单肢长细比

$$\lambda_{x1} = \frac{l_{0x1}}{i_1}$$

式中，l_{0x1}——单肢计算长度，近似取标准节两角钢框之间净距，两端近似视为铰接，$\mu = 1$，

$$l_{0x1} = 650 + 50 = 700 \text{ mm} 。$$

$$\lambda_{x1} = \frac{l_{0x1}}{i_1} = \frac{700}{25.5} = 27.45$$

查得稳定系数 $\varphi = 0.945$。

校核单肢应力

$$\frac{N_1}{\varphi A_0} = \frac{53141.58}{0.945 \times 904.78} = 62.15 \text{ N/mm}^2 < f = 215 \text{ N/mm}^2$$

所以分肢稳定性满足要求。

习　题

6-1　实腹式压弯构件在弯矩作用平面内失稳是何种失稳？在弯矩作用平面外失稳是何种失稳？与实腹式受弯构件的整体失稳有何不同？

6-2　实腹式单向压弯构件的整体失稳有哪几种形式？举例说明工程机械钢结构中的压弯构件。

6-3　分析说明单轴对称的压弯构件和双轴对称的压弯构件，在验算弯矩作用平面内的稳定时，验算内容的相同点和不同点。

6-4　已知实腹式压弯构件的截面尺寸如图 6-20 所示，构件上端作用有轴心压力 $N = 200 \, \text{kN}$ ，水平力 $H = 120 \, \text{kN}$ （均为设计值）。在弯曲作用平面内一端自由，另一端固定；在侧向平面则两端均为铰接，并设有图示的支承体系。钢材为 Q235，$[\lambda] = 150$ 。试验算该构件是否安全。

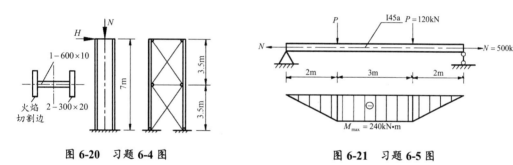

图 6-20　习题 6-4 图　　　　　　　　图 6-21　习题 6-5 图

6-5　验算图 6-21 所示的拉弯杆。已知截面为 I45a，材料为 Q235，杆件自重不计，$\gamma_x = 1$，$[\lambda] = 300$ 。

6-6　一两端铰支焊接工字形截面压弯构件，如图 6-22 所示，杆长 10m，材料为 Q235，$f = 215 \, \text{N/mm}^2$，$E = 206 \times 10^3 \, \text{N/mm}^2$，$A = 8480 \, \text{mm}^2$，$I_x = 32997 \, \text{cm}^4$，$W_{1x} = 1375 \, \text{cm}^3$，$\beta_{mx} = 0.85$，$\varphi_x = 0.853$，$\gamma_x = 1$ 。作用于杆上的计算轴向压力和杆端弯矩如图 6-22 所示，$N = 800 \, \text{kN}$ ，试由弯矩作用平面内的稳定性确定该杆能承受的弯矩 M_x 。

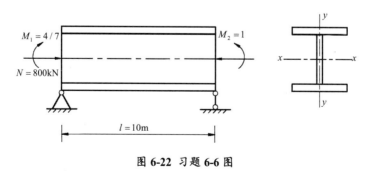

图 6-22 习题 6-6 图

第7章 桥式起重机支承梁设计

学习要求

① 了解桥式起重机支承梁工作特点；

② 熟悉桥式起重机支承梁设计思想和过程；

③ 掌握桥式起重机支承梁钢结构的设计方法。

重点：桥式起重机的工作特点，载荷组合及计算，支承梁设计。

难点：支承梁的满应力设计及腹板加劲肋构造设计。

7.1 桥式起重机梁组成

桥式起重机作为桥架型起重机（图 7-1），包括主梁和支承梁（端梁）。工作时吊钩起吊重物，随小车在主梁上行走，主梁可通过大车沿支承梁上轨道移动，实现吊运作业。主梁承受运行小车的载荷，其结构可近似看作受弯构件。支承梁承担主梁上的载荷，一般将支承梁上翼缘加强或设置制动结构来承担主梁产生的横向水平载荷。

图 7-1 桥式起重机

当支承梁跨度及载荷很小时，可采用型钢梁（工字钢或 H 型钢加焊钢板、角钢或槽钢）。当额定起重量 $Q \leqslant 300$ kN，跨度 $l \leqslant 6$ m 时，可将起重机支承的上翼缘加强，使它在水平面内具有足够的抗弯强度和刚度。对于跨度或起重量较大的支承梁，应设置制动梁或制动桁架。图 7-2 为桥式起重机支承梁简图，支承梁为工字梁，设置由钢板和槽钢组成的制动梁。支承梁的上翼缘为制动梁的内翼缘，槽钢为制动梁的外翼缘。制动梁的宽度不宜小于 $1.0 \sim 1.5$ m，宽度较大时宜采用制动桁架。制动桁架是用角钢组成的平行弦桁架。制动桁架和制动梁统称为制动结构（图 7-3）。制动结构不仅用以承担横向水平载荷，保证支承梁的整体稳定，还可以作为检修走道。制动梁腹板兼作走台板，宜用花纹钢板以防行走滑倒，其厚度一般为 $6 \sim 10$ mm。

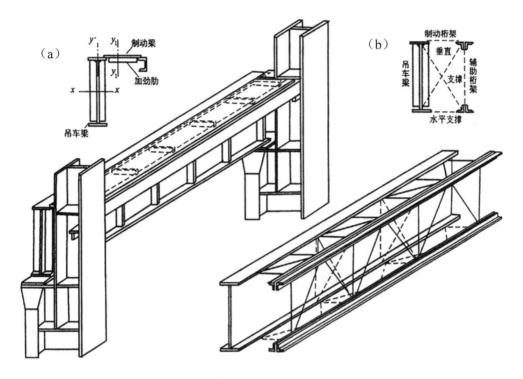

图 7-2 支承梁简图

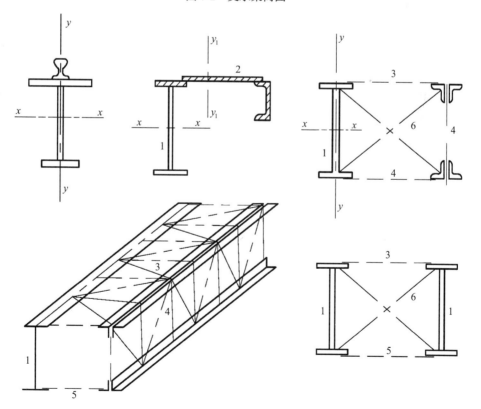

图 7-3 支承梁制动结构

7.2 载荷及内力分析计算

7.2.1 载荷计算

桥式起重机支承梁直接承受由主梁传递的载荷，包括竖向载荷和横向水平载荷。载荷组合按照组合 I 考虑，即在起重机的三个工作机构（起升机构、大车行走机构、小车行走机构）中只考虑其中任意两个机构同时处于起、制动状态。通过载荷组合，考虑载荷系数和冲击系数等求出三个载荷，最后取最大载荷作为设计依据。

（1）竖向载荷

竖向载荷主要为小车行走机构上的起重物自重及起重机梁自重。当起重机沿轨道运行、起吊、卸载时，支承梁有冲击载荷，使梁受到大车行走机构轮压值大于静载荷轮压值。设计时用加大轮压值的方法考虑竖向载荷的冲击影响。

（2）横向水平载荷

小车起、制动的横向水平载荷近似取竖向平面内载荷的 10%，对梁进行设计及校核时，应考虑横向水平载荷。

在载荷的计算中，一般可取起升冲击系数 $\phi_1 = 1.1$，起升载荷动载系数 $\phi_2 = 1.23$，大车行走冲击系数 $\phi_4 = 1.05$，小车行走冲击系数 $\phi_4' = 1.0$。这些系数主要用于确定组合载荷之用。永久和可变载荷分项系数 $\gamma_G = 1.2$，$\gamma_Q = 1.4$。进行疲劳强度和刚度校核时，载荷应用标准值，不应计入载荷分项系数；在进行强度、稳定性设计时，载荷应用设计值，即应计入载荷分项系数。

7.2.2 内力分析

将计算得到的载荷加在大车上，分析梁产生最大弯矩和最大剪力时大车运行位置，确定两个对应位置并计算获得的最大弯矩和最大剪力。以大车四轮为例分析如下。

（1）支承梁最大弯矩及剪力计算

四个车轮载荷为 P（图 7-4），作用于梁上最大弯矩点位置（合力 $\sum P$ 和 C 点离梁中心线距离为 a_4）为

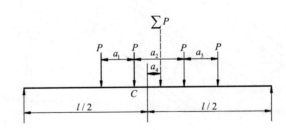

图 7-4 最大弯矩位置

$$a_4 = \frac{2a_2 + a_3 - a_1}{8} \qquad (7\text{-}1)$$

当 $a_3 = a_1$ 时

$$a_4 = \frac{a_2}{4} \tag{7-2}$$

最大弯矩为

$$M_{\max} = \frac{\sum P\left(\dfrac{l}{2} - a_4\right)^2}{l} - Pa_1 \tag{7-3}$$

最大弯矩处剪力为

$$V = \frac{\sum P\left(\dfrac{l}{2} - a_4\right)}{l} - P \tag{7-4}$$

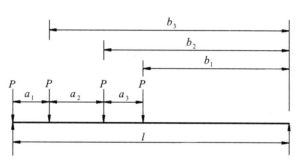

图 7-5　剪力分析图

（2）最大剪力计算

最大剪力位于梁端支座处（即第一个轮位于支座处时），如图 7-5 所示。因此，竖向载荷应尽可能靠近该支座布置，支座最大剪力为

$$\begin{aligned} V_{\max} &= \sum_{i=1}^{n-1} b_i \frac{P}{l} + P = (b_1 + b_2 + b_3)\frac{P}{l} + P \\ &= \left[l - (a_1 + a_2 + a_3) + l - (a_1 + a_2) + l - a_1\right]\frac{P}{l} + P \end{aligned} \tag{7-5}$$

（3）水平弯矩计算

支承梁在横向水平载荷作用下，在水平方向产生的最大弯矩为 M_{H}，当为重级支承梁的制动梁时

$$M_{\mathrm{H}} = \frac{H_{\mathrm{k}}}{P} M_{\max} \tag{7-6}$$

其中，水平载荷 $H_{\mathrm{k}} = 0.1P$。

其他形式小车及轮压内力计算可参考《钢结构设计手册》和《起重机设计手册》等文献。

7.3 支承梁截面设计

7.3.1 截面选取

计算获得支承梁最不利的内力之后，需进行焊接截面的选择，选择方法与焊接组合梁设计相同。由于上翼缘同时受横向水平载荷和竖向载荷的作用，需注意抗弯系数和经济高度的确定。以简支梁截面焊接工字形为例，计算如下：

（1）腹板高度的确定

① 按照经济条件求经济高度 h_e。

$$h_e = 7\sqrt[3]{W} - 300 \tag{7-7}$$

式中，W——梁的毛截面抗弯系数，mm³，$W = \dfrac{M_{max}}{0.8f}$，0.8 为考虑双向受弯的影响系数。

② 按照容许挠度值求梁的最小高度 h_{min}。

$$h_{min} = \frac{10fl}{48 \times 1.3E} \cdot \frac{l}{[v]} \tag{7-8}$$

式中，$\dfrac{l}{[v]}$——相对容许挠度值的倒数，查手册获得。

③ 建筑净空条件许可时最大高度为 h_{max}，选用梁的高度 h 应满足 $h_{min} \leqslant h \leqslant h_{max}$，梁高 h 的值应接近于经济高度，即 $h \approx h_e$。

（2）支承梁腹板厚度 t_w 的确定

由于腹板高度 h_w 和梁高 h 比较接近，翼缘板厚度 t 相对于梁的高度较小。梁的腹板高度 h_w 可取稍小于梁高 h 的值，并尽可能考虑钢板的规格尺寸，将腹板高度 h_w 取为 10 mm 的倍数。

① 按照经验公式计算为

$$t_w = \frac{\sqrt{h_w}}{11} \tag{7-9}$$

② 按照剪力公式计算为

$$t_w = \frac{1.2V_{max}}{h_w f_v} \tag{7-10}$$

式中，h_w——腹板高度，以厘米计算。

翼缘板尺寸根据需要的截面抵抗矩和腹板截面尺寸计算确定，参见 5.6.1。计算取整后的翼缘板尺寸应进行翼缘板的局部稳定性验算，腹板的局部稳定性一般通过配置加劲肋保证，根据高厚比进行配置计算。

受压翼缘的宽度应考虑固定轨道所需的构造尺寸要求，同时需满足连接制动结构所需的尺寸。根据 5.6 确定支承梁截面具体几何尺寸，完成支承梁截面的选取。

7.3.2 强度计算

（1）翼缘板应力计算

上翼缘板的正应力，按照制动梁、制动桁架和无制动结构进行计算，有制动梁时为

$$\sigma = \frac{M'_{\max}}{W_{nx}^{\pm}} + \frac{M'_{H}}{W_{ny_1}}$$

（7-11）

式中，$M'_{\max}$ ——考虑自重后的竖向最大弯矩；

M'_{H} ——考虑自重后的水平最大弯矩。

下翼缘板的正应力为

$$\sigma = \frac{M'_{\max}}{W_{nx}^{\mp}}$$

（7-12）

将计算的应力进行应力校核，校核计算应力是否满足满应力条件，即 $0.85f_y < \sigma < f$。若满足条件，则可进行下一步的计算，否则应重新进行截面选择和截面尺寸确定，再进行满应力验算，直到满足条件为止。

（2）剪应力计算

当为凸缘支座时

$$\tau = \frac{1.2V'_{\max}}{h_0 t_w}$$

（7-13）

式中，$V'_{\max}$ ——考虑自重后的最大剪力。

判断剪力是否满足剪切强度要求。若满足，则可进行下一步的计算；若不满足则返回再继续修改截面尺寸，直到满足条件为止。

（3）腹板局部压应力计算

$$\sigma_c = \frac{\varphi F}{t_w l_z}$$

（7-14）

式中，F ——集中荷载，即吊车轮压 P 值；

φ ——集中荷载增大系数，对于重级工作制支承梁，$\varphi = 1.3$；

l_z ——集中荷载在腹板计算高度上边缘的假定分布长度，$l_z = a + 5h_y + 2h_R$；

a ——集中荷载沿梁跨度方向的支承长度，对钢轨上的轮压可取为 50 mm；

h_y ——自支承梁顶面至腹板计算高度上边缘的距离；

h_R ——轨道高度。

（4）折算应力计算

$$\sigma_{zs} = \sqrt{\sigma^2 + \sigma_c^2 - \sigma\sigma_c + 3\tau^2} \leqslant \beta_1 f$$

（7-15）

式中，β_1 ——计算折算应力的强度设计值增大系数，σ 与 σ_c 同号时，取 $\beta_1 = 1.1$。

7.3.3 刚度计算

（1）支承梁竖直方向挠度

$$v_x = \frac{M'_{xk}l^2}{10EI_x} \leqslant [v_x] \qquad (7\text{-}16)$$

式中，M'_{xk}——竖直方向弯矩标准值。

（2）支承梁水平方向挠度

$$v_y = \frac{M'_{yk}l^2}{10EI_{y_1}} \leqslant [v_y] \qquad (7\text{-}17)$$

式中，M'_{yk}——水平方向弯矩标准值。

7.3.4 稳定性计算

（1）整体稳定性验算

当支承梁采用制动梁或制动桁架时，整体稳定能够保证，不必验算。

若支承梁无制动结构体系，则按照式（7-18）验算梁的整体稳定性。

$$\frac{M'_{max}}{\varphi_b W_x} + \frac{M'_H}{W_y} \leqslant f \qquad (7\text{-}18)$$

（2）局部稳定性

翼缘板局部稳定性，利用宽厚比校核。

$$\frac{b}{t} < 15\sqrt{\frac{235}{f_y}} \qquad (7\text{-}19)$$

腹板局部稳定性，验算高厚比，根据高厚比不同，配置加劲肋。

7.3.5 加劲肋构造

不能用增加腹板厚度的办法来保证腹板的高厚比条件，应该采用"高薄腹板+加劲肋"的设计思想，根据《钢结构设计规范》要求，通过配置加劲肋来保证其局部稳定性。

（1）横向加劲肋配置

加劲肋可按照构造和计算配置，一般在腹板两侧成对配置钢板。

① 当 $\dfrac{h_0}{t_w} < 80\sqrt{\dfrac{235}{f_y}}$ 时，按照构造配置横向加劲肋，不需计算其区格局部稳定性。

② 当 $80\sqrt{\dfrac{235}{f_y}} < \dfrac{h_0}{t_w} < 170\sqrt{\dfrac{235}{f_y}}$ 时，需按照计算配置横向加劲肋，计算区格局部稳定性。区格稳定性计算参见 5.4.3。

h_0 为腹板高度，$h_0 = h_w$，下同。

（2）纵向加劲肋配置

当 $\dfrac{h_0}{t_w} > 170\sqrt{\dfrac{235}{f_y}}$ 时，除配置横向加劲肋外，还应在弯矩较大区格的受压区配置纵向加劲肋。若局部压力很大，可在受压区增加配置短加劲肋。区格稳定性计算参见 5.4.3。

（3）加劲肋尺寸

（A）加劲肋外伸宽度

$$b_s \geqslant \frac{h_0}{30} + 40 \tag{7-20}$$

按照式（7-20）计算后，b_s 应取整。

（B）厚度

$$t_s \geqslant \frac{b_s}{15} \tag{7-21}$$

按照式（7-21）计算后，t_s 应取整，一般板厚应取偶数。

（C）构造配置加劲肋间距

$$0.5h_0 \leqslant a \leqslant 2h_0 \tag{7-22}$$

（4）支承加劲肋配置

支承加劲肋在腹板两侧成对配置，应进行整体稳定和端面承压计算，参见 5.4.5。

7.4 支承梁的连接与疲劳计算

桥式起重机支承梁截面大多采用焊接组合截面，支承梁与制动结构一般采用焊接方式，下翼缘与框架柱一般采用螺栓连接。需计算上翼缘与腹板的连接焊缝、下翼缘与腹板的连接角焊缝、支座加劲肋与腹板连接角焊缝的强度。保证各焊缝所受应力强度，如上翼缘除承受水平切应力外，还应承受竖向应力；下翼缘焊缝承受水平切应力。同时对工作级别不同的起重机还应保证焊缝质量。

焊缝构造及详细计算参见 3.4。

由于桥式起重机为重级工作制，设计使用寿命期间的总工作循环次数较高。按照《钢结构设计规范》（GB 50017—2003）规定，支承梁在动载反复作用下，可能发生疲劳破坏，应进行疲劳寿命计算。

疲劳计算应包括支承梁对受拉翼缘与腹板连接处的金属，受拉区加劲肋端部和受拉翼缘与支承连接等处的主体金属和焊缝。疲劳计算参见 1.4.6。

7.5 支承梁设计实例

7.5.1 设计资料

基本条件：支承梁为重级工作制，小车起制动的横向水平载荷近似取竖向平面内载荷的 10%；载荷组合按照吊车三个工作机构的两两组合最不利状态计算；取起升冲击系数 $\phi_1 = 1.1$，起升载荷动载系数 $\phi_2 = 1.23$，大车行走冲击系数 $\phi_4 = 1.05$，小车行走冲击系数 $\phi_4' = 1.0$；

支承梁跨度为 6 m，梁上使用 QU70 型起重机钢轨；支承梁起升和水平面内的允许挠度分别为 $[v_x] = \dfrac{l}{750}$，$[v_y] = \dfrac{l}{2200}$；吊重和自重引起的可变载荷标准值 $P_G = 70$ kN，$P_Q = 190$ kN，永久和可变载荷分项系数 $\gamma_G = 1.2$，$\gamma_Q = 1.4$；支承梁上设置制动梁；吊车在梁上运行时，其四轮轮距保持不变，边距 800 mm，中距 1200 mm。走台板采用花纹钢板，取作用在走台板上的载荷标准值为 2kN/m²。

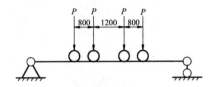

图 7-6 支承梁受力简图

7.5.2 载荷分析

支承梁采用简支梁结构，承受竖向轮压载荷和横向水平载荷，故在支承梁上翼缘的一侧设置水平制动结构。载荷按照吊车三个工作机构（起升结构、大车行走机构、小车行走机构）中只考虑其中任意两个机构同时处于起、制动状态下的组合。

载荷组合 Ⅰ：起升结构+大车行走机构

$$P_1 = \varphi_4 \cdot \gamma_Q \cdot (\varphi_1 \cdot P_G + \varphi_2 \cdot P_Q) = 1.05 \times 1.4 \times (1.1 \times 70 + 1.23 \times 190) = 456.7 \text{ kN}$$

载荷组合 Ⅱ：起升机构+小车行走机构

$$P_2 = \varphi_4' \cdot \gamma_Q \cdot (\phi_1 \cdot P_G + \phi_2 \cdot P_Q) = 1.0 \times 1.4 \times (1.1 \times 70 + 1.23 \times 190) = 434.98 \text{ kN}$$

载荷组合Ⅲ：小车行走机构+大车行走机构

$$P_3 = \varphi_4 \cdot \varphi_4' \cdot \gamma_Q \cdot (P_G + P_Q) = 1.05 \times 1.0 \times 1.4 \times (70 + 190) = 382.2 \text{ kN}$$

取最不利状态即最大载荷作为设计依据，则 $P = 456.7$ kN。

7.5.3 内力分析

将载荷设计值 $P = 456.7$ kN 分别施加于四个车轮上，求支承梁最大弯矩和最大剪力。

（1）支承梁中最大竖向弯矩 M_{max}

作用于梁上四个车轮时，轮子的排列应使所有梁上轮压的合力作用线与最近一个轮子间的距离被梁中心线平分。则此轮压所在位置为最大弯矩截面位置。

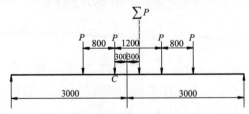

图 7-7 支承梁产生最大弯矩时载荷状态

图 7-7 中四个车轮所处位置即为支承梁产生最大弯矩 M_{max} 时的状态，C 点的最大弯矩为

$$M_{max} = \frac{\sum P\left(\frac{l}{2} - a_4\right)^2}{l} - Pa_1$$

其中，$a_4 = \frac{2a_2 + a_3 + a_1}{8}$，当 $a_3 = a_1$ 时，$a_4 = \frac{a_2}{4}$。

此状态下

$$a_4 = \frac{a_2}{4} = \frac{1200}{4} = 300 \text{ mm} = 0.3 \text{ m}$$

$$a_1 = 800 \text{ mm} = 0.8 \text{ m}$$

则

$$M_{max} = \frac{4 \times 456.7 \times (3 - 0.3)^2}{6} - 456.7 \times 0.8 = 1854.3 \text{ kN} \cdot \text{m}$$

此时 C 点剪力 $V = \frac{\sum P\left(\frac{l}{2} - a_4\right)}{l} - P = \frac{4 \times 456.7 \times (3 - 0.3)}{6} - 456.7 = 365.4 \text{ kN}$

（2）支承梁最大剪力 V_{max}

最大剪力应在梁端支座处。

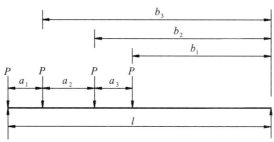

图 7-8　支承梁产生最大剪力时载荷状态

其中，$a_3 = a_1 = 800 \text{ mm}$，$b_1 = 3200 \text{ mm} = 3.2 \text{ m}$，$a_2 = 1200 \text{ mm}$，$b_2 = 4000 \text{ mm} = 4 \text{ m}$，$l = 6000 \text{ mm} = 6 \text{ m}$，$b_3 = 5200 \text{ mm} = 5.2 \text{ m}$，则

$$V_{max} = \frac{P \times b_1 + P \times b_2 + P \times b_3}{l} + P = \frac{456.7 \times (3.2 + 4 + 5.2)}{6} + 456.7 = 1400.6 \text{ kN}$$

（3）小车起、制动横向水平弯矩

$$M_H = 10\% M_{max} = 10\% \times 1854.32 \approx 185.4 \text{ kN} \cdot \text{m}$$

7.5.4　截面选择

（1）材料选择

① 焊接结构，直接承受动力载荷或振动载荷且需要验算疲劳的结构不应采用 Q235

沸腾钢。

② 焊接承重结构应具有冷弯试验的合格保证。

③ 对于需要验算疲劳的焊接结构钢的钢材，应具有常温冲击韧性的合格保证；当结构工作温度不高于0℃，但高于−20℃时，Q235 钢应具有0℃冲击韧性的合格保证。

综上，选取 Q235CZ。

查得钢材的强度设计值：$f = 215 \text{ N/mm}^2$，$f_v = 125 \text{ N/mm}^2$，$f_{ce} = 325 \text{ N/mm}^2$。

（2）截面高度

依据单向受弯强度设计公式，并考虑横向载荷的影响，引入影响系数 0.8。

需要的抵抗矩

$$W = \frac{M_{max}}{0.8\gamma_x f} = \frac{1854.3 \times 10^6}{0.8 \times 1.0 \times 215} = 10.781 \times 10^6 \text{ mm}^3$$

式中，γ_x——截面塑性发展系数，对于需要计算疲劳的梁，γ_x 取 1.0。

梁经济高度为

$$h_e = 7\sqrt[3]{W} - 300 = 7\sqrt[3]{10.781 \times 10^6} - 300 = 1246.39 \text{ mm}$$

容许挠度值要求的最小高度为

$$h_{min} = \frac{10fl^2}{48 \times 1.3 \times E \times [v]} = \frac{10 \times 215 \times 6 \times 10^3 \times 750}{48 \times 1.3 \times 206 \times 10^3} = 752.66 \text{ mm}$$

其中，根据已知条件 $[v_x] = \dfrac{l}{750}$，可知 $\dfrac{l}{[v_x]} = 750$。

综上，取梁的高度 $h = 1186 \text{ mm}$。

（3）腹板尺寸

初取翼缘板 $t = 18 \text{ mm}$，可得腹板高度

$$h_w = h - 2t = 1186 - 2 \times 18 = 1150 \text{ mm}$$

腹板厚度 t_w 的确定：参考组合梁的设计。

按照经验公式计算

$$t_w = \frac{\sqrt{h_w}}{11} = 0.975 \text{ cm} = 9.75 \text{ mm}$$

式中，h_w 以厘米计算。

按照剪力确定

$$t_w = \frac{1.2V_{max}}{h_w f_v} = \frac{1.2 \times 1400.6 \times 10^3}{1150 \times 125} = 11.69 \text{ mm}$$

综上，取 $t_w = 14 \text{ mm}$。

（4）翼缘板尺寸

$$A = b_1 t = \frac{W}{h_w} - \frac{1}{6} h_w t_w = \frac{10.781 \times 10^6}{1150} - \frac{1}{6} \times 1150 \times 14 = 6691.45 \text{ mm}^2$$

取宽度 b_1

$$\frac{h}{6} < b_1 < \frac{h}{2.5} \Rightarrow \frac{1186}{6} < b_1 < \frac{1186}{2.5} \Rightarrow 197.67 < b_1 < 474.6$$

取上翼缘板 $b_1 = 400$ mm，$t = 18$ mm；下翼缘板 $b_1' = 300$ mm，$t = 18$ mm。

上翼缘

$$b_1 t = 400 \times 18 = 7200 > 6691.45 \text{ mm}^2$$

当为 Q235 钢时，翼缘板外伸宽度 $b \leqslant 15t$：

$$b = \frac{b_1}{2} - \frac{t_w}{2} = \frac{400}{2} - \frac{14}{2} = 193 \text{ mm}$$

$$b = 193 \text{ mm} \leqslant 15t = 15 \times 18 = 270 \text{ mm}$$

验算翼缘板的局部稳定要求：

$$\begin{cases} 上翼缘板：\dfrac{b}{t} = \dfrac{200 - 7}{18} = 10.7 \leqslant 15\sqrt{\dfrac{235}{f_y}} = 15 \\[3mm] 下翼缘板：\dfrac{b}{t} = \dfrac{150 - 7}{18} = 7.97 \leqslant 15\sqrt{\dfrac{235}{f_y}} = 15 \end{cases}$$

7.5.5 截面验算

（1）自重载荷

梁的自重：密度 $\rho = 7850$ kg/m^3，

$$g = A\rho = (400 \times 18 + 300 \times 18 + 1150 \times 14) \times 10^{-6} \times 9.8 \times 7850 = 2207.89 \text{ N/m}$$

取加劲肋构造系数为 1.2，

$$q_1 = 1.2 \times g = 1.2 \times 2207.89 = 2649.468 \text{ N/m}$$

钢轨自重：查 QU70 型钢轨，理论重量 52.8 kg/m，

$$q_2 = 52.8 \times 9.8 = 517.44 \text{ N/m}$$

走台板自重：取走台板厚 6 mm，宽度 800 mm，查得菱形花纹钢板，理论重量 50.1 kg/m^2，

$$q_3 = 0.8 \times 50.1 \times 9.8 + 2 \times 10^3 \times 0.8 = 1992.784 \text{ N/m}$$

自重载荷

$$q = (q_1 + q_2 + q_3) \times 1.2 = (2649.468 + 517.44 + 1992.784) \times 1.2 = 6.19 \text{ kN/m}$$

自重在最大弯矩处产生的弯矩为

$$M' = \frac{ql}{2} \cdot x - \frac{qx^2}{2} = \frac{6.19 \times 6}{2} \times 2.7 - \frac{6.19 \times 2.7^2}{2} = 27.58 \text{ kN} \cdot \text{m}$$

梁的最大弯矩设计值

$$M'_{max} = M_{max} + M' = 1854.32 + 27.58 = 1881.9 \text{ kN} \cdot \text{m}$$

$$M_{\mathrm{H}}' = 10\% M_{\mathrm{max}}' = 188.19 \ \mathrm{kN \cdot m}$$

自重在最大剪力处产生的剪力为

$$V' = \frac{ql}{2} = \frac{6.19 \times 6}{2} = 18.57 \ \mathrm{kN}$$

$$V_{\mathrm{max}}' = V_{\mathrm{max}} + V' = 1400.6356 + 18.57 = 1419.2 \ \mathrm{kN}$$

（2）截面特性

初选截面如图 7-9 所示。

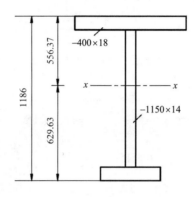

图 7-9 支承梁毛截面示意图

① 毛截面特性。

$$\sum A = 400 \times 18 + 300 \times 18 + 1150 \times 14 = 28700 \ \mathrm{mm}$$

$$y_0 = \left[400 \times 18 \times (1186 - 9) + 300 \times 18 \times 9 + 1150 \times 14 \times \frac{1186}{2} \right] / 28700 = 629.63 \ \mathrm{mm}$$

$$y_1 = h - y_0 = 1186 - 629.63 = 556.37 \ \mathrm{mm}$$

$$I_x = \frac{1}{12} \times 400 \times 18^3 + 400 \times 18 \times (556.37 - 9)^2 + \frac{1}{12} \times 300 \times 18^3 + 300 \times 18 \times (629.63 - 9)^2 +$$

$$\frac{1}{12} \times 14 \times 1150^3 + 1150 \times 14 \times \left(629.63 - \frac{1186}{2} \right)^2$$

$$= 6.03 \times 10^9 \ \mathrm{mm}^4$$

$$W_x^{\perp} = \frac{I_x}{y_1} = \frac{6.03 \times 10^9}{556.37} = 10.84 \times 10^6 \ \mathrm{mm}^3$$

$$W_x^{\mathrm{F}} = \frac{I_x}{y_0} = \frac{6.03 \times 10^9}{629.63} = 9.58 \times 10^6 \ \mathrm{mm}^3$$

$$S_{\perp} = 400 \times 18 \times (556.37 - 9) + (556.37 - 18)^2 \times \frac{14}{2} = 5.97 \times 10^6 \ \mathrm{mm}^3$$

$$S_{\mathrm{F}} = 300 \times 18 \times (629.63 - 9) + (629.63 - 18)^2 \times \frac{14}{2} = 5.97 \times 10^6 \ \mathrm{mm}^3$$

② 净截面特性（图 7-10）。

上翼缘有两个轨道连接孔，取 $d = 22 \ \mathrm{mm}$，螺栓取 M20。

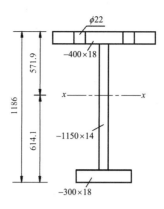

图 7-10　支承梁净截面示意图

$$\sum A_n = (400 - 2\times 22)\times 18 + 300\times 18 + 1150\times 14 = 27908 \text{ mm}^2$$

$$y_{n0} = \left[(400 - 2\times 22)\times 18\times \left(1186 - \frac{18}{2}\right) + 1150\times 14\times \frac{1186}{2} + 300\times 18\times \frac{18}{2}\right] / 27908 = 614.1 \text{ mm}$$

$$y_{n1} = h - y_{n0} = 1186 - 641.1 = 571.9 \text{ mm}$$

$$I_{nx} = \frac{1}{12}\times (400 - 2\times 22)\times 18^3 + (400 - 2\times 22)\times 18\times (571.9 - 9)^2 + \frac{1}{12}\times 300\times 18^3$$

$$+ 300\times 18\times (614.1 - 9)^2 + \frac{1}{12}\times 14\times 1150^3 + 1150\times 14\times \left(614.1 - \frac{1186}{2}\right)^2$$

$$= 5.79\times 10^9 \text{ mm}^4$$

$$W_{nx}^{\text{上}} = \frac{I_{nx}}{y_{n1}} = \frac{5.79\times 10^9}{571.9} = 10.12\times 10^6 \text{ mm}^3$$

$$W_{nx}^{\text{下}} = \frac{I_{nx}}{y_{n0}} = \frac{5.79\times 10^9}{614.1} = 9.43\times 10^6 \text{ mm}^3$$

③ 侧向截面特性（$y_1 - y_1$ 方向，图 7-11）。

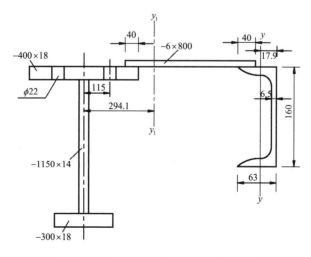

图 7-11　支承梁侧向截面特性计算简图

选槽钢[16a，$h = 160$ mm，$b = 63$ mm，$d = 6.5$ mm，$z_0 = 17.9$ mm，截面面积查为 21.95 cm²，取为2195 mm²，$I_y = 734000$ mm⁴。

制动梁腹板 -6×800 与槽钢和支承梁翼缘分别搭接40 mm，轨道垫板螺栓距中心线 115 mm。

$$\sum A = (400 - 2 \times 22) \times 18 + (15 \times 14) \times 14 + 6 \times 800 + 2195 = 16343 \text{ mm}^2$$

$$y_0 = \left[800 \times 6 \times \left(\frac{800}{2} - 40 + 200 \right) + 2195 \times (63 - 17.9 - 40 + 800 - 40 + 200) \right] / 16343 = 294.1 \text{ mm}$$

$$y_1 = \left(63 - 17.9 - 40 + 800 - 40 + \frac{400}{2} \right) - y_0 = 965.1 - 294.1 = 671 \text{ mm}$$

$$I_{ny} = \frac{1}{12} \times 18 \times 400^3 + 18 \times 400 \times 294.1^2 - \left[\frac{1}{12} \times 18 \times 22^3 \times 2 + 18 \times 22 \times (294.1 - 115)^2 + \right.$$

$$\left. 18 \times 22 \times (294.1 + 115)^2 \right] + \frac{1}{12} \times 6 \times 800^3 + 6 \times 800 \times \left(\frac{800}{2} - 40 + 200 - 294.1 \right)^2 +$$

$$2195 \times (20 - 40 + 900 - 40 + 63 - 17.9)^2 + 73.4 \times 10^4 + \frac{1}{12} \times (15 \times 14) \times 14^3 + 15 \times 14 \times 14 \times 294.1^2$$

$$= 3.56 \times 10^9 \text{ mm}^4$$

$$W_{ny_0} = \frac{I_{ny}}{y_0} = \frac{3.56 \times 10^9}{294.1} = 12.1 \times 10^6 \text{ mm}^3$$

$$W_{ny_1} = \frac{I_{ny}}{y_1} = \frac{3.56 \times 10^9}{671} = 5.306 \times 10^6 \text{ mm}^3$$

7.5.6 强度验算

对于需要计算疲劳的梁，取 $\gamma_x = \gamma_y = 1.0$。

（1）上翼缘板正应力

$$\sigma = \frac{M'_{\max}}{W_{nx}^{\perp}} + \frac{M'_H}{W_{ny1}} = \frac{1881.9 \times 10^6}{10.12 \times 10^6} + \frac{188.19 \times 10^6}{5.306 \times 10^6} = 221.4 \text{ N/mm}^2$$

判断

$$215 \text{ N/mm}^2 < \sigma = 221.4 \text{ N/mm}^2 < (1 + 5\%) \times 215 \text{ N/mm}^2 = 225.8 \text{ N/mm}^2$$

且 σ 达到85%f_y，即199.75 N/mm²。

满足要求（注：若严格按照满应力条件判断，需重新修改截面参数，再次进行校核）。

（2）下翼缘板正应力

$$\sigma = \frac{M'_{\max}}{W_{nx}^{\top}} = \frac{1881.9 \times 10^6}{9.43 \times 10^6} = 199.6 \text{ N/mm}^2 < f = 215 \text{ N/mm}^2$$

且 $\sigma = 199.6 \text{ N/mm}^2 \approx 85\% f_y = 199.75 \text{ N/mm}^2$。

满足要求。

计算突缘支座处剪力为

$$\tau = \frac{1.2V'_{max}}{h_w t_w} = \frac{1.2 \times 1419.2 \times 10^3}{1150 \times 14} = 105.6 \text{ N/mm}^2 < f_v = 125 \text{ N/mm}^2$$

满足要求。

（3）腹板的局部压应力

对重级工作制支承梁，$\psi = 1.35$。腹板计算高度上边缘的局部承压强度：

$$\sigma_c = \frac{\psi F}{t_w l_z} \leqslant f$$

$l_z = a + 5h_y + 2h_R = 50 + 5 \times 18 + 2 \times 120 = 380 \text{ mm}$（其中 $a = 50 \text{ mm}$，$h_R = 120 \text{ mm}$），$F = P$，
则

$$\sigma_c = \frac{\psi F}{t_w l_z} = \frac{1.35 \times 456.7 \times 10^3}{14 \times 380} = 116 \text{ N/mm}^2 < f = 215 \text{ N/mm}^2$$

满足要求。

腹板计算高度边缘处折算应力

$$\sqrt{\sigma^2 + \sigma_c^2 - \sigma\sigma_c + 3\tau^2} \leqslant \beta_1 f$$

式中，β_1——计算折算应力的强度设计值增大系数，σ 与 σ_c 同号时，取 $\beta_1 = 1.1$。

$$\sigma = \frac{1881.9 \times 10^6}{10.12 \times 10^6} = 185.96 \text{ N/mm}^2$$

$$\tau = \frac{VS}{It_w}$$

弯矩最大处的剪力（包括自重）

$$V_c = 822.1 + 18.57 - 456.7 - 6.19 \times 2.7 = 367.2 \text{ kN}$$

$$\tau = \frac{VS}{It_w} = \frac{367.2 \times 5.79 \times 10^6 \times 10^3}{6.03 \times 10^9 \times 14} = 25.97 \text{ N/mm}^2$$

左端支座处由 P 引起的反力

$$R_{1p} \times 6 = P \times 1.3 + P \times (1.3 + 0.8) + P \times (1.3 + 0.8 + 1.2) + P \times (1.3 + 0.8 + 1.2 + 0.8)$$
$$= 456.729 \times (1.3 \times 4 + 0.8 \times 3 + 1.2 \times 2 + 0.8)$$
$$= 4932.6 \text{ kN} \cdot \text{m}$$

$$R_{1p} = \frac{4932.6722}{6} = 822.1 \text{ kN}$$

左端支座处由 q 引起的反力

$$R_{1q} = \frac{ql}{2} = \frac{6.19 \times 6}{2} = 18.57 \text{ kN}$$

$$\sqrt{\sigma^2 + \sigma_c^2 - \sigma\sigma_c + 3\tau^2}$$
$$= \sqrt{185.96^2 + 116^2 - 185.96 \times 116 + 3 \times 25.97^2} = 168.79 \text{ N/mm}^2 < 1.1 \times 215 = 236.5 \text{ N/mm}^2$$

7.5.7 刚度验算

进行刚度验算时，采用载荷标准值进行：

$$P = P_Q + P_G = 190 + 70 = 260 \text{ kN}$$

自重标准值为

$$q_k = q_1 + q_2 + q_3 = 2649.468 + 517.44 + 1992.784 \approx 5.16 \text{ kN/m}$$

自重在最大弯矩处产生的弯矩标准值为

$$M_k' = \frac{q_k l}{2} \cdot x - \frac{q_k x^2}{2} = \frac{5.16 \times 6}{2} \times 2.7 - \frac{5.16 \times 2.7^2}{2} = 22.99 \text{ kN} \cdot \text{m}$$

载荷引起的最大弯矩标准值为

$$M_{xk} = \frac{4 \times 260 \times (3 - 0.3)^2}{6} = 1263.6 \text{ kN} \cdot \text{m}$$

竖向最大弯矩标准值为

$$M_{xk}' = M_{xk} + M_k' = 1263.6 + 22.99 = 1286.59 \text{ kN} \cdot \text{m}$$

水平最大弯矩标准值为

$$M_{yk}' = 0.1 \times M_{xk} = 0.1 \times 1286.59 \approx 128.66 \text{ kN} \cdot \text{m}$$

起升允许挠度 $[v_x] = \dfrac{l}{750}$，水平允许挠度 $[v_y] = \dfrac{l}{2200}$。

竖向挠度

$$v_x = \frac{M_{xk}' l^2}{10 E I_x} = \frac{1286.59 \times 10^6 \times 6000^2}{10 \times 206 \times 10^3 \times 6.03 \times 10^9} = 3.73 \text{ mm} < \frac{l}{750} = 8 \text{ mm}$$

水平挠度

$$v_y = \frac{M_{yk}' l^2}{10 E I_{ny}} = \frac{128.66 \times 10^6 \times 6000^2}{10 \times 206 \times 10^3 \times 3.56 \times 10^9} = 0.63 \text{ mm} < \frac{l}{2200} = 2.73 \text{ mm}$$

7.5.8 稳定性验算

（1）整体稳定性

由于使用了刚性铺板与梁的翼缘板固接，在构造上满足了整体稳定性的保证条件，说明梁的整体稳定性有保证，不再需要验算。

（2）局部稳定性

① 翼缘板的局部稳定性。

上翼缘板

$$\frac{b}{t} = \frac{200 - 7}{18} = 10.7 < 15 \sqrt{\frac{235}{f_y}} = 15$$

下翼缘板

$$\frac{b}{t} = \frac{150-7}{18} = 7.94 < 15\sqrt{\frac{235}{f_y}} = 15$$

② 腹板的局部稳定性。

$$\frac{h_0}{t_w} = \frac{1150}{14} = 82.14 < 80\sqrt{\frac{235}{f_y}} = 80$$

$$\frac{h_0}{t_w} = \frac{1150}{14} = 82.14 < 170\sqrt{\frac{235}{f_y}} = 170$$

应配置横向加劲肋，加劲肋间距为

$$a_{min} = 0.5h_w = 0.5 \times 1150 = 575 \text{ mm}$$

$$a_{max} = 2h_w = 2 \times 1150 = 2300 \text{ mm}$$

设置为 5 个区格，采用非均匀布置，从支座处起。

$a_1 = 1500 \text{ mm}$，$a_2 = 1000 \text{ mm}$，$a_3 = 1000 \text{ mm}$，$a_4 = 1000 \text{ mm}$，$a_5 = 1500 \text{ mm}$

③ 验算梁的最大弯矩处

$$M_{max} = 1881.9 \text{ kN}$$

$$V_c = 367.2 \text{ kN}$$

左端支座处支反力为

$$R_1 = R_{1P} + R_{1q} = 822.11 + 18.57 = 840.7 \text{ kN}$$

右端支座处支反力为

$$R_2 = 4P - R_{1P} + R_{1q} = 456.73 \times 4 - 822.1 + 18.57 = 1023.4 \text{ kN}$$

则四个车轮位置的弯矩为

$$M_1 = 840.7 \times 1.9 - 6.19 \times \frac{2.9^2}{2} = 1586.12 \text{ kN} \cdot \text{m}$$

$$M_2 = 840.7 \times 2.7 - 6.19 \times \frac{2.7^2}{2} - 456.7 \times 0.8 = 1881.9 \text{ kN} \cdot \text{m}$$

$$M_3 = 840.7 \times 3.9 - 6.19 \times \frac{3.9^2}{2} - 456.7 \times (0.8 + 1.2 + 1.2) = 1770.05 \text{ kN} \cdot \text{m}$$

$$M_4 = 1023.4 \times 1.3 - 6.19 \times \frac{1.3^2}{2} = 1325.16 \text{ kN} \cdot \text{m}$$

剪力分别为

$$V_1 = 840.7 - 6.19 \times 1.9 = 828.9 \text{ kN}$$

$$V_1' = 828.9212 - 456.729 = 372.2 \text{ kN}$$

$$V_2 = 372.1922 - 6.19 \times 0.8 = 367.2 \text{ kN}$$

$$V_2' = 367.2 - 456.7 = -89.5 \text{ kN}$$

$$V_3 = -89.5 - 6.19 \times 1.2 = -96.9 \text{ kN}$$

$$V_3' = -96.9 - 456.7 = -553.6 \text{ kN}$$

$$V_4 = -553.6 - 6.19 \times 0.8 = -558.6 \text{ kN}$$

$$V_4' = -558.6 - 456.7 = 1015.3 \text{ kN}$$

$$V_左 = 840.7 \text{ kN}$$

$$V_右 = 1023.4 \text{ kN}$$

绘制弯矩图、剪力图，如图 7-12 所示。

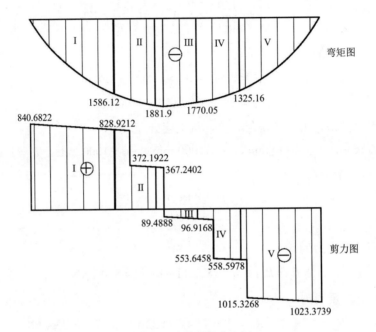

图 7-12 支承梁内力图

④ 验算最大弯矩所在区格Ⅲ的局部稳定性

$$M_1 = (1881.9 - 1586.12) \times \frac{6}{8} + 1586.12 = 1807.96 \text{ kN} \cdot \text{m}$$

$$M_2 = (1881.9 - 1770.05) \times \frac{4}{12} + 1770.05 = 1807.33 \text{ kN} \cdot \text{m}$$

弯矩平均值为

$$M_m = \frac{(1807.96 + 1881.9) \times 200/2 + (1881.9 + 1807.33) \times 800/2}{1000} = 1844.68 \text{ kN} \cdot \text{m}$$

$$V_1 = (372.2 - 367.2) \times \frac{2}{8} + 367.2 = 368.5 \text{ kN}$$

$$V_2 = (96.92 - 89.5) \times \frac{8}{12} + 89.5 = 94.4 \text{ kN}$$

剪力平均值为

$$V = \frac{(368.5 + 367.2) \times 200/2 + (94.4 + 89.5) \times 800/2}{1000} = 147.14 \text{ kN}$$

区格Ⅲ中平均弯矩产生的腹板计算高度边缘的弯曲压应力

$$\sigma = \frac{M_m h_c}{I_x} = \frac{1844.7 \times (556.37 - 18) \times 10^6}{6.03 \times 10^9} = 164.7 \text{ N/mm}^2$$

平均剪应力为

$$\tau = \frac{V}{h_w t_w} = \frac{147.14 \times 10^3}{1150 \times 14} = 9.14 \text{ N/mm}^2$$

局部压应力为

$$\sigma_c = \frac{P}{t_w l_z} = \frac{456.7 \times 10^3}{14 \times 380} = 85.85 \text{ N/mm}^2$$

计算 σ_{cr}

$$\lambda_b = \frac{2h_c/t_w}{153} \sqrt{\frac{f_y}{235}} = \frac{2 \times (556.37 - 18)/14}{153} \sqrt{\frac{235}{235}} = 0.503 < 0.85$$

$$\sigma_{cr} = f = 215 \text{ N/mm}^2$$

计算 τ_{cr}

$$a/h_0 = 1000/1150 = 0.87 < 1.0$$

$$\lambda_s = \frac{h_0/t_w}{41\sqrt{4 + 5.34(h_0/a)^2}} \sqrt{\frac{f_y}{235}} = \frac{1150/14}{41\sqrt{4 + 5.34(1150/1000)^2}} \sqrt{\frac{235}{235}} = 0.6 < 0.8$$

$$\tau_{cr} = f_v = 125 \text{ N/mm}^2$$

计算 $\sigma_{c,cr}$

$$0.5 < a/h_0 = 0.87 < 1.5$$

$$\lambda_c = \frac{h_0/t_w}{28\sqrt{10.9 + 13.4(1.83 - a/h_0)^3}} \sqrt{\frac{f_y}{235}} = \frac{1150/14}{28\sqrt{10.9 + 13.4(1.83 - 1000/1150)^3}} \sqrt{\frac{235}{235}}$$

$$= 0.61 < 0.9$$

$$\sigma_{c,cr} = f = 215 \text{ N/mm}^2$$

验算局部稳定性：

$$\left(\frac{\sigma}{\sigma_{cr}}\right)^2 + \left(\frac{\tau}{\tau_{cr}}\right)^2 + \frac{\sigma_c}{\sigma_{c,cr}} \leqslant 1$$

$$\left(\frac{164.7}{215}\right)^2 + \left(\frac{9.14}{125}\right)^2 + \frac{85.85}{215} = 0.9914 < 1$$

此状态下最危险区格满足局部稳定要求。

7.5.9 加劲肋构造设计

（1）横向加劲肋

横向加劲肋外伸宽度为

219

$$b_s \geqslant \frac{h_0}{30} + 40 = \frac{1150}{30} + 40 = 78.33 \text{ mm}$$

取 $b_s = 80$ mm。

横向加劲肋厚度

$$t_s \geqslant \frac{b_s}{15} = \frac{80}{15} = 5.3 \text{ mm}$$

取 $t_s = 6$ mm。

选用 $b_s = 80$ mm，要使加劲肋外边缘不超过翼缘板的边缘，即

$$2b_s + t_w = 2 \times 80 + 14 = 174 < b = 200 - 7 = 193 \text{ mm}$$

加劲肋与腹板的角焊缝连接，按照构造要求确定

$$h_f \geqslant 1.5\sqrt{t_w} = 1.5\sqrt{14} = 5.61 \text{ mm}$$

取 $h_f = 6$ mm。

综上，横向加劲肋采用 -80×6。

（2）支承加劲肋设计

支承加劲肋采用突缘式支承加劲肋。

① 按照端面承压强度试选加劲肋厚度。

已知 $f_{ce} = 325 \text{ N/mm}^2$，取 $b_s = 300$ mm（与翼缘板等宽），需要

$$t_s \geqslant \frac{N}{b_s \cdot f_{ce}} = \frac{1419.2 \times 10^3}{300 \times 325} = 14.56 \text{ mm}$$

考虑到支承加劲肋是主要传力构件，为保证梁在支座处有较强的刚度，取 $t_s = 16$ mm，加劲肋端面刨平顶紧，突缘伸出板梁下翼缘底面长度为 20 mm $< 2t_s = 32$ mm。

② 按照轴心受压构件验算加劲肋在腹板平面外的稳定性。

支承加劲肋截面积为

$$A_s = b_s t_s + 15t_w \sqrt{\frac{235}{f_y}} = 300 \times 16 + 15 \times \sqrt{\frac{235}{235}} = 7740 \text{ mm}^2$$

$$I_s = \frac{1}{12} t_s b_s^3 = \frac{1}{12} \times 16 \times 300^3 = 36 \times 10^6 \text{ mm}^4$$

$$i_z = \sqrt{\frac{I_s}{A_s}} = \sqrt{\frac{36 \times 10^6}{7740}} = 68.2 \text{ mm}$$

$$\lambda_z = \frac{h_0}{i_z} = \frac{1150}{68.2} = 16.86 \approx 17$$

查附录三，c 类截面轴心受压构件的稳定系数 $\varphi = 0.976$。

$$\frac{N}{\varphi A_s} = \frac{1419.2 \times 10^3}{0.976 \times 7740} = 187.87 \text{ N/mm}^2 < f = 215 \text{ N/mm}^2$$

满足要求。

7.5.10 连接焊缝计算

（1）上翼缘板与腹板的连接焊缝

$$h_f = \frac{1}{2 \times 0.7 f_f^w} \sqrt{\left(\frac{V_x S_下}{I_x}\right)^2 + \left(\frac{\psi F}{l_z}\right)^2}$$

$$= \frac{1}{2 \times 0.7 \times 160} \sqrt{\left(\frac{1419.2 \times 10^3 \times 5.97 \times 10^6}{6.03 \times 10^9}\right)^2 + \left(\frac{1.35 \times 456.7 \times 10^3}{380}\right)^2}$$

$$= 9.58 \text{ mm}$$

取 $h_f = 10$ mm。

（2）下翼缘板与腹板的连接焊缝

$$h_f = \frac{V'_{max} S_下}{2 \times 0.7 f_f^w I_x} = \frac{1419.2 \times 10^3 \times 5.97 \times 10^6}{2 \times 0.7 \times 160 \times 6.03 \times 10^9} = 6.27 \text{ mm}$$

取 $h_f = 8$ mm。

（3）支承加劲肋与腹板的连接焊缝

$$\sum l_w = 2(h_0 - 2 \times 10) = 2 \times (1150 - 2 \times 10) = 2260 \text{ mm}$$

$$f_f^w = 160 \text{ N/mm}^2$$

焊脚尺寸

$$h_f \geqslant \frac{N}{0.75 \sum l_w \cdot f_f^w} = \frac{1419.2 \times 10^3}{0.7 \times 2260 \times 160} = 5.607 \text{ mm}$$

取 $h_f = 10$ mm。

7.5.11 焊缝疲劳验算

（1）下翼缘与腹板连接的主体金属疲劳验算

验算条件为

$$\alpha_f \cdot \Delta\sigma < [\Delta\sigma]$$

式中，α_f——欠载效应等效系数。

重级工作制软钢吊钩欠载效应等效系数 $\alpha_f = 0.8$，许用应力幅 $[\Delta\sigma] = 163$ N/mm²。

应力幅为

$$\Delta\sigma = \sigma_{max} - \sigma_{min} = \frac{M'_{max}}{I_{nx}} y_1$$

$$= \frac{1881.9 \times 10^6}{5.79 \times 10^3} \times (614.1 - 18 - 100)$$

$$= 161.3 \text{N} / \text{mm}^2$$

$$\alpha_f \cdot \Delta\sigma = 0.8 \times 161.3 = 129 \text{N/mm}^2 < [\Delta\sigma] = 163 \text{N/mm}^2$$

下翼缘与腹板连接的主体金属疲劳满足要求。

（2）下翼缘与腹板连接角焊缝疲劳验算

角焊缝主要受剪力，验算条件为

$$\alpha_f \cdot \Delta\tau < [\Delta\tau]$$

重级工作制软钩支承梁欠载效应等效系数 $\alpha_f = 0.8$，查附录一，对应项次 16，计算疲劳时角焊缝属于第 8 类，查得 $[\Delta\tau] = 94 \text{ N/mm}^2$。

$$\Delta\tau = \tau_{max} = \frac{V'_{max} S_下}{2 \times 0.7 h_f I_x} = \frac{1419.2 \times 10^3 \times 5.97 \times 10^6}{2 \times 8 \times 6.03 \times 10^9} = 87.82 \text{ N/mm}^2$$

$$\alpha_f \cdot \Delta\tau = 0.8 \times 87.82 = 70.3 \text{ N/mm}^2 < [\Delta\tau] = 94 \text{ N/mm}^2$$

焊缝疲劳强度满足要求。

（3）支承加劲肋与腹板焊缝疲劳验算

考虑突缘加劲肋上角焊缝应力实际分布不均匀的影响，取 $V = 1.2V'_{max}$。

$$\Delta\tau = \tau_{max} = \frac{1.2V'_{max}}{2 \times 0.7 h_f l_w} = \frac{1.2 \times 1419.2 \times 10^3}{2 \times 0.7 \times 10 \times (1150 - 2 \times 10)} = 107.65 \text{ N/mm}^2$$

角焊缝主要受剪力，验算条件为

$$\alpha_f \cdot \Delta\tau \leqslant [\Delta\tau]$$

重级工作制软钩支承梁欠载效应等效系数 $\alpha_f = 0.8$，查附录一得项次 16，计算疲劳时角焊缝属于第 8 类，查得 $[\Delta\tau] = 94 \text{ N/mm}^2$。

$$\alpha_f \cdot \Delta\tau = 0.8 \times 107.65 = 86.12 \text{ N/mm}^2 < [\Delta\tau] = 94 \text{ N/mm}^2$$

支承加劲肋与腹板焊缝疲劳满足要求。

习 题

7-1 如图 7-13 （a）所示某桥式起重机支承梁，跨距为 6000 mm，其截面为焊接不对称工字形 [图 7-13 （b）]，钢材为 Q235。吊车在梁上运行时，其四轮轮距保持不变，边距 800 mm，中距 1200 mm，轮压设计值 $P = 350$ kN（含自重），作用于梁的上翼缘，横向水平载荷忽略不计。截面塑性发展系数 $\gamma_x = 1.05$，$\gamma_y = 1.20$。试求解：

（1）验算梁整体稳定性；若整体稳定性不满足要求，在不改变梁截面尺寸的情况下，采取什么措施可提高梁的整体稳定性？请分析说明。

（2）验算抗弯强度。

（3）分析说明如何保证梁腹板的局部稳定。

附：梁的整体稳定系数计算公式为 $\varphi_b = \beta_b \dfrac{4320}{\lambda_y^2} \dfrac{Ah}{W_x} \left[\sqrt{1 + \left(\dfrac{\lambda_y t_1}{4.4h} \right)^2} + \eta_b \right] \dfrac{235}{f_y}$，其中取

$\beta_b = 0.78$，$\eta_b = 0.37$。

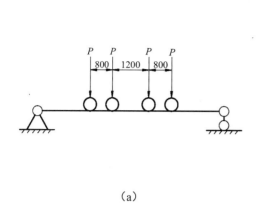

(a)

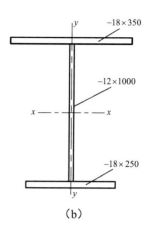

(b)

图 7-13 习题 7-1 图

参考文献

[1] 安林超，朱绘丽. 起重机金属结构设计基础[M]. 北京：化学工业出版社，2016.

[2] 徐格宁. 机械装备金属结构设计[M]. 北京：机械工业出版社，2009.

[3] 黄会荣. 建筑机械钢结构[M]. 北京：中国建材工业出版社，2006.

[4] 《钢结构设计规范》编写组. 钢结构设计规范：GB 50017—2003[S]. 北京：中国计划出版社，2003.

[5] 《起重机设计规范》编写组. 起重机设计规范：GB/T 3811—2008[S]. 北京：中国标准出版社，2008.

[6] 《塔式起重机设计规范》编写组. 塔式起重机设计规范：GB/T 13752—2017[S]. 北京：中国标准出版社，2017.

[7] 《擦窗机》编写组. 擦窗机：GB/T 19154—2017[S]. 北京：中国标准出版社，2017.

[8] 《高处作业吊篮》编写组. 高处作业吊篮：GB/T 19155—2017[S]. 北京：中国标准出版社，2017.

[9] 全国起重机械标准化技术委员会. GB/T 3811—2008《起重机设计规范》释义与应用[M]. 北京：中国标准出版社，2008.

[10] 闻邦椿. 现代机械设计实用手册[M]. 北京：机械工业出版社，2015.

[11] 闻邦椿. 机械设计手册[M]. 北京：机械工业出版社，2010.

[12] 张质文，王金诺，程文明，等. 起重机设计手册[M]. 北京：中国铁道出版社，2013.

[13] 卢耀祖，郑惠强. 机械结构设计[M]. 上海：同济大学出版社，2004.

[14] 王金诺，于兰峰. 起重运输机金属结构[M]. 北京：中国铁道出版社，2002.

[15] 陈绍蕃，顾强. 钢结构：上册 钢结构基础[M]. 3 版. 北京：中国建筑工业出版社，2014.

附 录

附录一 疲劳计算的构件和连接分类

附表 1-1 构件和连接分类（摘自 GB 50017—2003）

项次	简 图	说 明	类别
1		无连接处的主体金属 （1）轧制型钢 （2）钢板 　　a. 两边为轧制或刨边 　　b. 两侧为自动、半自动切割边（切割质量标准应符合现行国家标准 GB 50205—2001《钢结构工程施工质量验收规范》）	1 1 2
2		横向对接焊缝附近的主体金属 （1）符合现行国家标准 GB 50205—2001《钢结构工程施工质量验收规范》的一级焊缝 （2）经加工、磨平的一级焊缝	3 2
3		不同厚度（或宽度）横向对接焊缝附近的主体金属，焊缝加工成平滑过渡并符合一级焊缝标准	2
4		纵向对接焊缝附近的主体金属，焊缝符合二级焊缝标准	2
5		翼缘连接焊缝附近的主体金属 （1）翼缘板与腹板的连接焊缝 　　a. 自动焊，二级 T 形对接和角接组合焊缝 　　b. 自动焊，角焊缝，外观质量标准符合二级 　　c. 手工焊，角焊缝，外观质量标准符合二级 （2）双层翼缘板之间的连接焊缝 　　a. 自动焊，角焊缝，外观质量标准符合二级 　　b. 手工焊，角焊缝，外观质量标准符合二级	 2 3 4 3 4
6		横向加劲肋端部附近主体金属 （1）肋端不断弧（采用回焊） （2）肋端断弧	 4 5
7		梯形节点板用对接焊缝焊接于梁翼缘、腹板以及桁架构件处的主体金属，过渡处在焊后铲平、磨光、圆滑过渡，不得有焊接起弧、灭弧缺陷	5

225

续附表 1-1

项次	简　图	说　明	类别
8		矩形节点板焊接于构件翼缘或腹板处主体金属，$l>150$ mm	7
9		翼缘板中断处的主体金属（板端有正面焊缝）	7
10		向正面角焊缝过渡处的主体金属	6
11		两侧面角焊缝连接端部的主体金属	8
12		三面围焊的角焊缝端部主体金属	7
13		三面围焊或两侧面角焊缝连接的节点板主体金属（节点板计算宽度按应力扩散角 θ 等于 30° 考虑）	7
14		K 形坡口 T 形对接与角接组合焊缝处的主体金属，两板轴线偏离小于 $0.15t$，焊缝为二级，焊趾角 $\alpha \leqslant 45°$	5
15		十字接头角焊缝处的主体金属，两板轴线偏离小于 $0.15t$	7
16	角焊缝	按有效截面确定的剪应力幅计算	8

续附表 1-1

项次	简　图	说　明	类别
17		铆钉连接处的主体金属	3
18		连系螺栓和虚孔处的主体金属	3
19		高强度螺栓和摩擦类型连接处的主体金属	2

注：1.所有对接焊缝及 T 形对接和角接组合焊缝均需焊透。

2.角焊接应符合本规范第 8.2.7 条和 8.2.8 条的要求。

3.项次 16 中的剪应力幅 $\triangle\tau=\tau_{max}-\tau_{min}$，其中 τ_{min} 的正负值为：与 τ_{max} 同方向时，取正值；与 τ_{max} 反方向时，取负值。

4.第 17、18 项中的应力应以净截面面积计算，第 19 项应以毛截面面积计算。

附录二 常用型钢表

附表 2-1 热轧等边角钢截面尺寸、截面面积、理论质量及截面特性（摘自 GB/T 706—2008）

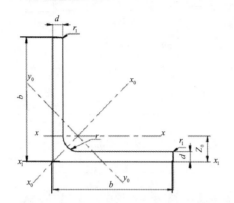

b—边宽度；
d—边厚度；
r—内圆弧半径；
r_1—边端圆弧半径；
Z_0—重心距离。

型号	截面尺寸 /mm			截面面积 /cm²	理论质量 /（kg/m）	外表面积 /（m²/m）	惯性矩/cm⁴				惯性半径 /cm			抗弯截面系数 /cm³			重心距离 /cm
	b	d	r				I_x	I_{x1}	I_{x0}	I_{y0}	i_x	i_{x0}	i_{y0}	W_x	W_{x0}	W_{y0}	Z_0
2	20	3	3.5	1.132	0.889	0.078	0.4	0.81	0.63	0.17	0.59	0.75	0.39	0.29	0.45	0.2	0.6
		4		1.459	1.145	0.077	0.5	1.09	0.78	0.22	0.58	0.73	0.38	0.36	0.55	0.24	0.64
2.5	25	3		1.432	1.124	0.098	0.82	1.57	1.29	0.34	0.76	0.95	0.49	0.46	0.73	0.33	0.73
		4		1.859	1.459	0.097	1.03	2.11	1.62	0.43	0.74	0.93	0.48	0.59	0.92	0.4	0.76
3	30	3		1.749	1.373	0.117	1.46	2.71	2.31	0.61	0.91	1.15	0.59	0.68	1.09	0.51	0.85
		4		2.276	1.786	0.117	1.84	3.63	2.92	0.77	0.9	1.13	0.58	0.87	1.37	0.62	0.89
3.6	36	3	4.5	2.109	1.656	0.141	2.58	4.68	4.09	1.07	1.11	1.39	0.71	0.99	1.61	0.76	1
		4		2.756	2.163	0.141	3.29	6.25	5.22	1.37	1.09	1.38	0.7	1.28	2.05	0.93	1.04
		5		3.382	2.654	0.141	3.95	7.84	6.24	1.65	1.08	1.36	0.7	1.56	2.45	1	1.07
4	40	3	5	2.359	1.852	0.157	3.59	6.41	5.69	1.49	1.23	1.55	0.79	1.23	2.01	0.96	1.09
		4		3.086	2.422	0.157	4.6	8.56	7.29	1.91	1.22	1.54	0.79	1.6	2.58	1.19	1.13
		5		3.791	2.976	0.156	5.53	10.74	8.76	2.3	1.21	1.52	0.78	1.96	3.1	1.39	1.17
4.5	45	3	5	2.659	2.088	0.177	5.17	9.12	8.2	2.14	1.4	1.76	0.89	1.58	2.58	1.24	1.22
		4		3.486	2.736	0.177	6.65	12.18	10.56	2.75	1.38	1.74	0.89	2.05	3.32	1.54	1.26
		5		4.292	3.369	0.176	8.04	15.2	12.74	3.33	1.37	1.72	0.88	2.51	4	1.81	1.3
		6		5.076	3.985	0.176	9.33	18.36	14.76	3.89	1.36	1.7	0.8	2.95	4.64	2.06	1.33
5	50	3	5.5	2.971	2.332	0.197	7.18	12.5	11.37	2.98	1.55	1.96	1	1.96	3.22	1.57	1.34
		4		3.897	3.059	0.197	9.26	16.69	14.7	3.82	1.54	1.94	0.99	2.56	4.16	1.96	1.38
		5		4.803	3.77	0.196	11.21	20.9	17.79	4.64	1.53	1.92	0.98	3.13	5.03	2.31	1.42
		6		5.688	4.465	0.196	13.05	25.14	20.68	5.42	1.52	1.91	0.98	3.68	5.85	2.63	1.46
5.6	56	3	6	3.343	2.624	0.221	10.19	17.56	16.14	4.24	1.75	2.2	1.13	2.48	4.08	2.02	1.48
		4		4.39	3.446	0.22	13.18	23.43	20.92	5.46	1.73	2.18	1.11	3.24	5.28	2.52	1.53
		5		5.415	4.251	0.22	16.02	29.33	25.42	6.61	1.72	2.17	1.1	3.97	6.42	2.98	1.57
		6		6.42	5.04	0.22	18.69	35.26	29.66	7.73	1.71	2.15	1.1	4.68	7.49	3.4	1.61

续附表 2-1

型号	截面尺寸 /mm			截面面积 /cm²	理论质量 /(kg/m)	外表面积 /(m²/m)	惯性矩/cm⁴				惯性半径 /cm			抗弯截面系数 /cm³			重心距离 /cm
	b	d	r				I_x	I_{x1}	I_{x0}	I_{y0}	i_x	i_{x0}	i_{y0}	W_x	W_{x0}	W_{y0}	Z_0
5.6	56	7		7.404	5.812	0.219	21.23	41.23	33.63	8.82	1.69	2.13	1.09	5.36	8.49	3.8	1.64
		8		8.367	6.568	0.219	23.63	47.24	37.37	9.89	1.68	2.11	1.09	6.03	9.44	4.16	1.68
6	60	5	6.5	5.829	4.576	0.236	19.89	36.05	31.57	8.21	1.85	2.33	1.19	4.59	7.44	3.48	1.67
		6		6.914	5.427	0.235	23.25	43.33	36.89	9.6	1.83	2.31	1.18	5.41	8.7	3.98	1.7
		7		7.977	6.262	0.235	26.44	50.65	41.92	10.96	1.82	2.29	1.17	6.21	9.88	4.45	1.74
		8		9.02	7.081	0.235	29.47	58.02	46.66	12.28	1.81	2.27	1.17	6.98	11	4.88	1.78
6.3	63	4	7	4.978	3.907	0.248	19.03	33.35	30.17	7.89	1.96	2.46	1.26	4.13	6.78	3.29	1.7
		5		6.143	4.822	0.248	23.17	41.73	36.77	9.57	1.94	2.45	1.25	5.08	8.25	3.9	1.74
		6		7.288	5.721	0.247	27.12	50.14	43.03	11.2	1.93	2.43	1.24	6	9.66	4.46	1.78
		7		8.412	6.603	0.247	30.87	58.6	48.96	12.79	1.92	2.41	1.23	6.88	10.99	4.98	1.82
		8		9.515	7.469	0.247	34.46	67.11	54.56	14.33	1.9	2.4	1.23	7.75	12.25	5.47	1.85
		10		11.657	9.151	0.246	41.09	84.31	64.85	17.33	1.88	2.36	1.22	9.39	14.56	6.36	1.93
7	70	4	8	5.57	4.372	0.275	26.39	45.74	41.8	10.99	2.18	2.74	1.4	5.14	8.44	4.17	1.86
		5		6.875	5.397	0.275	32.21	57.21	51.08	13.31	2.16	2.73	1.39	6.32	10.32	4.95	1.91
		6		8.16	6.406	0.275	37.77	68.73	59.93	15.61	2.15	2.71	1.38	7.48	12.11	5.67	1.95
		7		9.424	7.398	0.275	43.09	80.29	68.35	17.82	2.14	2.69	1.38	8.59	13.81	6.34	1.99
		8		10.667	8.373	0.274	48.17	91.92	76.37	19.98	2.12	2.68	1.37	9.68	15.43	6.98	2.03
7.5	75	5		7.412	5.818	0.295	39.97	70.56	63.3	16.63	2.33	2.92	1.5	7.32	11.94	5.77	2.04
		6		8.797	6.905	0.294	46.95	84.55	74.38	19.51	2.31	2.9	1.49	8.64	14.02	6.67	2.07
		7		10.16	7.976	0.294	53.57	98.71	84.96	22.18	2.3	2.89	1.48	9.93	16.02	7.44	2.11
		8		11.503	9.03	0.294	59.96	112.97	95.07	24.86	2.28	2.88	1.47	11.2	17.93	8.19	2.15
		9	9	12.825	10.068	0.294	66.1	127.3	104.71	27.48	2.27	2.86	1.46	12.43	19.75	8.89	2.18
		10		14.126	11.089	0.293	71.98	141.71	113.92	30.05	2.26	2.84	1.46	13.64	21.48	9.56	2.22
8	80	5		7.912	6.211	0.315	48.79	85.36	77.33	20.25	2.48	3.13	1.6	8.34	13.67	6.66	2.15
		6		9.397	7.376	0.314	57.35	102.5	90.98	23.72	2.47	3.11	1.59	9.87	16.08	7.65	2.19
		7		10.86	8.525	0.314	65.58	119.7	104.07	27.09	2.46	3.1	1.58	11.37	18.4	8.58	2.23
		8		12.303	9.658	0.314	73.49	136.97	116.6	30.39	2.44	3.08	1.57	12.83	20.61	9.46	2.27
		9		13.725	10.774	0.314	81.11	154.31	128.6	33.61	2.43	3.06	1.56	14.25	22.73	10.29	2.31
		10		15.126	11.874	0.313	88.43	171.74	140.09	36.77	2.42	3.04	1.56	15.64	24.76	11.08	2.35
9	90	6	10	10.637	8.35	0.354	82.77	145.87	131.26	34.28	2.79	3.51	1.8	12.61	20.63	9.95	2.44
		7		12.301	9.656	0.354	94.83	170.3	150.47	39.18	2.78	3.5	1.78	14.54	23.64	11.19	2.48
		8		13.944	10.946	0.353	106.47	194.8	168.97	43.97	2.76	3.48	1.78	16.42	26.55	12.35	2.52
		9		15.566	12.219	0.353	117.72	219.39	186.77	48.66	2.75	3.46	1.77	18.27	29.35	13.46	2.56
		10		17.167	13.476	0.353	128.58	244.07	203.9	53.26	2.74	3.45	1.76	20.07	32.04	14.52	2.59
		12		20.306	15.94	0.352	149.22	293.76	236.21	62.22	2.71	3.41	1.75	23.57	37.12	16.49	2.67
10	100	6	12	11.932	9.366	0.393	114.95	200.07	181.98	47.92	3.1	3.9	2	15.68	25.74	12.69	2.67
		7		13.796	10.83	0.393	131.86	233.54	208.97	54.74	3.09	3.89	1.99	18.1	29.55	14.26	2.71

续附表 2-1

型号	截面尺寸/mm			截面面积/cm²	理论质量/(kg/m)	外表面积/(m²/m)	惯性矩/cm⁴				惯性半径/cm			抗弯截面系数/cm³			重心距离/cm
	b	d	r				I_x	I_{x1}	I_{x0}	I_{y0}	i_x	i_{x0}	i_{y0}	W_x	W_{x0}	W_{y0}	Z_0
10	100	8		15.638	12.276	0.393	148.24	267.09	235.07	61.41	3.08	3.88	1.98	20.47	33.24	15.75	2.76
		9		17.462	13.708	0.392	164.12	300.73	260.3	67.95	3.07	3.86	1.97	22.79	36.81	17.18	2.8
		10		19.261	15.12	0.392	179.51	334.48	284.68	74.35	3.05	3.84	1.96	25.06	40.26	18.54	2.84
		12		22.8	17.898	0.391	208.9	402.34	330.95	86.84	3.03	3.81	1.95	29.48	46.8	21.08	2.91
		14		26.256	20.611	0.391	236.53	470.75	374.06	99	3	3.77	1.94	33.73	52.9	23.44	2.99
		16	12	29.627	23.257	0.39	262.53	539.8	414.16	110.89	2.98	3.74	1.94	37.82	58.57	25.63	3.06
11	110	7		15.196	11.928	0.433	177.16	310.64	280.94	73.38	3.41	4.3	2.2	22.05	36.12	17.51	2.96
		8		17.238	13.535	0.433	199.46	355.2	316.49	82.42	3.4	4.28	2.19	24.95	40.69	19.39	3.01
		10		21.261	16.69	0.432	242.19	444.65	384.39	99.98	3.38	4.25	2.17	30.6	49.42	22.91	3.09
		12		25.2	19.782	0.431	282.55	543.6	448.17	116.93	3.35	4.22	2.15	36.05	57.62	26.15	3.16
		14		29.056	22.809	0.431	320.71	625.16	508.01	133.4	3.32	4.18	2.14	41.31	65.31	29.14	3.24
12.5	125	8		19.75	15.504	0.492	297.03	521.01	470.89	123.16	3.88	4.88	2.5	32.52	53.28	25.86	3.37
		10		24.373	19.133	0.491	361.67	651.93	573.89	149.46	3.85	4.85	2.48	39.97	64.93	30.62	3.45
		12		28.912	22.696	0.491	423.16	783.42	671.44	174.88	3.83	4.82	2.46	41.17	75.96	35.03	3.53
		14		33.367	26.193	0.49	481.65	915.61	763.73	199.57	3.8	4.78	2.45	54.16	86.41	39.13	3.61
		16		37.739	29.625	0.489	537.31	1048.62	850.98	223.65	3.77	4.75	2.43	60.93	96.28	42.96	3.68
14	140	10		27.373	21.488	0.551	514.65	915.11	817.27	212.04	4.34	5.46	2.78	50.58	82.56	39.2	3.82
		12		32.512	25.522	0.551	603.68	1099.28	958.79	248.57	4.31	5.43	2.76	59.8	96.85	45.02	3.9
		14	14	37.567	29.49	0.55	688.81	1284.22	1093.56	284.06	4.28	5.4	2.75	68.75	110.47	50.45	3.98
		16		42.539	33.393	0.549	770.24	1470.07	1221.81	318.67	4.26	5.36	2.74	77.46	123.42	55.55	4.06
15	150	8		23.75	18.644	0.592	521.37	899.55	827.49	215.25	4.69	5.9	3.01	47.36	78.02	38.14	3.99
		10		29.373	23.058	0.591	637.5	1125.09	1012.79	262.21	4.66	5.87	2.99	58.35	95.49	45.51	4.08
		12		34.912	27.406	0.591	748.85	1351.26	1189.97	307.73	4.63	5.84	2.97	69.04	112.19	52.38	4.15
		14		40.367	31.688	0.59	855.64	1578.25	1359.3	351.98	4.6	5.8	2.95	79.45	128.16	58.83	4.23
		15		43.063	33.804	0.59	907.39	1692.1	1441.09	373.69	4.59	5.78	2.95	84.56	135.87	61.9	4.27
		16		45.739	35.905	0.589	958.08	1806.21	1521.02	395.14	4.58	5.77	2.94	89.59	143.4	64.89	4.31
16	160	10		31.502	24.729	0.63	779.53	1365.33	1237.3	321.76	4.98	6.27	3.2	66.7	109.36	52.76	4.31
		12		37.441	29.391	0.63	916.58	1639.57	1455.68	377.49	4.95	6.24	3.18	78.98	128.67	60.74	4.39
		14		43.296	33.987	0.629	1048.36	1914.68	1665.02	431.7	4.92	6.2	3.16	90.95	147.17	68.24	4.47
		16	16	49.067	38.518	0.629	1175.08	2190.82	1865.57	484.59	4.89	6.17	3.14	102.63	164.89	75.31	4.55
18	180	12		42.241	33.159	0.71	1321.35	2332.8	2100.1	542.61	5.59	7.05	3.58	100.82	165	78.41	4.89
		14		48.896	38.383	0.709	1514.48	2723.48	2407.42	621.53	5.56	7.02	3.56	116.25	189.14	88.38	4.97
		16		55.467	43.542	0.709	1700.99	3115.29	2703.37	698.6	5.54	6.98	3.55	131.13	212.4	97.83	5.05
		18		61.055	48.634	0.708	1875.12	3502.43	2988.24	762.01	5.5	6.94	3.51	145.64	234.78	105.14	5.13
20	200	14	18	54.642	42.894	0.788	2103.55	3734.1	3343.26	863.83	6.2	7.82	3.98	144.7	236.4	111.82	5.46
		16		62.013	48.68	0.788	2366.15	4270.39	3760.89	971.41	6.18	7.79	3.96	163.65	265.93	123.96	5.54
		18		69.301	54.401	0.787	2620.64	4808.13	4164.54	1076.74	6.15	7.75	3.94	182.22	294.48	135.52	5.62

续附表 2-1

型号	截面尺寸/mm			截面面积/cm²	理论质量（kg/m）	外表面积（m²/m）	惯性矩/cm⁴				惯性半径/cm			抗弯截面系数/cm³			重心距离/cm
	b	d	r				I_x	I_{x1}	I_{x0}	I_{y0}	i_x	i_{x0}	i_{y0}	W_x	W_{x0}	W_{y0}	Z_0
20	200	20	18	76.505	60.056	0.787	2867.3	5347.51	4554.55	1180.04	6.12	7.72	3.93	200.42	322.06	146.55	5.69
		24		90.661	71.168	0.785	3338.25	6457.16	5294.97	1381.53	6.07	7.64	3.9	236.17	374.41	166.65	5.87
22	220	16	21	68.664	53.901	0.866	3187.36	5681.62	5063.73	1310.99	6.81	8.59	4.37	199.55	325.51	153.81	6.03
		18		76.752	60.25	0.866	3534.3	6395.93	5615.32	1453.27	6.79	8.55	4.35	222.37	360.97	168.29	6.11
		20		84.756	66.533	0.865	3871.49	7112.04	6150.08	1592.9	6.76	8.52	4.34	244.77	395.34	182.16	6.18
		22		92.676	72.751	0.865	4199.23	7830.19	6668.37	1730.1	6.73	8.48	4.32	266.78	428.66	195.45	6.26
		24		100.512	78.902	0.864	4517.83	8550.57	7170.55	1865.11	6.7	8.45	4.31	288.39	460.94	208.21	6.33
		26		108.264	84.987	0.864	4827.58	9273.39	7656.98	1998.17	6.68	8.41	4.3	309.62	492.21	220.49	6.41
25	250	18	24	87.842	68.956	0.985	5268.22	9379.11	8369.04	2167.41	7.74	9.76	4.97	290.12	473.42	224.03	6.84
		20		97.045	76.18	0.984	5779.34	10426.97	9181.94	2376.74	7.72	9.73	4.95	319.66	519.41	242.85	6.92
		24		115.201	90.433	0.983	6763.93	12529.74	10742.67	2785.19	7.66	9.66	4.92	377.34	607.7	278.38	7.07
		26		124.154	97.461	0.982	7238.03	13585.18	11491.33	2984.84	7.63	9.62	4.9	405.5	650.05	295.19	7.15
		28		133.022	104.422	0.982	7700.6	14643.62	12219.39	3181.81	7.61	9.58	4.89	433.22	691.23	311.42	7.22
		30		141.807	111.318	0.981	8151.8	15705.3	12927.26	3376.34	7.58	9.55	4.88	460.51	731.28	327.12	7.3
		32		150.508	118.149	0.981	8592.01	16770.41	13615.32	3568.71	7.56	9.51	4.87	487.39	770.2	342.33	7.37
		35		163.402	128.271	0.98	9232.44	18374.95	14611.16	3853.72	7.52	9.46	4.86	526.97	826.53	364.3	7.48

附表 2-2　热轧不等边角钢截面尺寸、截面面积、理论质量及截面特性（摘自 GB/T 706—2008）

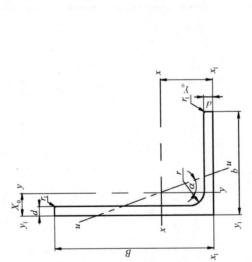

B —长边宽度；
b —短边宽度；
d —边厚度；
r —内圆弧半径；
r_1 —边端圆弧半径；
X_0 —重心距离；
Y_0 —重心距离。

型号	截面尺寸/mm B	b	d	r	截面面积/cm²	理论质量/(kg/m)	外表面积/(m²/m)	惯性矩/cm⁴ I_x	I_{x1}	I_y	I_{y1}	I_u	惯性半径/cm i_x	i_y	i_u	抗弯截面系数/cm³ W_x	W_y	W_u	$\tan\alpha$	重心距离/cm X_0	Y_0
2.5/1.6	25	16	3	3.5	1.162	0.912	0.080	0.70	1.56	0.22	0.43	0.14	0.78	0.44	0.34	0.43	0.19	0.16	0.392	0.42	0.86
			4		1.499	1.176	0.079	0.88	2.09	0.27	0.59	0.17	0.77	0.43	0.34	0.55	0.24	0.20	0.381	0.45	1.86
3.2/2	32	20	3	3.5	1.492	1.171	0.102	1.53	3.27	0.46	0.82	0.28	1.01	0.55	0.43	0.72	0.30	0.25	0.382	0.49	0.90
			4		1.939	1.522	0.101	1.93	4.37	0.57	1.12	0.35	1.00	0.54	0.42	0.93	0.39	0.32	0.374	0.53	1.08
4/2.5	40	25	3	4	1.890	1.484	0.127	3.08	5.39	0.93	1.59	0.56	1.28	0.70	0.54	1.15	0.49	0.40	0.385	0.59	1.12
			4		2.467	1.936	0.127	3.93	8.53	1.18	2.14	0.71	1.36	0.69	0.54	1.49	0.63	0.52	0.381	0.63	1.32
4.5/2.8	45	28	3	5	2.149	1.687	0.143	4.45	9.10	1.34	2.23	0.80	1.44	0.79	0.61	1.47	0.62	0.51	0.383	0.64	1.37
			4		2.806	2.203	0.143	5.69	12.13	1.70	3.00	1.02	1.42	0.78	0.60	1.91	0.80	0.66	0.380	0.68	1.47
5/3.2	50	32	3	5.5	2.431	1.908	0.161	6.24	12.49	2.02	3.31	1.20	1.60	0.91	0.70	1.84	0.82	0.68	0.404	0.73	1.51

续附表 2-2

型号	B	b	d	r	截面面积/cm²	理论质量/(kg/m)	外表面积/(m²/m)	I_x	I_{x1}	I_y	I_{y1}	I_u	i_x	i_y	i_u	W_x	W_y	W_u	$\tan\alpha$	X_0	Y_0
								惯性矩/cm⁴					惯性半径/cm			抗弯截面系数/cm³				重心距离/cm	
5/3.2	50	32	4	5.5	3.177	2.494	0.160	8.02	16.65	2.58	4.45	1.53	1.59	0.90	0.69	2.39	1.06	0.87	0.402	0.77	1.60
5.6/3.6	56	36	3	6	2.743	2.153	0.181	8.88	17.54	2.92	4.70	1.73	1.80	1.03	0.79	2.32	1.05	0.87	0.408	0.80	1.65
			4		3.590	2.818	0.180	11.45	23.39	3.76	6.33	2.23	1.79	1.02	0.79	3.03	1.37	1.13	0.408	0.85	1.78
			5		4.415	3.466	0.180	13.86	29.25	4.49	7.94	2.67	1.77	1.01	0.78	3.71	1.65	1.36	0.404	0.88	1.82
6.3/4	63	40	4	7	4.058	3.185	0.202	16.49	33.30	5.23	8.63	3.12	2.02	1.14	0.88	3.87	1.70	1.40	0.398	0.92	1.87
			5		4.993	3.920	0.202	20.02	41.63	6.31	10.86	3.76	2.00	1.12	0.87	4.74	2.07	1.71	0.396	0.95	2.04
			6		5.908	4.638	0.201	23.36	49.98	7.29	13.12	4.34	1.96	1.11	0.86	5.59	2.43	1.99	0.393	0.99	2.08
			7		6.802	5.339	0.201	26.53	58.07	8.24	15.47	4.97	1.98	1.10	0.86	6.40	2.78	2.29	0.389	1.03	2.12
7/4.5	70	45	4	7.5	4.547	3.570	0.226	23.17	45.92	7.55	12.26	4.40	2.26	1.29	0.98	4.86	2.17	1.77	0.410	1.02	2.15
			5		5.609	4.403	0.225	27.95	57.10	9.13	15.39	5.40	2.23	1.28	0.98	5.92	2.65	2.19	0.407	1.06	2.24
			6		6.647	5.218	0.225	32.54	68.35	10.62	18.58	6.35	2.21	1.26	0.98	6.95	3.12	2.59	0.404	1.09	2.28
			7		7.657	6.011	0.225	37.22	79.99	12.01	21.84	7.16	2.20	1.25	0.97	8.03	3.57	2.94	0.402	1.13	2.32
7.5/5	75	50	5	8	6.125	4.808	0.245	34.86	70.00	12.61	21.04	7.41	2.39	1.44	1.10	6.83	3.30	2.74	0.435	1.17	2.36
			6		7.260	5.699	0.245	41.12	84.30	14.70	25.37	8.54	2.38	1.42	1.08	8.12	3.88	3.19	0.435	1.21	2.40
			8		9.467	7.431	0.244	52.39	112.50	18.53	34.23	10.87	2.35	1.40	1.07	10.52	4.99	4.10	0.429	1.29	2.44
			10		11.590	9.098	0.244	62.71	140.80	21.96	43.43	13.10	2.33	1.38	1.06	12.79	6.04	4.99	0.423	1.36	2.52
8/5	80	50	5	8	6.375	5.005	0.255	41.96	85.21	12.82	21.06	7.66	2.56	1.42	1.10	7.78	3.32	2.74	0.388	1.14	2.60
			6		7.560	5.935	0.255	49.49	102.53	14.95	25.41	8.85	2.56	1.41	1.08	9.25	3.91	3.20	0.387	1.18	2.65
			7		8.724	6.848	0.255	56.16	119.33	16.96	29.82	10.18	2.54	1.39	1.08	10.58	4.48	3.70	0.384	1.21	2.69
			8		9.867	7.745	0.254	62.83	136.41	18.85	34.32	11.38	2.52	1.38	1.07	11.92	5.03	4.16	0.381	1.25	2.73
9/5.6	90	56	5	9	7.212	5.661	0.287	60.45	121.32	18.32	29.53	10.98	2.90	1.59	1.23	9.92	4.21	3.49	0.385	1.25	2.91
			6		8.557	6.717	0.286	71.03	145.59	21.42	35.58	12.90	2.88	1.58	1.23	11.74	4.96	4.13	0.384	1.29	2.95
			7		9.880	7.756	0.286	81.01	169.60	24.36	41.71	14.67	2.86	1.57	1.22	13.49	5.70	4.72	0.382	1.33	3.00
			8		11.183	8.779	0.286	91.03	194.17	27.15	47.93	16.34	2.85	1.56	1.21	15.27	6.41	5.29	0.380	1.36	3.04
10/6.3	100	63	6	10	9.617	7.550	0.320	99.06	199.71	30.94	50.50	18.42	3.21	1.79	1.38	14.64	6.35	5.25	0.394	1.43	3.24
			7		11.111	8.722	0.320	113.45	233.00	35.26	59.14	21.00	3.20	1.78	1.38	16.88	7.29	6.02	0.394	1.47	3.28
			8		12.534	9.878	0.319	127.37	266.32	39.39	67.88	23.50	3.18	1.77	1.37	19.08	8.21	6.78	0.391	1.50	3.32
			10		15.467	12.142	0.319	153.81	333.06	47.12	85.73	28.33	3.15	1.74	1.35	23.32	9.98	8.24	0.387	1.58	3.40
10/8	100	80	6	10	10.637	8.350	0.354	107.04	199.83	61.24	102.68	31.65	3.17	2.40	1.72	15.19	10.16	8.37	0.627	1.97	2.95

续附表 2-2

型号	截面尺寸/mm				截面面积/cm²	理论质量/(kg/m)	外表面积/(m²/m)	惯性矩/cm⁴					惯性半径/cm			抗弯截面系数/cm³			tanα	重心距离/cm	
	B	b	d	r				I_x	I_{x1}	I_y	I_{y1}	I_u	i_x	i_y	i_u	W_x	W_y	W_u		X_0	Y_0
10/8	100	80	7	10	12.031	9.656	0.354	122.73	233.20	70.08	199.98	36.17	3.16	2.39	1.72	17.52	11.71	9.60	0.626	2.01	3.00
			8		13.944	10.946	0.353	137.92	266.61	78.58	137.37	40.58	3.14	2.37	1.71	19.81	13.21	10.80	0.625	2.05	3.04
			10		17.167	13.476	0.353	166.87	333.63	94.65	172.48	49.10	3.12	2.35	1.69	24.24	16.12	13.12	0.622	2.13	3.12
11/7	110	70	6	10	10.637	8.350	0.354	133.37	265.78	42.92	69.08	25.36	3.54	2.01	1.54	17.85	7.90	6.53	0.403	1.57	3.53
			7		12.301	9.656	0.354	153.00	310.07	49.01	80.82	28.95	3.53	2.00	1.53	20.60	9.09	7.50	0.402	1.61	3.57
			8		13.944	10.946	0.353	172.04	354.39	54.87	92.70	32.45	3.51	1.98	1.53	23.30	10.25	8.45	0.401	1.65	3.62
			10		17.167	13.476	0.353	208.39	443.13	65.88	116.83	39.20	3.48	1.96	1.51	28.54	12.48	10.29	0.397	1.72	3.70
12.5/8	125	80	7	11	14.096	11.066	0.403	227.98	454.99	74.42	120.32	43.81	4.02	2.30	1.76	26.86	12.01	9.92	0.408	1.80	4.01
			8		15.989	12.551	0.403	256.77	519.99	83.49	137.85	49.15	4.01	2.28	1.75	30.41	13.56	11.18	0.407	1.84	4.06
			10		19.712	15.474	0.402	312.04	650.09	100.67	173.40	59.45	3.98	2.26	1.74	37.33	16.65	13.64	0.404	1.92	4.14
			12		23.351	18.330	0.402	364.41	780.39	116.67	209.67	69.35	3.95	2.24	1.72	44.01	19.43	16.01	0.400	2.00	4.22
14/9	140	90	8	12	18.038	14.160	0.453	365.64	730.53	120.69	195.79	70.83	4.50	2.59	1.98	38.48	17.34	14.31	0.411	2.04	4.50
			10		22.261	17.475	0.452	445.50	913.20	140.03	245.92	85.82	4.47	2.56	1.96	47.31	21.22	17.48	0.409	2.12	4.58
			12		26.400	20.724	0.451	521.59	1096.09	169.79	296.89	100.21	4.44	2.54	1.95	55.87	24.95	20.54	0.406	2.19	4.66
			14		30.456	23.908	0.451	594.10	1279.26	192.10	348.82	114.13	4.42	2.51	1.94	64.18	28.54	23.52	0.403	2.27	4.74
15/9	150	90	8	12	18.839	14.788	0.473	442.05	898.35	122.80	195.96	74.14	4.84	2.55	1.98	43.86	17.47	14.48	0.364	1.97	4.92
			10		23.261	18.260	0.472	539.24	1122.85	148.62	246.26	89.86	4.81	2.53	1.97	53.97	21.38	17.69	0.362	2.05	5.01
			12		27.600	21.666	0.471	632.08	1347.50	172.85	297.46	104.95	4.79	2.50	1.95	63.79	25.14	20.80	0.359	2.12	5.09
			14		31.856	25.007	0.471	720.77	1572.38	195.62	349.74	119.53	4.76	2.48	1.94	73.33	28.77	23.84	0.356	2.20	5.17
			15		33.952	26.652	0.471	763.62	1684.93	206.50	376.33	126.67	4.74	2.47	1.93	77.99	30.53	25.33	0.354	2.24	5.21
			16		36.027	28.281	0.470	805.51	1797.55	217.07	403.24	133.72	4.73	2.45	1.93	82.60	32.27	26.82	0.352	2.27	5.25
16/10	160	100	10	13	25.315	19.872	0.512	668.69	1362.89	205.03	336.59	121.74	5.14	2.85	2.19	62.13	26.56	21.92	0.390	2.28	5.24
			12		30.054	23.592	0.511	784.91	1635.56	239.06	405.94	142.33	5.11	2.82	2.17	73.49	31.28	25.79	0.388	2.36	5.32
			14		34.709	27.247	0.510	896.30	1908.50	271.20	476.42	162.23	5.08	2.80	2.16	84.56	35.83	29.56	0.385	2.43	5.48
			16		39.281	30.835	0.510	1003.04	2181.79	301.60	548.22	182.57	5.05	2.77	2.16	95.33	40.24	33.44	0.382	2.51	5.48
18/11	180	110	10	14	28.373	22.273	0.571	956.25	1940.40	278.11	447.22	166.50	5.80	3.13	2.42	78.96	32.49	26.88	0.376	2.44	5.89
			12		33.712	26.440	0.571	1124.72	2328.38	325.03	538.94	194.87	5.78	3.10	2.40	93.53	38.32	31.66	0.374	2.52	5.98
			14		38.967	30.589	0.570	1286.91	2716.60	369.55	631.95	222.30	5.75	3.08	2.39	107.76	43.97	36.32	0.372	2.59	6.06
			16		44.139	36.649	0.569	1443.06	3105.15	411.85	726.46	248.94	5.72	3.06	2.38	121.64	49.44	40.87	0.369	2.67	6.14

续附表 2-2

型号	截面尺寸/mm				截面面积/cm²	理论质量/(kg/m)	外表面积/(m²/m)	惯性矩/cm⁴					惯性半径/cm			抗弯截面系数/cm³			tan α	重心距离/cm	
	B	b	d	r				I_x	I_{x1}	I_y	I_{y1}	I_u	i_x	i_y	i_u	W_x	W_y	W_u		X_0	Y_0
20/12.5	200	125	12		37.912	29.761	0.641	1570.90	3193.85	483.16	787.74	285.79	6.44	3.57	2.74	116.73	49.99	41.23	0.392	2.83	6.54
			14		43.687	34.436	0.640	1800.97	3726.17	550.83	922.47	326.58	6.41	3.54	2.73	134.65	57.44	47.34	0.390	2.91	6.62
			16		49.739	39.045	0.639	2023.35	4258.88	615.44	1058.86	366.21	6.38	3.52	2.71	152.18	64.89	53.32	0.388	2.99	6.70
			18		55.526	43.588	0.639	2238.30	4792.00	677.19	1197.13	404.83	6.35	3.49	2.70	169.33	71.74	59.18	0.385	3.06	6.78

注：截面图中的 $r_1 = d/3$ 及表中的 r 的数据用于孔型设计，不作为交货条件。

附表 2-3　工字钢截面尺寸、截面面积、理论质量及截面特性（摘自 GB/T 706—2008）

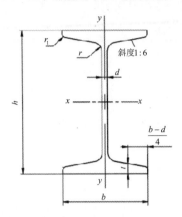

h —高度；
b —腿宽度；
d —腰厚度；
t —平均腿厚度；
r —内圆弧半径；
r_1 —腿端圆弧半径。

型号	截面尺寸/mm						截面面积 /cm²	理论质量 /（kg/m）	惯性矩/cm⁴		惯性半径/cm		抗弯截面系数 /cm³	
	h	b	d	t	r	r_1			I_x	I_y	i_x	i_y	W_x	W_y
10	100	68	4.5	7.6	6.5	3.3	14.345	11.261	245	33.0	4.14	1.52	49.0	9.72
12	120	74	5.0	8.4	7.0	3.5	17.818	13.987	436	46.9	4.95	1.62	72.7	12.7
12.6	126	74	5.0	8.4	7.0	3.5	18.118	14.223	448	46.9	5.20	1.61	77.5	12.7
14	140	80	5.5	9.1	7.5	3.8	21.516	16.890	712	64.4	5.76	1.73	102	16.1
16	160	88	6.0	9.9	8.0	4.0	26.131	20.513	1130	93.1	6.58	1.89	141	21.2
18	180	94	6.5	10.7	8.5	4.3	30.756	24.143	1660	122	7.36	2.00	185	26.0
20a	200	100	7.0	11.4	9.0	4.5	35.578	27.929	2370	158	8.15	2.12	237	31.5
20b		102	9.0				39.578	31.069	2500	169	7.96	2.06	250	33.1
22a	220	110	7.5	12.3	9.5	4.8	42.128	33.070	3400	225	8.99	2.31	309	40.9
22b		112	9.5				46.528	36.524	3570	239	8.78	2.27	325	42.7
24a	240	116	8.0	13.0	10.0	5.0	47.741	37.477	4570	280	9.77	2.42	381	48.4
24b		118	10.0				52.541	41.245	4800	297	9.57	2.38	400	50.4
25a	250	116	8.0				48.541	38.105	5080	280	10.2	2.40	402	48.3
25b		118	10.0				53.541	42.030	5280	309	9.94	2.40	423	52.4
27a	270	112	8.5	13.7	10.5	5.3	54.554	42.825	6550	345	10.9	2.51	485	56.6
27b		124	10.5				59.954	47.064	6870	366	10.7	2.47	509	58.9
28a	280	122	8.5				55.404	43.492	7110	345	11.3	2.50	508	56.6
28b		124	10.5				61.004	47.888	7480	379	11.1	2.49	534	61.2
30a	300	126	9.0	14.4	11.0	5.5	61.254	48.084	8950	400	12.1	2.55	597	63.5
30b		128	11.0				67.254	52.794	9400	422	11.8	2.50	627	65.9
30c		130	13.0				73.254	57.504	9850	445	11.6	2.46	657	68.5
32a	320	130	9.5	15.0	11.5	5.8	67.156	52.717	11100	460	12.8	2.62	692	70.8
32b		132	11.5				73.556	57.741	11600	502	12.6	2.61	726	76.0
32c		134	13.5				79.956	62.765	12200	544	12.3	2.61	760	81.2
36a	360	126	10.0	15.8	12.0	6.0	76.480	60.037	15800	552	14.4	2.69	875	81.2
36b		138	12.0				86.680	65.689	16500	582	14.1	2.64	919	84.3
36c		140	14.0				90.880	71.341	17300	612	13.8	2.60	962	87.4
40a	400	142	10.5	16.5	12.5	6.3	86.112	67.598	21700	660	15.9	2.77	1090	93.2
40b		144	12.5				94.112	73.878	22800	692	15.6	2.71	1140	96.2
40c		146	14.5				102.112	80.158	23900	727	15.2	2.65	1190	99.6
45a	450	150	11.5	18.0	13.5	6.8	102.446	80.420	32200	855	17.7	2.89	1430	114
45b		152	13.5				111.446	87.485	33800	894	17.4	2.84	1500	118
45c		154	15.5				120.446	94.550	35300	938	17.1	2.79	1570	122
50a	500	158	12.0	20.0	14.0	7.0	119.304	93.654	46500	1120	19.7	3.07	1860	142
50b		160	14.0				129.304	101.504	48600	1170	19.4	3.01	1940	146
50c		162	16.0				139.304	109.354	50600	1220	19.0	2.96	2080	151

续附表 **2-3**

型号	截面尺寸/mm						截面面积 / cm²	理论质量 / （kg/m）	惯性矩/cm⁴		惯性半径/cm		抗弯截面系数 /cm³	
	h	b	d	t	r	r_1			I_x	I_y	i_x	i_y	W_x	W_y
55a		166	12.5				134.185	105.335	62900	1370	21.6	3.19	2290	164
55b	550	168	14.5	21.0	14.5	7.3	145.185	113.970	65600	1420	21.2	3.14	2390	170
55c		170	16.5				156.185	122.605	68400	1480	20.9	3.08	2490	175
56a		166	12.5				135.435	106.316	65600	1370	22.0	3.18	2340	165
56b	560	168	14.5	21.0	14.5	7.3	146.635	115.108	68500	1490	21.6	3.16	2450	174
56c		170	16.5				157.835	123.900	71400	1560	21.3	3.16	2550	183
63a		176	13.0				154.658	121.407	93900	1700	24.5	3.31	2980	193
63b	630	178	15.0	22.0	15.0	7.5	167.258	131.298	98100	1810	24.2	3.29	3160	204
63c		180	17.0				179.858	141.189	102000	1920	23.8	3.27	3300	214

注：表中 r、r_1 的数据用于孔型设计，不作为交货条件。

附表 2-4　槽钢截面尺寸、截面面积、理论质量及截面特性（摘自 GB/T 706—2008）

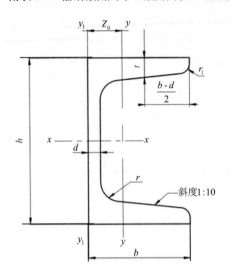

h —高度；
b —腿宽度；
d —腰厚度；
t —平均腿厚度；
r —内圆弧半径；
r_1 —腿端圆弧半径；
Z_0 —y-y 轴与 y_1-y_1 轴的间距

型号	截面尺寸/mm						截面面积 /cm²	理论质量 /（kg/m）	惯性矩/cm⁴			惯性半径 /cm		抗弯截面系数 cm³		重心距离 /cm
	h	b	d	t	r	r_1			I_x	I_y	I_{y1}	i_x	i_y	W_x	W_y	Z_0
5	50	37	4.5	7.0	7.0	3.5	6.928	5.438	26.0	8.30	20.9	1.94	1.10	10.4	3.55	1.35
6.3	63	40	4.8	7.5	7.5	3.8	8.451	6.634	50.8	11.9	28.4	2.45	1.19	16.1	4.50	1.36
6.5	65	40	4.3	7.5	7.5	3.8	8.547	6.709	55.2	12.0	28.3	2.54	1.19	17.0	4.59	1.38
8	80	43	5.0	8.0	8.0	4.0	10.248	8.045	101	16.6	37.4	3.15	1.27	25.3	5.79	1.43
10	100	48	5.3	8.5	8.5	4.2	12.748	10.007	198	25.6	54.9	3.95	1.41	39.7	7.80	1.52
12	120	53	5.5	9.0	9.0	4.5	15.362	12.059	346	37.4	77.7	4.75	1.56	57.7	10.2	1.62
12.6	126	53	5.5	9.0	9.0	4.5	15.692	12.318	391	38.0	77.1	4.95	1.57	62.1	10.2	1.59
14a	140	58	6.0	9.5	9.5	4.8	18.516	14.535	564	53.2	107	5.52	1.70	80.5	13.0	1.71
14b	140	60	8.0	9.5	9.5	4.8	21.316	16.733	609	61.1	121	5.35	1.69	87.1	14.1	1.67
16a	160	63	6.5	10.0	10.0	5.0	21.962	17.240	886	73.3	144	6.28	1.83	108	16.3	1.80
16b	160	65	8.5	10.0	10.0	5.0	25.162	19.752	935	83.4	161	6.10	1.82	117	17.6	1.75
18a	180	68	7.0	10.5	10.5	5.2	25.699	20.174	1270	98.6	190	7.04	1.96	141	20.0	1.88
18b	180	70	9.0	10.5	10.5	5.2	29.299	23.000	1370	111	210	6.84	1.95	152	21.5	1.84
20a	200	73	7.0	11.0	11.0	5.5	28.837	22.637	1780	128	244	7.86	2.11	178	24.2	2.01
20b	200	75	9.0	11.0	11.0	5.5	32.837	25.777	1910	144	268	7.64	2.09	191	25.9	1.95
22a	220	77	7.0	11.5	11.5	5.8	31.846	24.999	2390	158	298	8.67	2.23	218	28.2	2.10
22b	220	79	9.0	11.5	11.5	5.8	36.246	28.453	2570	176	326	8.42	2.21	234	30.1	2.03
24a	240	78	7.0	12.0	12.0	6.0	34.217	26.860	3050	174	325	9.45	2.25	254	30.5	2.10
24b	240	80	9.0	12.0	12.0	6.0	39.017	30.628	3280	194	355	9.17	2.23	274	32.5	2.03
24c	240	82	11.0	12.0	12.0	6.0	43.817	34.396	3510	213	388	8.96	2.21	293	34.4	2.00
25a	250	78	7.0	12.0	12.0	6.0	34.917	27.410	3370	176	322	9.82	2.24	270	30.6	2.07
25b	250	80	9.0	12.0	12.0	6.0	39.917	31.335	3530	196	353	9.41	2.22	282	32.7	1.98
25c	250	82	11.0	12.0	12.0	6.0	44.917	35.260	3690	218	384	9.07	2.21	295	35.9	1.92
27a	270	82	7.5	12.5	12.5	6.2	39.284	30.838	4360	216	393	10.5	2.34	323	35.5	2.13
27b	270	84	9.5	12.5	12.5	6.2	44.684	35.077	4690	239	428	10.3	2.31	347	37.7	2.06
27c	270	86	11.5	12.5	12.5	6.2	50.084	39.316	5020	261	467	10.1	2.28	372	39.8	2.03
28a	280	82	7.5	12.5	12.5	6.2	40.034	31.427	4760	218	388	10.9	2.33	340	35.7	2.10
28b	280	84	9.5	12.5	12.5	6.2	45.634	35.823	5130	242	428	10.6	2.30	366	37.9	2.02
28c	280	86	11.5	12.5	12.5	6.2	51.234	40.219	5500	268	463	10.4	2.29	393	40.3	1.95
30a	300	85	7.5	13.5	13.5	6.8	43.902	34.463	6050	260	467	11.7	2.43	403	41.1	2.17
30b	300	87	9.5	13.5	13.5	6.8	49.902	39.173	6500	289	515	11.4	2.41	433	44.0	2.13
30c	300	89	11.5	13.5	13.5	6.8	55.902	43.883	6950	316	560	11.2	2.38	463	46.4	2.09
32a	320	88	8.0	14.0	14.0	7.0	48.513	38.083	7600	305	552	12.5	2.50	475	46.5	2.24
32b	320	98	11.0	14.0	14.0	7.0	54.913	43.107	8140	336	593	12.2	2.47	509	49.2	2.16
32c	320	92	12.0	14.0	14.0	7.0	61.313	48.131	8690	374	643	11.9	2.47	543	52.6	2.09
36a	360	96	9.0	16.0	16.0	8.0	60.910	47.814	11900	455	818	14.0	2.73	660	63.5	2.44
36b	360	98	11.0	16.0	16.0	8.0	68.110	53.466	12700	497	880	13.6	2.70	703	66.9	2.37

续附表 2-4

型号	截面尺寸/mm						截面面积 /cm²	理论质量 /（kg/m）	惯性矩/ cm⁴			惯性半径 /cm		抗弯截面系数 cm³		重心距离 /cm
	h	b	d	t	r	r_1			I_x	I_y	I_{y1}	i_x	i_y	W_x	W_y	Z_0
36c	360	100	13.0	16.0	16.0	8.0	75.310	59.118	13400	536	948	13.4	2.67	746	70.0	2.34
40a	400	100	10.5	18.0	18.0	9.0	75.068	58.928	17600	592	1070	15.3	2.81	879	78.8	2.49
40b		102	12.5				83.068	65.208	18600	640	114	15.0	2.78	932	82.5	2.44
40c		104	14.5				91.068	71.488	19700	688	1220	14.7	2.75	986	86.2	2.42

注：表中 r、r_1 的数据用于孔型设计，不作为交货条件。

附表 2-5　H 型钢截面尺寸、截面面积、理论质量及抗弯系数（摘自 GB/T 11263—2010）

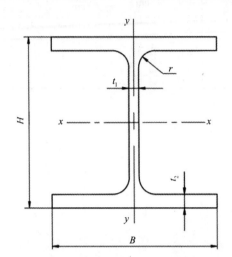

H —高度；
B —宽度；
t_1 —腹板厚度；
t_2 —翼缘厚度；
r —圆角半径。

类别	型号 （高度×宽度）/ （mm×mm）	截面尺寸/ mm					截面 面积 / cm²	理论 质量 /（kg/m）	惯性矩/ cm⁴		惯性半径/ cm		抗弯截面系数/ cm³	
		H	B	t_1	t_2	r			I_x	I_y	i_x	i_y	W_x	W_y
HW	100×100	100	100	6	8	8	21.58	16.9	378	134	4.18	2.48	75.6	26.7
	125×125	125	125	6.5	9	8	30.00	23.6	839	293	5.28	3.12	134	46.9
	150×150	150	150	7	10	8	39.64	31.1	1620	563	6.39	3.76	216	75.1
	175×175	175	175	7.5	11	13	51.42	40.4	2900	984	7.50	4.37	331	112
	200×200	200	200	8	12	13	63.53	49.9	4720	1600	8.61	5.02	472	160
		*200	204	12	12	13	71.53	56.2	4980	1700	8.34	4.87	498	167
	250×250	*244	252	11	11	13	81.31	63.8	8700	2940	10.3	6.01	713	233
		250	250	9	14	13	91.43	71.8	10700	3650	10.8	6.31	860	292
		*250	255	14	14	13	103.9	81.6	11400	3880	10.5	6.10	912	304
	300×300	*294	302	12	12	13	106.3	83.5	16600	5510	12.5	7.20	1130	365
		300	300	10	15	13	118.5	93.0	20200	6750	13.1	7.55	1350	450
		*300	305	15	15	13	133.5	105	21300	7100	12.6	7.29	1420	466
	350×350	*338	351	13	13	13	133.3	105	27700	9380	14.4	8.38	1640	534
		*344	348	10	16	13	144.0	113	32800	11200	15.1	8.83	1910	646
		*344	354	16	16	13	164.7	129	34900	11800	14.6	8.48	2030	669
		350	350	12	19	13	171.9	135	39800	13600	15.2	8.88	2280	776
		*350	357	19	19	13	196.4	154	42300	14400	14.7	8.57	2420	808
	400×400	*388	402	15	15	22	178.5	140	49000	16300	16.6	9.54	2520	809
		*394	398	11	18	22	186.8	147	56100	18900	17.3	10.1	2850	951
		*394	405	18	18	22	214.4	168	59700	20000	16.7	9.64	3030	985
		400	400	13	21	22	218.7	172	66600	22400	17.5	10.1	3330	1120
		*400	408	21	21	22	250.7	197	70900	23800	16.8	9.74	3540	1170
		*414	405	18	28	22	295.4	232	92800	31000	17.7	10.2	4480	1530
		*428	407	20	35	22	360.7	283	119000	39400	18.2	10.4	5570	1930
		*458	417	30	50	22	528.6	415	187000	60500	18.8	10.7	8170	2900
		*498	432	45	70	22	770.1	604	298000	94400	19.7	11.1	12000	4370
	500×500	*492	465	15	20	22	258.0	202	117000	33500	21.3	11.4	4770	1440
		*502	465	15	25	22	304.5	239	146000	41900	21.9	11.7	5810	1800
		*502	470	20	25	22	329.6	259	151000	43300	21.4	11.5	6020	1840
HM	150×100	148	100	6	9	8	26.34	20.7	1000	150	6.16	2.38	135	30.1
	200×150	194	150	6	9	8	38.10	29.9	26.30	507	8.30	3.64	271	67.6
	250×175	244	175	7	11	13	55.49	43.6	6040	984	10.4	4.21	495	112
	300×200	294	200	8	12	13	71.05	55.8	11100	1600	12.5	4.74	756	160
		*298	201	9	14	13	82.03	64.4	13100	1900	12.6	4.80	878	189
	350×250	340	250	9	14	13	99.53	78.1	21200	3650	14.6	6.05	1250	292
	400×300	390	300	10	16	13	133.3	105	37900	7200	16.9	7.35	1940	480
	450×300	440	300	11	18	13	153.9	121	54700	8110	18.9	7.25	2490	540
	500×300	*482	300	11	15	13	141.2	111	58300	6760	20.3	6.91	2420	450
		488	300	11	18	13	159.2	125	68900	8110	20.8	7.13	2820	540

续附表 2-5

类别	型号（高度×宽度）/（mm×mm）	截面尺寸/mm					截面面积/cm²	理论质量/（kg/m）	惯性矩/cm⁴		惯性半径/cm		抗弯截面系数/cm³	
		H	B	t_1	t_2	r			I_x	I_y	i_x	i_y	W_x	W_y
HM	550×300	*544	300	11	15	13	148.0	116	76400	6760	22.7	6.75	2810	450
		*550	300	11	18	13	166.0	130	89800	8110	23.3	6.98	3270	540
	600×300	*582	300	12	17	13	169.2	133	98900	7660	24.2	6.72	3400	511
		588	300	12	20	13	187.2	147	114000	9010	24.7	6.93	3890	601
		*594	302	14	23	13	217.1	170	134000	10600	24.8	6.97	4500	700
HN	*100×50	100	50	5	7	8	11.84	9.30	187	14.8	3.97	1.11	37.5	5.91
	*125×60	125	60	6	8	8	16.68	13.1	409	29.1	4.95	1.32	65.4	9.71
	150×75	150	75	5	7	8	17.84	14.0	666	49.5	6.10	1.66	88.8	13.2
	175×90	175	90	5	8	8	22.89	18.0	1210	97.5	7.25	2.06	138	21.7
	200×100	*198	99	4.5	7	8	22.68	17.8	1540	113	8.24	2.23	156	22.9
		200	100	5.5	8	8	26.66	20.9	1810	134	8.22	2.23	181	26.7
	250×125	*248	124	5	8	8	31.98	25.1	3450	255	10.4	2.82	278	41.1
		250	125	6	9	8	36.96	29.0	3960	294	10.4	2.81	317	47.0
	300×150	*298	149	5.5	8	13	40.80	32.0	6320	442	12.4	3.29	424	59.3
		300	150	6.5	9	13	46.78	36.7	7210	508	12.4	3.29	481	67.7
	350×175	*346	174	6	9	13	52.45	41.2	11000	791	14.5	3.88	638	91.0
		350	175	7	11	13	62.91	49.4	13500	984	14.6	3.95	771	112
	400×150	400	150	8	13	13	70.37	55.2	18600	734	16.3	3.22	929	97.8
	400×200	*396	199	7	11	13	71.41	56.1	19800	1450	16.6	4.50	999	145
		400	200	8	13	13	83.37	65.4	23500	1740	16.8	4.56	1170	174
	450×150	*446	150	7	12	13	66.99	52.6	22000	677	18.1	3.17	985	90.3
		*450	151	8	14	13	77.49	60.8	25700	806	18.2	3.22	1140	107
	450×200	*446	199	8	12	13	82.97	65.1	28100	1580	18.4	4.36	1260	159
		450	200	9	14	13	95.43	74.9	32900	1870	18.6	4.42	1460	187
	475×150	*470	150	7	13	13	71.53	56.2	26200	733	19.1	3.20	1110	97.8
		*475	151.5	8.5	15.5	13	86.15	67.6	31700	901	19.2	3.23	1330	119
		482	153.5	10.5	19	13	106.4	83.5	39600	1150	19.3	3.28	1640	150
	500×150	*492	150	7	12	13	70.21	55.1	27500	677	19.8	3.10	1120	90.3
		*500	152	9	16	13	92.21	72.4	37000	940	20.0	3.19	1480	124
		504	153	10	18	13	103.3	81.1	41900	1080	20.1	3.23	1660	141
	500×200	*496	199	9	14	13	99.29	77.9	40800	1840	20.3	4.30	1650	185
		500	200	10	16	13	112.3	88.1	46800	2140	20.4	4.36	1870	214
		*506	201	11	19	13	129.3	102	55500	2580	20.7	4.46	2190	257
	550×200	*546	199	9	14	13	103.8	81.5	50800	1840	22.1	4.21	1860	185
		550	200	10	16	13	117.3	92.0	58200	2140	22.3	4.27	2120	214
	600×200	*596	199	10	15	13	117.8	92.4	66600	1980	23.8	4.09	2240	199
		600	200	11	17	13	131.7	103	75600	2270	24.0	4.15	2520	227
		*606	201	12	20	13	149.8	118	88300	2720	24.3	4.25	2910	270
	625×200	*625	198.5	11.5	17.5	13	138.8	109	85000	2290	24.8	4.06	2720	231
		630	200	13	20	13	158.2	124	97900	2680	24.9	4.11	3110	268
		*638	202	15	24	13	186.9	147	118000	3320	25.2	4.21	3710	328
	650×300	*646	299	10	15	13	152.8	120	110000	6690	26.9	6.61	3410	447
		*650	300	11	17	13	171.2	134	125000	7660	27.0	6.68	3850	511
		*656	301	12	20	13	195.8	154	147000	9100	27.4	6.81	4470	605
	700×300	*692	300	13	20	18	207.5	163	168000	9020	28.5	6.59	4870	601
		700	300	13	24	18	231.5	182	197000	10800	29.2	6.83	5640	721
	750×300	*734	299	12	16	18	182.7	143	161000	7140	29.7	6.25	4390	478
		*742	300	13	20	18	214.0	168	197000	9020	30.4	6.49	5320	601
		*750	300	13	24	18	238.0	187	231000	10800	31.1	6.74	6150	721
		*758	303	16	28	18	284.8	224	276000	13000	31.1	6.75	7270	859
	800×300	*792	300	14	22	18	239.5	188	248000	9920	32.2	6.43	6270	661
		800	300	14	26	18	263.5	207	286000	11700	33.0	6.66	7160	781
	850×300	*834	298	14	19	18	227.5	179	251000	8400	33.2	6.07	6020	564
		*842	299	15	23	18	259.7	204	298000	10300	33.9	6.28	7080	687
		*850	300	16	27	18	292.1	229	346000	12200	34.4	6.45	8140	812
		*858	301	17	31	18	324.7	255	395000	14100	34.9	6.59	9210	939
	900×300	*890	299	15	23	18	266.9	210	339000	10300	35.6	6.20	7610	687
		900	300	16	28	18	305.8	240	404000	12600	36.4	6.42	8990	842
		*912	302	18	34	18	360.1	283	491000	15700	36.9	6.59	10800	1040
	1000×300	*970	297	16	21	18	276.0	217	393000	9210	37.8	5.77	8110	620
		*980	298	17	26	18	315.5	248	472000	11500	38.7	6.04	9630	772
		*990	298	17	31	18	345.3	271	544000	13700	39.7	6.30	11000	921
		*1000	300	19	36	18	395.1	310	634000	16300	40.1	6.41	12700	1080

续附表 2-5

类别	型号（高度 × 宽度）/（mm×mm）	截面尺寸/ mm					截面面积/ cm²	理论质量/（kg/m）	惯性矩/ cm⁴		惯性半径/ cm		抗弯截面系数/ cm³	
		H	B	t_1	t_2	r			I_x	I_y	i_x	i_y	W_x	W_y
HN	1000×300	*1008	302	21	40	18	439.3	345	712000	18400	40.3	6.47	14100	1220
HT	100×50	95	48	3.2	4.5	8	7.620	5.98	115	8.39	3.88	1.04	24.2	3.49
		97	49	4	5.5	8	9.370	7.36	143	10.9	3.91	1.07	29.6	4.45
	100×100	96	99	4.5	6	8	16.20	12.7	272	97.2	4.09	2.44	56.7	19.6
	125×60	118	58	3.2	4.5	8	9.250	7.26	218	14.7	4.85	1.26	37.0	5.08
		120	59	4	5.5	8	11.39	8.94	271	19.0	4.87	1.29	45.2	6.43
	125×125	119	123	4.5	6	8	20.12	15.8	532	186	5.14	3.04	89.5	30.3
	150×75	145	73	3.2	4.5	8	11.47	9.00	416	29.3	6.01	1.59	57.3	8.02
		147	74	4	5.5	8	14.12	11.1	516	37.3	6.04	1.62	70.2	10.1
	150×100	139	97	3.2	4.5	8	13.43	10.6	476	68.6	5.94	2.25	68.4	14.1
		142	99	4.5	6	8	18.27	14.3	654	97.2	5.98	2.30	92.1	19.6
	150×150	144	148	5	7	8	27.76	21.8	1090	378	6.25	3.69	151	51.1
		147	149	6	8.5	8	33.67	26.4	1350	469	6.32	3.73	183	63.0
	175×90	168	88	3.2	4.5	8	13.55	10.6	670	51.2	7.02	1.94	79.7	11.6
		171	89	4	6	8	17.58	13.8	894	70.7	7.13	2.00	105	15.9
	175×175	167	173	5	7	13	33.32	26.2	1780	605	7.30	4.26	213	69.9
		172	175	6.5	9.5	13	44.64	35.0	2470	850	7.43	4.36	287	97.1
	200×100	193	98	3.2	4.5	8	15.25	12.0	994	70.7	8.07	2.15	103	14.4
		196	99	4	6	8	19.78	15.5	1320	97.2	8.18	2.21	135	19.6
	200×150	188	149	4.5	6	8	26.34	20.7	1730	331	8.09	3.54	184	44.4
	200×200	192	198	6	8	13	43.69	34.3	3060	1040	8.37	4.86	319	105
	250×125	244	124	4.5	6	8	25.86	20.3	2650	191	10.1	2.71	217	30.8
	250×175	238	173	4.5	8	13	39.12	30.7	4240	691	10.4	4.20	356	79.9
	300×150	294	148	4.5	6	13	31.90	25.0	4800	325	12.3	3.19	327	43.9
	300×200	286	198	6	8	13	49.33	38.7	7360	1040	12.2	4.58	515	105
	350×175	340	173	4.5	6	13	36.97	29.0	7490	518	14.2	3.74	441	59.9
	400×150	390	148	6	8	13	47.57	37.3	11700	434	15.7	3.01	602	58.6
	400×200	390	198	6	8	13	55.57	43.6	14700	1040	16.2	4.31	752	105

注：1. 表中同一型号的产品，其内侧尺寸高度一致。

2. 表中截面面积计算公式为 $t_1(H-2t_2)+2Bt_2+0.858r^2$。

3. 表中"*"表示的规格为市场非常用规格。

附录三　轴心受压构件的稳定系数

附表 3-1　a 类截面轴心受压构件的稳定系数 φ（摘自 GB 50017—2003）

$\lambda\sqrt{f_y/235}$	0	1	2	3	4	5	6	7	8	9
0	1.000	1.000	1.000	1.000	0.999	0.999	0.998	0.998	0.997	0.996
10	0.995	0.994	0.993	0.992	0.991	0.989	0.988	0.986	0.985	0.983
20	0.981	0.979	0.977	0.975	0.974	0.972	0.970	0.968	0.966	0.964
30	0.963	0.961	0.959	0.957	0.955	0.952	0.950	0.948	0.946	0.944
40	0.941	0.939	0.937	0.934	0.932	0.929	0.927	0.924	0.921	0.919
50	0.916	0.913	0.910	0.907	0.904	0.900	0.897	0.984	0.890	0.886
60	0.883	0.879	0.875	0.871	0.867	0.863	0.858	0.854	0.849	0.844
70	0.839	0.834	0.829	0.824	0.818	0.813	0.807	0.801	0.795	0.789
80	0.783	0.776	0.770	0.763	0.757	0.750	0.743	0.736	0.728	0.721
90	0.714	0.706	0.699	0.691	0.684	0.676	0.668	0.661	0.653	0.645
100	0.638	0.630	0.622	0.615	0.607	0.600	0.592	0.585	0.577	0.570
110	0.563	0.555	0.548	0.541	0.534	0.527	0.520	0.514	0.507	0.500
120	0.494	0.488	0.481	0.475	0.469	0.463	0.457	0.451	0.445	0.440
130	0.434	0.429	0.423	0.418	0.412	0.407	0.402	0.397	0.392	0.387
140	0.383	0.378	0.373	0.369	0.364	0360	0.356	0.351	0.347	0.343
150	0.339	0.335	0.331	0.327	0.323	0.320	0.316	0.312	0.309	0.305
160	0.302	0.298	0.295	0.292	0.289	0.285	0.282	0.279	0.276	0.273
170	0.270	0.267	0.264	0.262	0.259	0.256	0.253	0.251	0.248	0.246
180	0.243	0.241	0.238	0.236	0.233	0.231	0.229	0.226	0.224	0.222
190	0.220	0.218	0.215	0.213	0.211	0.209	0.207	0.205	0.203	0.201
200	0.199	0.198	0.196	0.194	0.192	0.190	0.189	0.187	0.185	0.183
210	0.182	0.180	0.179	0.177	0.175	0.174	0.172	0.171	0.169	0.168
220	0.166	0.165	0.164	0.162	0.161	0.159	0.158	0.157	0.155	0.154
230	0.153	0.152	0.150	0.149	0.148	0.147	0.146	0.144	0.143	0.142
240	0.141	0.140	0.139	0.138	0.136	0.135	0.134	0.133	0.132	0.131
250	0.130	—	—	—	—	—	—	—	—	—

附表 3-2　b 类截面轴心受压构件的稳定系数 φ　（摘自 GB 50017—2003）

$\lambda\sqrt{f_y/235}$	0	1	2	3	4	5	6	7	8	9
0	1.000	1.000	1.000	0.999	0.999	0.998	0.997	0.996	0.995	0.994
10	0.992	0.991	0.989	0.987	0.985	0.983	0.981	0.978	0.976	0.973
20	0.970	0.967	0.963	0.960	0.957	0.953	0.950	0.946	0.943	0.939
30	0.936	0.932	0.929	0.925	0.922	0.918	0.914	0.910	0.906	0.903
40	0.899	0.895	0.891	0.887	0.882	0.878	0.874	0.870	0.865	0.861
50	0.856	0.852	0.847	0.842	0.838	0.833	0.828	0.823	0.818	0.813
60	0.807	0.802	0.797	0.791	0.786	0.780	0.774	0.769	0..763	0.757
70	0.751	0.745	0.739	0.732	0.726	0.720	0.714	0.707	0.701	0.694
80	0.688	0.681	0.675	0.668	0.661	0.655	0.648	0.641	0.635	0.628
90	0.621	0.614	0.608	0.601	0.594	0.588	0.581	0.575	0.568	0.561
100	0.555	0.549	0.542	0.536	0.529	0.523	0.517	0.511	0.505	0.499
110	0.493	0.487	0.481	0.475	0.470	0.464	0.458	0.453	0.447	0.442
120	0.437	0.432	0.426	0.421	0.416	0.411	0.406	0.402	0.397	0.392
130	0.387	0.383	0.378	0.374	0.370	0.365	0.361	0.357	0.353	0.349
140	0.345	0.341	0.337	0.333	0.329	0.326	0.322	0.318	0.315	0.311
150	0.308	0.304	0.301	0.298	0.295	0.291	0.288	0.285	0.282	0.279
160	0.276	0.273	0.270	0.267	0.265	0.262	0.259	0.256	0.254	0.251
170	0.249	0.246	0.244	0.241	0.239	0.236	0.234	0.232	0.229	0.227
180	0.225	0.223	0.220	0.218	0.216	0.214	0.212	0.210	0.208	0.206
190	0.204	0.202	0.200	0.198	0.197	0.195	0.193	0.191	0.190	0.188
200	0.186	0.184	0.183	0.181	0.180	0.178	0.176	0.175	0.173	0.172
210	0.170	0.169	0.167	0.166	0.165	0.163	0.162	0.160	0.159	0.158
220	0.156	0.155	0.154	0.153	0.151	0.150	0.149	0.148	0.146	0.145
230	0.144	0.143	0.142	0.141	0.140	0.138	0.137	0.136	0.135	0.134
240	0.133	0.132	0.131	0.130	0.129	0.128	0.127	0.126	0.125	0.124
250	0.123	—	—	—	—	—	—	—	—	—

附表 3-3　c 类截面轴心受压构件的稳定系数 φ （摘自 GB 50017—2003）

$\lambda\sqrt{f_y/235}$	0	1	2	3	4	5	6	7	8	9
0	1.000	1.000	1.000	0.999	0.999	0.998	0.997	0.996	0.995	0.993
10	0.992	0.990	0.988	0.986	0.983	0.981	0.978	0.976	0.973	0.970
20	0.966	0.959	0.953	0.947	0.940	0.934	0.928	0.921	0.915	0.909
30	0.902	0.896	0.890	0.884	0.887	0.871	0.865	0.858	0.852	0.846
40	0.839	0.833	0.826	0.820	0.814	0.807	0.801	0.794	0.788	0.781
50	0.775	0.768	0.762	0.755	0.748	0.742	0.735	0.729	0.722	0.715
60	0.709	0.702	0.695	0.689	0.682	0.676	0.669	0.662	0.656	0.649
70	0.643	0.636	0.629	0.623	0.616	0.610	0.604	0.597	0.591	0.584
80	0.578	0.572	0.566	0.559	0.553	0.547	0.541	0.535	0.529	0.523
90	0.517	0.511	0.505	0.500	0.494	0.488	0.483	0.477	0.472	0.467
100	0.463	0.458	0.454	0.449	0.445	0.441	0.436	0.432	0.428	0.423
110	0.419	0.415	0.411	0.407	0.403	0.399	0.395	0.391	0.387	0.383
120	0.379	0.375	0.371	0.367	0.364	0.360	0.356	0.353	0.349	0.346
130	0.342	0.339	0.335	0.332	0.328	0.325	0.322	0.319	0.315	0.312
140	0.309	0.306	0.303	0.300	0.297	0.294	0.291	0.288	0.285	0.282
150	0.280	0.277	0.274	0.271	0.269	0.266	0.264	0.261	0.258	0.256
160	0.254	0.251	0.249	0.246	0.244	0.242	0.239	0.237	0.235	0.233
170	0.230	0.228	0.226	0.244	0.222	0.220	0.218	0.216	0.214	0.212
180	0.210	0.208	0.206	0.205	0.203	0.201	0.199	0.197	0.196	0.194
190	0.192	0.190	0.189	0.187	0.186	0.184	0.182	0.181	0.179	0.178
200	0.176	0.175	0.173	0.172	0.170	0.169	0.168	0.166	0.165	0.163
210	0.162	0.161	0.159	0.158	0.157	0.156	0.154	0.153	0.152	0.151
220	0.150	0.148	0.147	0.146	0.145	0.144	0.143	0.142	0.140	0.139
230	0.138	0.137	0.136	0.135	0.134	0.133	0.132	0.131	0.130	0.129
240	0.128	0.127	0.126	0.125	0.124	0.124	0.123	0.122	0.121	0.120
250	0.119	—	—	—	—	—	—	—	—	—

附表 3-4　d 类截面轴心受压构件的稳定系数 φ （摘自 GB 50017—2003）

$\lambda\sqrt{f_y/235}$	0	1	2	3	4	5	6	7	8	9
0	1.000	1.000	0.999	0.999	0.998	0.996	0.994	0.992	0.990	0.987
10	0.984	0.981	0.978	0.974	0.969	0.965	0.960	0.955	0.949	0.944
20	0.937	0.927	0.918	0.909	0.900	0.891	0.883	0.874	0.865	0.857
30	0.848	0.840	0.831	0.823	0.815	0.807	0.799	0.790	0.782	0.774
40	0.766	0.759	0.751	0.743	0.735	0.728	0.720	0.712	0.705	0.697
50	0.690	0.683	0.675	0.668	0.661	0.654	0.646	0.639	0.632	0.625
60	0.618	0.612	0.605	0.598	0.591	0.585	0.578	0.572	0.565	0.559
70	0.552	0.546	0.540	0.534	0.528	0.522	0.516	0.510	0.504	0.498
80	0.493	0.487	0.481	0.476	0.470	0.465	0.460	0.454	0.449	0.444
90	0.439	0.434	0.429	0.424	0.419	0.414	0.410	0.405	0.401	0.397
100	0.394	0.390	0.387	0.383	0.380	0.376	0.373	0.370	0.366	0.363
110	0.359	0.356	0.353	0.350	0.346	0.343	0.340	0.337	0.334	0.331
120	0.328	0.325	0.322	0.319	0.316	0.313	0.310	0.307	0.304	0.301
130	0.299	0.296	0.293	0.290	0.288	0.285	0.282	0.280	0.277	0.275
140	0.272	0.270	0.267	0.265	0.262	0.260	0.258	0.255	0.253	0.251
150	0.248	0.246	0.244	0.242	0.240	0.237	0.235	0.233	0.231	0.229
160	0.227	0.225	0.223	0.221	0.219	0.217	0.215	0.213	0.212	0.210
170	0.208	0.206	0.204	0.203	0.201	0.199	0.197	0.196	0.194	0.192
180	0.191	0.189	0.188	0.186	0.184	0.183	0.131	0.180	0.178	0.177
190	0.176	0.174	0.173	0.171	0.170	0.168	0.167	0.166	0.164	0.163
200	0.162	—	—	—	—	—	—	—	—	—

附录四 受弯构件和压弯构件的整体稳定性计算（摘自 GB/T 3811—2008）

5.6.2 受弯构件的整体稳定性

受弯构件的整体稳定性，是指其抗侧向整体弯扭屈曲的稳定性。

5.6.2.1 凡符合下列情况之一的受弯构件，不必验算其整体稳定性：

a）有刚性较强的走台和铺板与受弯构件的受压翼缘牢固相连，能阻止受压翼缘侧向位移时；

b）箱形截面受弯构件的截面高度 h 与两腹板外侧之间的翼缘板宽度 b 的比值 $h/b \leqslant 3$，或构件截面足以保证其侧向刚性（如为空间桁架）时；

c）两端简支且端部支承不能扭转的等截面轧制 H 型钢或焊接工字形截面的受弯构件，其受压翼缘的侧向支承间距 l（无侧向支承点者，则为构件的跨距）与其受压翼缘的宽度 b 之比满足以下条件：

1）无侧向支承且载荷作用在受压翼缘上时，$l/b \leqslant 13\sqrt{235/\sigma_s}$；

2）无侧向支承且载荷作用在受拉翼缘上时，$l/b \leqslant 20\sqrt{235/\sigma_s}$；

3）跨中受压翼缘有侧向支承时，$l/b \leqslant 16\sqrt{235/\sigma_s}$。

5.6.2.2 不符合 5.6.2.1 情况的受弯构件的整体稳定性按以下方法计算：

a）在最大刚度平面内受弯的构件，按式（48）计算：

$$\frac{M}{\varphi_b W_x} \leqslant [\sigma] \tag{48}$$

M_x——绕构件强轴（x 轴）作用的最大弯矩，单位为牛毫米（N·mm）；

φ_b——绕构件强轴弯曲所确定的受弯构件侧向屈曲稳定系数，按附录 L 选取；

W_x——按构件受压最大纤维确定的毛截面抗弯模量，单位为立方毫米（mm³）；

$[\sigma]$——钢材的基本许用应力，单位为牛每平方毫米（N/mm²）。

b）在两个互相垂直的平面内都受弯的轧制 H 型钢或焊接工字形截面构件，按式（49）计算：

$$\frac{M_x}{\varphi_b W_x} + \frac{M_y}{W_y} \leqslant [\sigma] \tag{49}$$

M_x，M_y——构件计算截面对强轴（x 轴）或对弱轴（y 轴）的弯矩，单位为牛毫米（N·mm）；

W_x，W_y——构件计算截面对强轴（x 轴）或对弱轴（y 轴）的抗弯模数，单位为立方毫米（mm³）；

$[\sigma]$——钢材的基本许用应力，单位为牛每平方毫米（N/mm²）。

5.6.3 压弯构件的整体稳定性

5.6.3.1 压弯构件整体稳定性计算

5.6.3.1.1 双向压弯构件的整体弯曲屈曲稳定性计算的简便方法

当 N/N_{Ex} 和 N/N_{Ey} 均小于 0.1 时，按式（50）计算：

$$\frac{N}{\varphi A} + \frac{M_x}{W_x} + \frac{M_y}{W_y} \leqslant [\sigma] \qquad (50)$$

式中，N——作用在构件上的轴向力，单位为牛顿（N）；

φ——轴心受压构件根据构件结构型式确定的长细比 λ_F 或 λ_{hF} 按附录 K 中的表 K.1~表 K.4 查取；

A——结构构件毛截面面积，单位为平方毫米（mm^2）；

M_x，M_y——构件计算截面对强轴（x 轴）或对弱轴（y 轴）的弯矩，单位为牛毫米（N·mm）；

W_x，W_y——构件计算截面对强轴（x 轴）或对弱轴（y 轴）的抗弯模数，单位为立方毫米（mm^3）；

$[\sigma]$——钢材的基本许用应力，单位为牛每平方毫米（N/mm^2）。

当 N/N_{Ex} 和 N/N_{Ey} 均大于 0.1 时，按式（51）计算：

$$\frac{N}{\varphi A} + \left(\frac{1}{1-\dfrac{N}{N_{Ex}}}\right)\frac{M_x}{W_x} + \left(\frac{1}{1-\dfrac{N}{N_{Ey}}}\right)\frac{M_y}{W_y} \leqslant [\sigma] \qquad (51)$$

式中，N——作用在构件上的轴向力，单位为牛顿（N）；

φ——轴心受压构件根据构件结构型式确定的长细比 λ_F 或 λ_{hF} 按附录 K 中的表 K.1~表 K.4 查取；

A——结构构件毛截面面积，单位为平方毫米（mm^2）；

W_x，W_y——构件计算截面对强轴（x 轴）或对弱轴（y 轴）的弯矩，单位为牛毫米（N·mm）；

W_x，W_y——构件计算截面对强轴（x 轴）或对弱轴（y 轴）的抗弯模数，单位为立方毫米（mm^3）；

N_{Ex}，N_{Ey}——构件对 x 轴或对 y 轴的名义欧拉临界力，单位为牛顿（N）；

$$N_{Ex} = \frac{\pi^2 EA}{\lambda_x^2}, \quad N_{Ex} = \frac{\pi^2 EA}{\lambda_y^2}$$

E——钢材的弹性模量，取 $E = 2.06 \times 10^5$，单位为牛每平方毫米（N/mm^2）；

λ_x，λ_y——构件计算截面对强轴（x 轴）或对弱轴（y 轴）的计算长细比（格构式构件改用 λ_{hx}，λ_{hy}），见 5.5.1.2；

$[\sigma]$——钢材的基本许用应力，单位为牛每平方毫米（N/mm²）。

5.6.3.1.2 压弯构件整体弯扭屈曲稳定性计算，可按式（52）计算：

$$\frac{N}{\varphi A} + \left(\frac{1}{1 - \dfrac{N}{N_{Ex}}}\right)\frac{M_x}{\varphi_b W_x} \leqslant [\sigma] \tag{52}$$

式中，φ_b——构件侧向屈曲稳定系数，见附录 L。

其他符号同式（50）和式（51）。

5.6.3.1.3 计算压弯构件整体稳定性时应注意以下几点：

a）计算单向压弯构件的弯曲屈曲稳定性时，应将式（51）中最后一项删去后使用；

b）使用式（51）或式（52）时，当 $N/N_{Ex} < 0.1$ 时，则可不计增大系数 $\left(\dfrac{1}{1 - \dfrac{N}{N_{Ex}}}\right)$（即令其为 1.0）；

c）对两端在两个互相垂直的平面内支承方式不同的等截面构件或变截面构件，一般可选取两个或三个危险截面进行验算。

M.1 双向压弯构件的整体稳定性计算

M.1.1 当结构构件受有轴向压缩力 N 和绕强轴（x 轴）的弯矩 M_{ox}、M_{hx} 及绕弱轴（y 轴）的弯矩 M_{oy}、M_{hy} 时，应按式（M.1）计算其弯曲屈曲的整体稳定性，按式（M.2）计算其侧向弯扭屈曲的整体稳定性：

$$\frac{N}{\varphi \psi A} + \left(\frac{N_{Ex}}{N_{Ex} - N}\right)\frac{C_{ox}M_{ox} + C_{hx}M_{hx}}{W_x} + \left(\frac{N_{Ey}}{N_{Ey} - N}\right)\frac{C_{oy}M_{oy} + C_{hy}M_{hy}}{W_y} \leqslant [\sigma] \tag{M.1}$$

$$\frac{N}{\varphi_y \psi_y A} + \left(\frac{N_{Ex}}{N_{Ex} - N}\right)\frac{C_{ox}M_{ox} + C_{hx}M_{hx}}{\varphi_b W_x} \leqslant [\sigma] \tag{M.2}$$

式中，N——作用在构件上的轴向力，单位为牛顿（N）；

$\varphi\psi$——轴压稳定系数 φ 和其修正系数 ψ 的乘积，有 $\varphi_x\psi_x$ 和 $\varphi_y\psi_y$ 之分，取其小值；

A——结构构件毛截面面积，单位为平方毫米（mm²）；

φ——根据构件结构型式确定的长细比 λ_F 或 λ_{hF} 按附录 K 中的表 K.1~表 K.4 查取，有对 x 轴的 φ_x 和对 y 轴的 φ_y 之分；

ψ——轴压稳定系数的修正系数；

φ_b——受弯构件侧向弯扭屈曲稳定系数。

$$\psi_x = \frac{N_{Ex} - N}{N_{Ex} - \varphi_x\left[\sigma_s A(1 - \varphi_x) + N\right]} \tag{M.3}$$

N_{Ex}——构件对 x 轴的名义欧拉临界力，单位为牛顿（N）；

$$N_{Ex} = \frac{\pi^2 EA}{\lambda_x^2}$$

$$\psi_y = \frac{N_{Ey} - N}{N_{Ey} - \varphi_y \left[\sigma_s A \left(1 - \varphi_y\right) + N \right]} \qquad (M.4)$$

N_{Ey}——构件对 y 轴的名义欧拉临界力，单位为牛顿（N）；

$$N_{Ey} = \frac{\pi^2 EA}{\lambda_y^2}$$

λ_x，λ_y——构件的长细比，按 5.5.1.2 计算。

C_{ox}，C_{oy}——端部弯矩不等的折减系数，C_{ox}、C_{oy} 的计算值不小于 0.4。当小于 0.4 时，取为 0.4。

$$C_{ox} = 0.6 + 0.4 \left(M'_{ox} / M_{ox}\right)$$

$$C_{ox} = 0.6 + 0.4 \left(M'_{oy} / M_{oy}\right)$$

M'_{ox}/M_{ox}，M'_{oy}/M_{oy}——结构件两端的端部弯矩比值，其绝对值不大于 1，两个端弯矩使构件轴线产生同向挠曲时，其比值为正（＋），反向挠曲时，其比值为负（－）。

M_{ox}，M_{oy}——构件的端部弯矩，单位为牛毫米（N·mm）。

C_{hx}，C_{hy}——横向载荷弯矩系数，$C_h = 1 - k \dfrac{N}{N_{Ei}}$。其中 k 的值为：

a) 当横向载荷为一个集中力，且两端简支或一端固定一端自由时，$k = 0.2$；

b) 当为多个集中载荷或分布载荷，且两端简支时，$k = 0$；

c) 当为多个集中载荷或分布载荷，一端固接一端自由时，$k = 0.3$；

d) 无论何种载荷，一端固接一端简支时，$k = 0.3$；

e) 无论何种载荷，两端固接时，$k = 0.4$；

N_{Ex}，N_{Ey} 对应于 C_{hx}、C_{hy}。无法判定时，取 $C_h = 1$。

M_{hx}，M_{hy}——由横向载荷在构件中引起的弯矩，单位为牛毫米（N·mm）。

当 M_h 与 M_0 方向相反，且 $|C_h M_h| < 2 C_0 M_0$ 时，取 M_h 为零。

W_x，W_y——结构构件截面受压侧的抗弯模量，单位为立方毫米（mm³）。

φ_b——受弯构件侧向弯扭屈曲稳定系数，φ_b 按附录 L 选取。

符合 5.6.2.1 情况之一的双向压弯构件，不必验算其侧向弯扭屈曲的整体稳定性。

若式（M.1）中第 2 项和第 3 项之和（即弯矩所引起的应力）与第 1 项（即轴力引起的应力）之比，小于或等于（$\psi - 1$）时，则双向压弯构件应按轴压公式（46）验算其整体稳定性。

$$\frac{N}{\varphi A} \leqslant [\sigma] \tag{46}$$

M.1.2 对空间格构式构件还应将其受压弦杆及受压腹杆视为轴心压杆，以验算其单肢稳定性。